できる®
マイクロソフト
Microsoft 365

Business/Enterprise 対応

株式会社インサイトイメージ&できるシリーズ編集部

インプレス

できるシリーズは読者サービスが充実！

わからない操作が解決

できるサポート

本書購入のお客様なら無料です！

書籍で解説している内容について、電話などで質問を受け付けています。無料で利用できるので、分からないことがあっても安心です。なお、ご利用にあたっては220ページを必ずご覧ください。

詳しい情報は 220ページへ

ご利用は3ステップで完了！

ステップ1 書籍サポート番号のご確認

対象書籍の裏表紙にある6けたの「書籍サポート番号」をご確認ください。

ステップ2 ご質問に関する情報の準備

あらかじめ、問い合わせたい紙面のページ番号と手順番号などをご確認ください。

ステップ3 できるサポート電話窓口へ

●電話番号（全国共通）

0570-000-078

※月～金　10:00～18:00
　土・日・祝休み
※通話料はお客様負担となります

以下の方法でも受付中！

FAX

封書

まえがき

新型コロナウイルス感染症（COVID-19）の感染拡大により、世界各地でロックダウン（都市封鎖）が行われたほか、日本においても2020年4月7日に7都府県を対象に緊急事態宣言が発令、さらに4月16日には対象が全都道府県に拡大されました。この緊急事態宣言の発令とともに、各企業に対して求められたのがテレワークによる出勤者の大幅な削減です。

このような背景から、大企業を中心にテレワークが広まり、多くの人々が自宅で業務を行うことになりました。緊急事態宣言は同年5月25日に解除されましたが、テレワークでも十分に業務を遂行できると判断した企業は多く、新たな働き方の1つとして定着するだろうと考えられています。

ただ実際にテレワークで業務を行うためには、そのための環境を整えなければなりません。特にメールの送受信やファイル共有のための仕組みに、自宅からでもアクセスできる環境を整えることは必要不可欠でしょう。また会議や打ち合わせをオフィスにいるときと同様に行えるようにするためには、オンライン会議のためのシステムも必要になります。

このようにテレワークのための環境を整えることを考えたとき、積極的に活用したいサービスとして挙げられるのが、マイクロソフトが提供している「Microsoft 365」です。

Microsoft 365は、メールやスケジュール共有の機能を備えた「Exchange Online」や、さまざまなファイルをクラウド上で管理し共有できる「OneDrive for Business」、オンライン会議やチーム内でのチャットでのコミュニケーションを可能にする「Microsoft Teams」など、さまざまな機能をワンストップで提供しているサービスです。このMicrosoft 365はクラウドサービスとして提供されており、インターネットに接続されたパソコンやスマートフォン、タブレット端末といったデバイスがあれば、いつでもどこからでも利用することができるため、テレワーク環境であってもオフィスと同様にメールを送受信したり、同僚とファイルを共有したりすることが可能です。

本書では、実際にMicrosoft 365の各機能を利用するエンドユーザーの方々を対象として、具体的な使い方を解説しています。また、エンドユーザーにMicrosoft 365の使い方をレクチャーする管理者の方にとっても使いやすいように工夫しています。ぜひご活用ください。

なお本書の執筆にあたっては、株式会社インプレス ソリューション編集部の皆さま、そして株式会社トップスタジオの皆さまに多大なご協力をいただきました。この場を借りてお礼申し上げます。

本書が皆さまのIT環境およびテレワーク環境の整備、あるいは改善につながれば幸いです。

2020年7月

株式会社インサイトイメージ　川添貴生

できるシリーズの読み方

レッスン

見開き完結を基本に、やりたいことを簡潔に解説

やりたいことが見つけやすいレッスンタイトル

各レッスンには、「○○をするには」や「○○って何？」など、"やりたいこと" や "知りたいこと" がすぐに見つけられるタイトルが付いています。

機能名で引けるサブタイトル

「あの機能を使うにはどうするんだっけ？」そんなときに便利。機能名やサービス名などで調べやすくなっています。

キーワード

そのレッスンで覚えておきたい用語の一覧です。巻末の用語集の該当ページも掲載しているので、意味もすぐに調べられます。

左ページのつめでは、章タイトルでページを探せます。

レッスン 26

ファイルを以前の内容に戻すには

バージョン履歴

OneDrive for Businessには、間違って編集してしまったファイルの内容を元に戻すことができる「バージョン履歴」の機能が用意されています。

過去のバージョンを参照する

1 バージョン履歴を表示する

レッスン㉑を参考に、OneDrive for Businessを開いておく

1 バージョン履歴を表示するファイルを右クリック

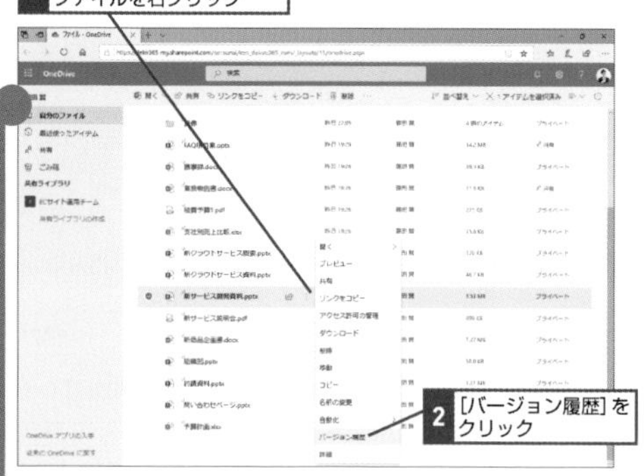

2 ［バージョン履歴］をクリック

2 過去のバージョンを復元する

当該ファイルのバージョンが表示された

1 復元するバージョンを右クリック

2 ［復元］をクリック

第4章

▶キーワード

Outlook	p.215
リボン	p.217

ショートカットキー

Ctrl + N …………新しいアイテム
Ctrl + R …………返信

HINT!

バージョン履歴とは

ファイルの内容が更新された際、以前の内容を履歴として記録する機能がバージョン履歴です。OneDrive for Businessの場合、新規にファイルを作成したり、新しいファイルをアップロードしたりすると、最初のバージョンが作られます。そのファイルを編集する、あるいは同名のファイルをアップロードして上書き保存すると新しいバージョンが作られ、同時に過去の内容が履歴として記録される仕組みです。ファイルを間違って上書き保存した際、バージョン履歴の機能を使って過去のバージョンに戻すことで、以前の内容を復元できます。

間違った場合は？

間違えてフラグを設定した場合はフラグを右クリックし、メニューから［フラグをクリア］を選択します。

78 できる

手順

必要な手順を、すべての画面とすべての操作を掲載して解説

手順見出し

「○○を表示する」など、1つの手順ごとに内容の見出しを付けています。番号順に読み進めてください。

解説

操作の前提や意味、操作結果に関して解説しています。

1 バージョン履歴を表示する

レッスン㉑を参考に、OneDrive for Businessを開いておく

1 バージョン履歴を表示するファイルを右クリック

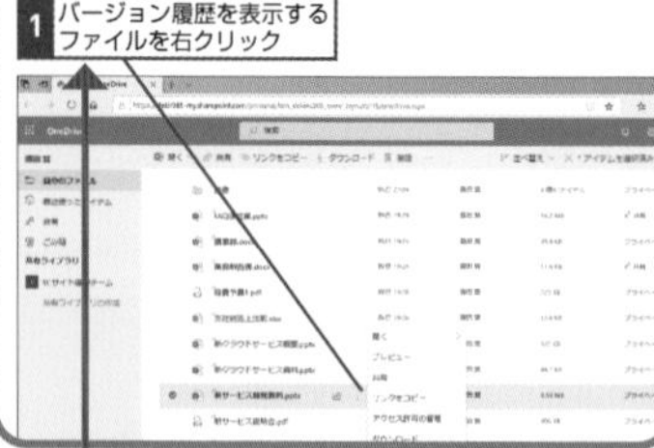

操作説明

「○○をクリック」など、それぞれの手順での実際の操作です。番号順に操作してください。

間違った場合は？

手順の画面と違うときには、まずここを見てください。操作を間違った場合の対処法を解説してあるので安心です。

ショートカットキー

知っておくと何かと便利。キーボードを組み合わせて押すだけで、簡単に操作できます。

過去のバージョンのファイルが復元できた

したバージョンの内容が復元され、
いバージョンとして更新された

テクニック 間違って削除したファイルを復旧する

eDrive for Businessには「ごみ箱」の機能があり、間違って削除しまったファイルを元に戻せます。さらに、ごみ箱からファイルを削してしまった場合でも、[第2段階のごみ箱] に保存されている可能性ります。第2段階のごみ箱は、ごみ箱から削除したファイルが一時保存されるごみ箱であり、間違ってごみ箱から削除したファイルをできる場合があります。

ごみ箱] にあるファイルを選択して [復元] を
リックすると、ファイルを元に戻せる

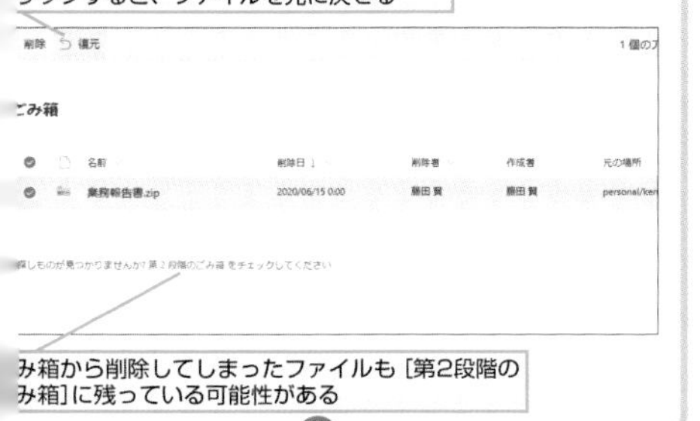

み箱から削除してしまったファイルも [第2段階の
み箱] に残っている可能性がある

HINT!

以前のバージョンの内容を確認するには

WordやExcel、PowerPointなどのファイルは、過去のバージョンの内容をアプリで開いて確認できます。

バージョン履歴を表示しておく

1 確認したいバージョンの番号をクリック

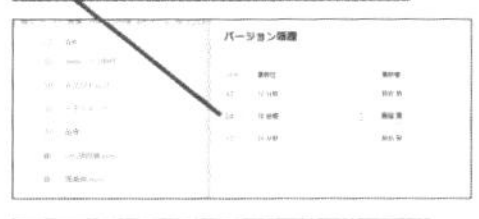

関連付けされているアプリが起動し、内容が表示された

Point

効率的な共同作業を実現するバージョン履歴

複数のユーザーで同じファイルを編集する際、過去の内容を記録として残しておくために、上書き保存せずにファイル名を変えて保存するケースがあります。ただ、似た名前のファイルがいくつも作られることになり、どれが最新のファイルかが分かりにくくなるのが欠点です。バージョン履歴の機能を備えたOneDrive for Businessなら、上書き保存を実行しても過去の内容が履歴として記録されるため、必ずしも別名で保存する必要がありません。また過去に誰がファイルを編集したのかが分かり、以前のファイル内容をすぐに確認できるのも便利です。

26 バージョン履歴

HINT!

レッスンに関連したさまざまな機能や、一歩進んだ使いこなしのテクニックなどを解説しています。

右ページのつめでは、知りたい機能でページを探せます。

Point

各レッスンの末尾で、レッスン内容や操作の要点を丁寧に解説。レッスンで解説している内容をより深く理解することで、確実に使いこなせるようになります。

テクニック

レッスンの内容を応用した、ワンランク上の使いこなしワザを解説しています。身に付ければパソコンがより便利になります。

※ここに掲載している紙面はイメージです。
実際のレッスンページとは異なります。

目　次

ご利用の前に必ずお読みください

本書は、2020年7月現在の情報をもとに「Microsoft® 365」の操作方法について解説しています。本書の発行後に「Microsoft® 365」の機能や操作方法、画面などが変更された場合、本書の掲載内容通りに操作できなくなる可能性があります。本書発行後の情報については、弊社のWebページ（https://book.impress.co.jp/）などで可能な限りお知らせいたしますが、すべての情報の即時掲載ならびに、確実な解決をお約束することはできかねます。また本書の運用により生じる、直接的、または間接的な損害について、著者ならびに弊社では一切の責任を負いかねます。あらかじめご理解、ご了承ください。

本書で紹介している内容のご質問につきましては、できるシリーズの無償電話サポート「できるサポート」にて受け付けております。ただし、本書の発行後に発生した利用手順やサービスの変更に関しては、お答えしかねる場合があります。また、本書の奥付に記載されている初版発行日から3年が経過した場合、もしくは解説する製品やサービスの提供会社がサポートを終了した場合にも、ご質問にお答えしかねる場合があります。できるサポートのサービス内容については220ページの「できるサポートのご案内」をご覧ください。なお、都合により「できるサポート」のサービス内容の変更や「できるサポート」のサービスを終了させていただく場合があります。あらかじめご了承ください。

●用語の使い方

本文中では、「Microsoft® 365」のことを「Microsoft 365」、「Microsoft® Power Automate」のことを「Microsoft Power Automate」、「Microsoft® Outlook®」のことを「Outlook」、「Microsoft® OneDrive® for Business」のことを「OneDrive for Business」、「Microsoft® Teams®」のことを「Microsoft Teams」、「Microsoft® Planner」のことを「Microsoft Planner」、「Microsoft® Stream」のことを「Microsoft Stream」、「Microsoft® Exchange Online」のことを「Exchange Online」、「Microsoft® SharePoint® Online」のことを「SharePoint Online」、「Microsoft® Excel®」のことを「Excel」、「Microsoft® Outlook®」のことを「Outlook」、「Microsoft® PowerPoint®」のことを「PowerPoint」、「Microsoft® Word」のことを「Word」、「Microsoft® Office Online」のことを「Office Online」と記述しています。また、本文中で使用している用語は、基本的に実際の画面に表示される名称に則っています。

●本書の前提

本書は、2020年7月時点の「Microsoft 365 Business Standard」に基づいて内容を構成しています。また、「Windows 10」がインストールされているパソコンで、インターネットに常時接続されている環境を前提に画面を再現しています。

第1章

Microsoft 365の基本を知る

Microsoft 365は、企業におけるメールの送受信のほか、音声やビデオを使った対話、情報共有などを実現するための機能を提供する、クラウド型のサービスです。ハードウェアやソフトウェアライセンスを購入する必要がなく、投資を最小限に抑えながら導入ができます。ここではまず、Microsoft 365の概要や基本的な機能を紹介していきます。

●この章の内容

レッスン 1

Microsoft 365って何？

Microsoft 365でできること

Microsoft 365は、メールの送受信や情報の管理・共有、コミュニケーションのための機能を備えたクラウドサービスです。基本的な構造と機能を見てみましょう。

サーバーの購入や管理が不要なクラウドサービス

企業のITシステムを構築する手段として、「クラウド・コンピューティング」の活用が広まっています。クラウドを利用してITシステムを構築すれば、サーバーやソフトウェアを購入する必要がない、運用･管理の手間を軽減できる、などのメリットが得られます。Microsoft 365もクラウドサービスの1つで、メールの送受信や情報・予定の共有、コミュニケーション機能などが「サービス」として提供されます。パソコンやスマートフォン、タブレットといったデバイスとインターネット接続環境があれば、場所にとらわれずに作業を進められるため、テレワークにも最適です。

HINT!

「クラウド・コンピューティング」とは

インターネット上で「サービス」として提供されている、ハードウェアやソフトウェアを使うコンピューターの利用形態を「クラウド・コンピューティング」と呼びます。多くの場合、サービス使用料を支払って利用する形のため、ハードウェアやソフトウェアライセンスを購入する必要がないメリットがあります。

Microsoft 365ならこんなことができる

Microsoft 365を利用すれば、メールの送受信や予定の共有、作成したファイルの共有、チャットや音声・映像を利用したリアルタイムでのコミュニケーションなどが可能になります。クラウドサービスであるため、これらの仕組みを従業員に提供する際、サーバーの購入や構築が不要です。Microsoft 365のプランによっては、パソコンにWordやExcel、PowerPointといったOfficeアプリをインストールでき、一括で作業環境を用意することが可能です。

HINT!

「Office 365」から「Microsoft 365」に名称を変更

マイクロソフトは2020年4月、それまで「Office 365」として提供してきた各種サービスを「Microsoft 365」に変更しました。これに合わせて、サービスプランの名称も変更されています。サービスプランの詳細はレッスン❷を参照してください。

◆Exchange Online
メールの送受信、スケジュールや連絡先などを管理できる。ほかのユーザーとのスケジュール共有も可能

◆OneDrive for Business
作成したファイルをアップロードし、クラウドに保存できる。社内外のユーザーとのファイル共有も可能

◆Microsoft Teams
テキストでのチャットに加え、音声での通話やオンライン会議も行えるコラボレーションツール

◆Microsoft Officeアプリ
常に最新版のOfficeアプリを利用できる。スマートフォンやタブレット端末でも使える

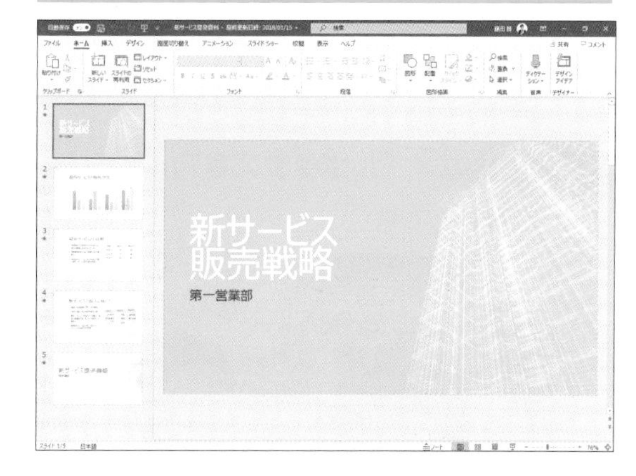

Microsoft 365のメリットとは

Microsoft 365の特長とプラン

Microsoft 365には、業務を効率的かつ安全に進めていくための仕組みも多数用意されています。このレッスンでは、Office 365ならではのメリットを紹介します。

Officeアプリとの高い親和性

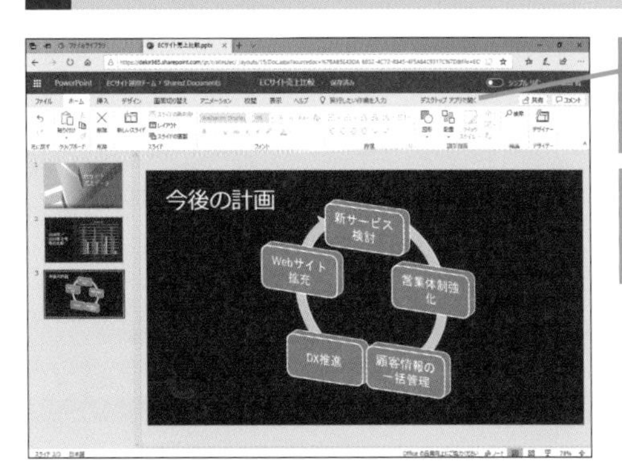

Office OnlineとOfficeのアプリを利用できる

外出先からオフィスまで場所にとらわれずにOfficeを使える

強力なセキュリティで安心して使える

強力なセキュリティ機能によりサービスやデータの安全性を守り、ウイルスや迷惑メールも遮断。サービスの稼働保証は99.9%

大容量のメールボックスを利用できる

メールボックスの容量は、1ユーザーあたり50GB（E3／E5は100GB）。メールのバックアップも可能

キーワード

HINT!

「Office Online」とは

Office Onlineは、Webブラウザー上でOfficeドキュメントの閲覧や簡単な編集ができる機能です。Microsoft 365では、文書作成のWord Online、表計算のExcel Online、プレゼンテーションのPowerPoint Online、多機能メモツールのOneNote Onlineなどがあります。

HINT!

Microsoft 365は日々アップデートされる

クラウドサービスとして提供されているMicrosoft 365は、日々マイクロソフトによって機能追加や改善、不具合の修正などが行われています。マイクロソフトでは、開発中の機能や提供中の機能などをまとめたロードマップも公開しています。

▼Microsoft 365ロードマップ
https://www.microsoft.com/ja-jp/microsoft-365/roadmap

Microsoft 365のプラン

Microsoft 365では、「予算や企業規模に合わせて、さまざまな機能がセットになったプランを導入する」「必要な機能のみを選択して導入する」といったことが可能です。ITを活用したコミュニケーションや情報共有に必要な機能をまとめたセットプランには、1～300名までの組織で利用できる一般法人向けの「Microsoft 365 Business」と、すべての規模の組織に対応する「Microsoft 365 Enterprise」があり、各プランで複数の選択肢があります。利用できる機能が細かく異なっているので、導入に際しては自社で必要となる機能を見極め、最適なプランを選択するようにしましょう。なお、本書では主にMicrosoft 365 Business Standardのサービス内容に沿って解説を進めます。

Microsoft 365 Business (Basic／Standard／Premium)

- 従業員数が300名までの企業向けプラン
- 低価格な月額課金
- 組織内個人用クラウドストレージが付属（1TB）
- WindowsおよびmacOSでMicrosoft Officeをインストール可能（Standard／Premium）

Microsoft 365 Enterprise（F3／E3／E5）

- 企業規模に関係なく利用できるプラン
- 「Microsoft Intune」や「Microsoft Endpoint Configuration Manager」など、高度なデバイス管理機能を提供
- 「Microsoft Advanced Analytics」などの高度なセキュリティ機能を提供。E5には「Microsoft Defender Advanced Threat Protection」などのセキュリティ機能も
- 容量無制限の組織内個人用クラウドストレージ（E3／E5）
- データ損失防止機能が利用可能（E3／E5）
- クラウドPBXによるクラウドベースのコール管理が可能（E5）

HINT!

小規模企業でもMicrosoft 365 Enterpriseを検討しよう

Microsoft 365 Enterpriseに利用ユーザー数の下限はありません。そのため、Microsoft 365 Businessを契約できる規模の企業でも、Microsoft 365 Enterpriseで提供されている機能が必要、あるいは将来的にユーザー数が増加する可能性がある場合には、Enterpriseも選択肢に入れて検討すべきでしょう。

Point

強力な機能で業務の効率化を実現するMicrosoft 365

Microsoft 365の特長として見逃せないのは、ビジネスシーンで広く使われているMicrosoft Officeアプリとの親和性の高さです。WordやExcel、PowerPointで作成したファイルをクラウド（OneDrive for Business）にアップロードして共有できるのはもちろん、Webブラウザーやスマートフォン、タブレット端末でも閲覧や編集が可能です。またデスクトップ版のMicrosoft Officeを利用できるプランなら、常に最新のOfficeを利用できます。

レッスン 3

Microsoft 365 Businessのさまざまなプラン

Basic、Premium

Microsoft 365 Businessには、さらに「Basic」と「Standard」「Premium」の3つのプランが用意されています。それぞれの違いを見ていきましょう。

Microsoft 365 Business BasicとStandardの違い

Microsoft 365 Businessにおける最も低価格なプランがBasicです。上位プランとの大きな違いは、デスクトップ版のMicrosoft Officeアプリのライセンスが提供されない点で、WindowsやMacにOfficeアプリをインストールできません。その分価格が抑えられており、1ユーザーあたり540円／月（年間契約の場合／2020年6月現在）で利用可能です。

それ以外の面では、BasicとStandardに大きな違いはありません。BasicでもStandardと同様に、Exchange Onlineで1人あたり50GBのメールボックスが提供されるほか、OneDrive for Businessには1TBのファイルを保存可能です。テレワークに役立つ、Microsoft Teamsも利用できます。自社のニーズによっては、Microsoft 365 Business Basicも視野に入れて最適なプランを選ぶべきでしょう。

Microsoft 365 Business Basicでも、Web版Outlookを利用してメールの送受信や予定の管理が可能

Microsoft Teamsを利用し、ほかのユーザーとチャットやオンライン会議でコラボレーションできる

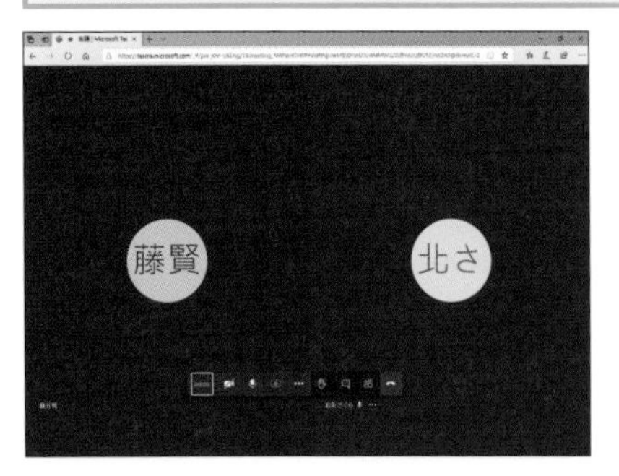

HINT! Officeアプリのみ利用のプランもある

マイクロソフトでは、Microsoft Officeアプリだけをサブスクリプションモデルで利用したいという企業ユーザーのために「Microsoft 365 Apps for business」を提供しています。これはデスクトップ版とモバイル版のMicrosoft OfficeとWeb版のWordとExcel、PowerPoint、OneDriveで1TBのストレージを利用できるサービスです。

HINT! モバイルデバイスもサポートするMicrosoft 365 Premiumのデバイス管理

Microsoft 365 Business Premiumに付属する「Microsoft Intune」は、デバイス管理機能を提供し、モバイルデバイスにも対応しています。このため、従業員が利用するパソコンだけでなく、スマートフォンやタブレット端末まで含めて管理可能です。

高度なセキュリティ機能とデバイス管理機能を備えたPremium

Microsoft 365 Businessの中で、最上位のプランがPremiumです。BasicやStandardとの大きな違いは、高度なセキュリティやデバイス管理機能の存在です。Microsoft 365 Business Premiumには、高度なマルウェアに対する最先端の防御機能となる「Office 365 Advanced Threat Protection」や、ファイルのコピーや転送を制御できる「Information Rights Management」、メールの喪失を防ぐ「Exchange Online Archiving」などが提供されています。

またデバイス管理機能として、セキュリティ機能の設定をWindows 10やiOS、およびAndroidデバイスに構成するためのセットアップウィザードの提供、Windows 10をインストールしたパソコンに適用されるポリシーの管理、Windows 10へのMicrosoft Officeアプリの自動展開などといった機能があり、これらを活用すれば管理者の負担を大幅に軽減できます。

なお、Microsoft 365 Business Premiumを導入し、企業内のWindowsパソコンを管理するには、対象パソコンの実行環境としてWindows 10 Proが必要です。Microsoft 365 Business Premiumには、Windows 10 Proへのアップグレード権が付属しており、Windows 7 ProおよびWindows 8.1 Proからアップグレードできます。

◆Windows 10
セキュリティを強化した、Windows 10 Proへのアップグレード権が付属する

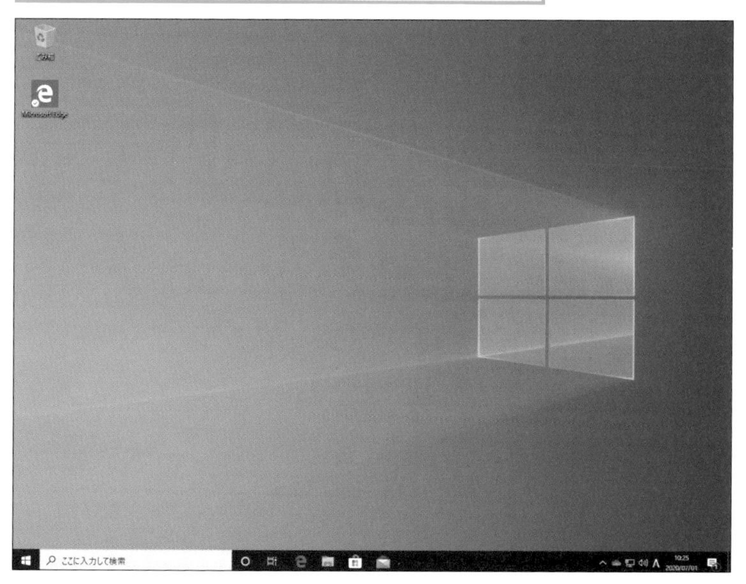

HINT! 注意したいMicrosoft Officeのサポート期限

自社で購入したMicrosoft Officeアプリのライセンスを利用する場合、気を付けたいのはサポート期限です。すでにOffice 2007はサポート期限が終了しており、Office 2010も2020年10月13日に延長サポートが終了します。サポートが終了すると、セキュリティ更新プログラムや有償サポートを含む、すべてのサポートが受けられなくなります。マイクロソフトの各製品のライフサイクルは、以下のページで確認できます。

▼製品のライフサイクル検索
https://support.microsoft.com/ja-jp/lifecycle/search/13615

HINT! Microsoft 365 Personalとは

Microsoft 365 Personalは、WindowsとMac、タブレット、スマートフォンでOfficeが利用できるMicrosoft 365の個人向けプランです。企業向けに含まれるExchange OnlineやSharePoint Onlineなどは利用できませんが、OneDriveが1TB分利用できます。

Point 自社の要件に合わせて適切なプランを選択する

Microsoft 365 Business Basicは安価に利用できる魅力があり、一方でPremiumにはセキュリティ対策やガバナンスの強化に役立つ、高度なセキュリティ機能やデバイス管理機能を備えています。このように、同じMicrosoft 365 Businessでもプランによって内容は大きく異なります。自社にとって必要な機能は何か、プランを選定する前にじっくりと検討し、自社にとって最適なプランを選択するようにしましょう。

レッスン 4

テレワークにも最適なMicrosoft 365

Microsoft 365によるワークスタイル変革

2020年春、新型コロナウイルスの感染拡大にともない、多くの企業がテレワークで業務を遂行しました。Microsoft 365はこうしたテレワークにも適しています。

クラウドがもたらす自由な働き方

ワークライフバランスの改善や業務効率の向上などを目的として、ワークスタイルの変革に取り組む企業は少なくありません。特に自宅で業務を行うテレワークの実現は、オフィスまで出社することが困難な人でも働くことができるほか、緊急時でも自宅で作業ができるため、災害対策としても機能します。また通勤時間が減れば従業員のストレス軽減にも有効でしょう。2020年春には、新型コロナウイルス感染症（COVID-19）の感染拡大防止のために緊急事態宣言が発令され、多くの企業がテレワークで業務の推進を決断しました。これをきっかけとして、新たな働き方としてテレワークが定着する可能性は高いでしょう。

このようなテレワークを実現する上で、積極的に活用したいのがクラウドです。どこからでもアクセスできるクラウドを業務に利用すれば、自宅での作業が可能になります。Microsoft 365であれば、ファイルや情報の共有、チャットやオンライン会議によるコミュニケーション、さらにはクラウドを介した共同作業も実現できるため、テレワークでも効率的に作業を進められます。

キーワード

Microsoft Teams	p.215
プレゼンス	p.217

HINT!

ワークライフバランスについて

仕事（ワーク）と私生活（ライフ）のバランスが大きく崩れ、仕事の比重が大きくなるとストレスがたまり、体調を崩す直接的な要因となり得るほか、業務にも悪影響を及ぼしかねません。そこで仕事と私生活のバランスを見直し、私生活の充実を目的とした活動が企業で広まりつつあります。

HINT!

在宅勤務は災害対策としても有効

大規模災害が発生した際、公共交通機関や道路も被害を受け、オフィスへの出社が困難になる状況は十分に想定できるでしょう。このとき、自宅で作業を進められれば、迅速な業務の再開が可能になり、事業への影響を最小限に抑えられます。

密なコミュニケーションをサポート

Microsoft 365 Businessに含まれるExchange Onlineを利用すれば、在宅勤務している同僚とメールの送受信やスケジュールの共有が可能です。またオンラインストレージであるOneDrive for Businessを利用すれば、クラウドを介してファイルを共有できるほか、WordやExcel、PowerPointといったアプリを使い、遠隔地の同僚とインターネット経由で共同作業できるのも便利でしょう。

OneDrive for Businessを使えば、1つのファイルを複数のユーザーで同時に編集可能

テレワークを効率的に進められる豊富な機能

Microsoft 365にはテレワークに役立つ機能が数多く提供されています。例えば、チーム内のタスク管理に有効なMicrosoft Plannerを利用すれば、個々のメンバーの作業状況や、チーム全体のタスクがどれだけ進んでいるのかなど、現状を容易に把握できます。

◆Microsoft Planner
チームやプロジェクトの作業状況を確認できる

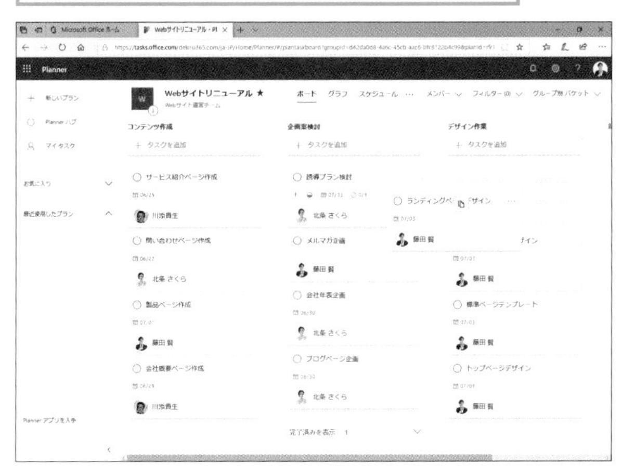

HINT! テレワークで役立つプレゼンス情報

Microsoft 365には、「連絡可能」「退席中」「取り込み中」「応答不可」といったユーザーの状態（プレゼンス）を表示する機能が組み込まれています。これを利用すれば、それぞれがテレワークで離れて働いている場合でも、相手の状態を素早く把握することが可能です。

プレゼンス機能により、ほかのユーザーに自分の状況を容易に伝えられる

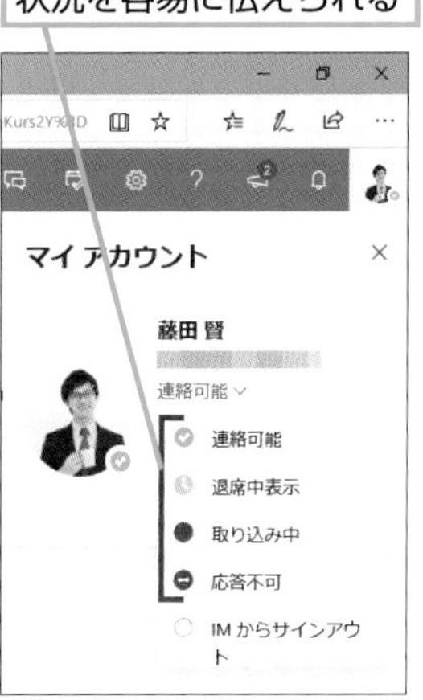

次のページに続く

グループ内の意思疎通を効率化できるMicrosoft Teams

Microsoft 365において、チームのコラボレーションをサポートするツールとして提供されているのがMicrosoft Teamsです。これを利用すれば、共同作業時におけるコミュニケーションのさまざまな課題が解決できます。具体的には、テキストでコミュニケーションするチャット機能や、複数のユーザーで音声／映像を用いてリアルタイムにコミュニケーションするオンライン会議の機能などがあり、テレワーク中の従業員間のコミュニケーションに活用できます。

◆Microsoft Teams
チャットの画面から、メッセージとともにファイルも送信可能

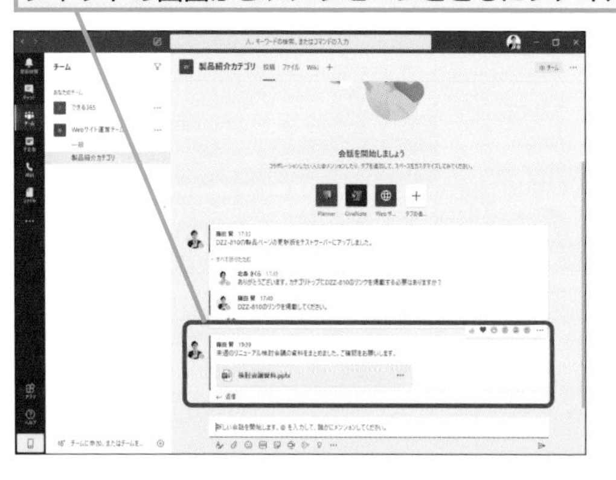

テキストチャットでコミュニケーションを効率化

社内コミュニケーション用ツールとして、これまで広く用いられてきたのはメールです。ただメールは、本来伝えたい内容以外に形式的な文章があり無駄が多いこと、前後のやりとりを把握しづらいなどの問題があります。Microsoft Teamsを使ったテキストチャットであれば、伝えるべき内容だけを書いてコミュニケーションできる、スレッドと呼ばれる仕組みにより会話の流れを把握しやすいといったメリットがあり、コミュニケーションの効率化を図れるツールとして多くの企業で広まりつつあります。

会話のやりとりがスレッドとしてまとめられているため、会話の流れを把握しやすい

HINT!
チャネルを使って会話を整理

Microsoft Teamsは複数のチームを作り、各チームのメンバー同士でコミュニケーションできます。またチーム内での議論の内容ごとに「チャネル」を作成すれば、複数のテーマの議論が混じってしまって状況を把握しづらくなるといった事態を防げます。

HINT!
チームでのファイル共有にも利用可能

Microsoft Teamsでは、メッセージとともにファイルを送信できるだけでなく、ファイルサーバーのようにファイルをアップロードし、チーム内でのファイル共有の場としても利用できます。

Microsoft Teamsをファイル共有の場としても利用できる

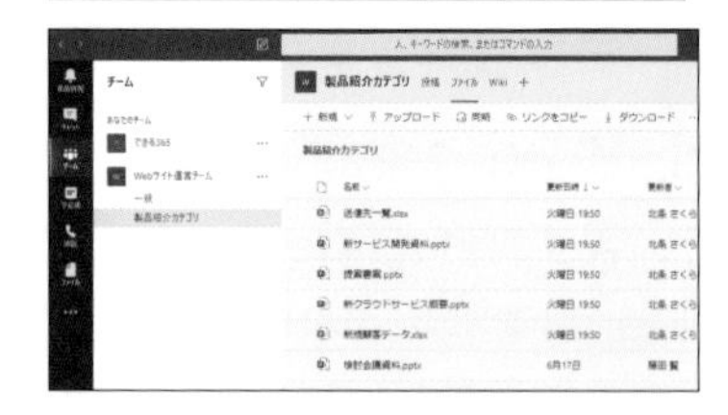

HINT!
オンライン会議に社外のメンバーを呼ぶこともできる

Microsoft Teamsのオンライン会議は、社外のメンバーも招待できます。営業活動に利用したり、外部の企業も参加するプロジェクトのミーティングなどに利用したりもできます。

オンライン会議でリアルタイムにコミュニケーション

Microsoft Teamsには、複数のユーザーが参加できるオンライン会議の機能もあり、音声や映像でのリアルタイムコミュニケーションが可能です。テレワークを実施する際の問題として会議や打ち合わせ手段がありますが、Microsoft Teamsのオンライン会議を利用すれば、テレワークでそれぞれが自宅で作業している状況でも、お互いの顔を見ながら会話でき、オフィスでの会議と同じ感覚でコミュニケーションが図れます。

◆Microsoft Teams
オンライン会議を利用すれば、離れた場所にいる複数のユーザーとリアルタイムにコミュニケーションできる

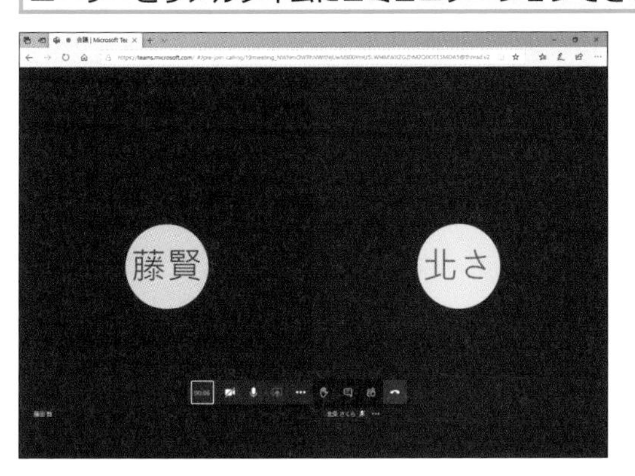

オンライン会議でプレゼンテーション

Microsoft Teamsのオンライン会議には、デスクトップやウィンドウ、PowerPointなどのファイルを共有できる仕組みがあります。例えば、PowerPointファイルをほかの参加者と共有すれば、プレゼンテーションがオンラインで行えます。またWordやExcelで作成した資料を共有し、全員で見ながら議論できます。

Microsoft Teamsのオンライン会議では、全員で同じ資料を見ながら議論できる

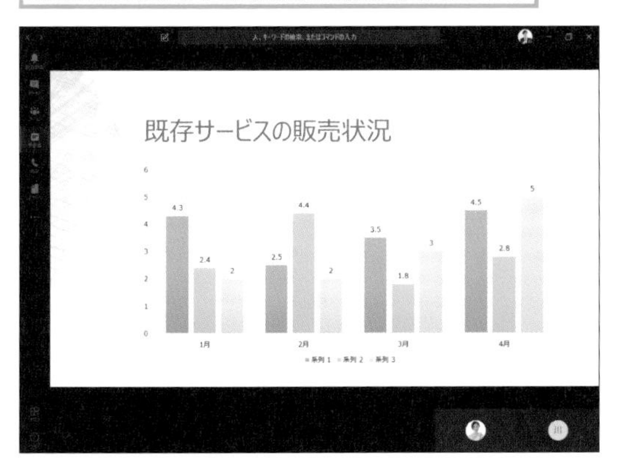

HINT! 会議の内容を簡単に録画できる

Microsoft Teamsのオンライン会議は、共有画面や参加者の話した内容を動画として記録できます。動画はMicrosoft 365 Businessに含まれる動画共有サービス「Microsoft Stream」に記録され、いつでも再生可能です。

オンライン会議中に[レコーディングを開始]をクリックすると、動画がMicrosoft Streamに記録される

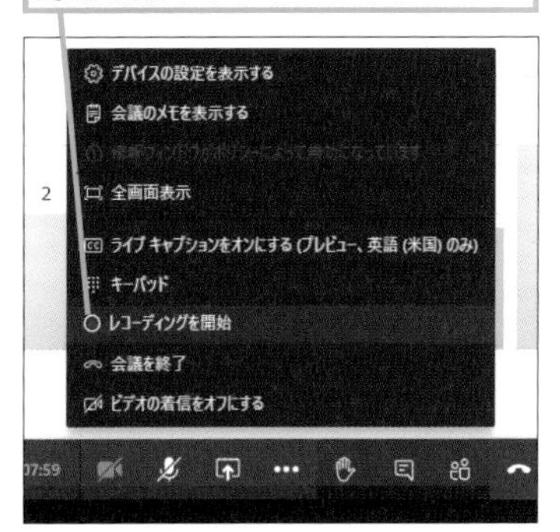

Point ワークスタイル変革を加速するMicrosoft 365

新型コロナウイルス感染症の感染拡大にともなって急速に浸透したテレワークは、新たな働き方の1つとして社会に定着する可能性は高いといえます。通勤時間がなくなることで、個人の時間が増え、ワークライフバランスの改善が期待できるほか、通勤の負担が軽減されれば業務にも好影響が期待できます。また自然災害などによって通勤が困難になったときでも、テレワークで働けば業務を止めることがありません。このようにテレワークの実現を考える上で、ビジネスに必要となる機能をワンストップで提供するMicrosoft 365は、企業にとって力強い味方となるでしょう。

レッスン

5 モバイルワークの推進で業務効率を向上しよう

さまざまなモバイルアプリ

マイクロソフトでは、Microsoft 365で利用できるさまざまなモバイルアプリを提供しています。これらを利用して外出先でも作業ができる環境を整えましょう。

移動時間や外出時の空き時間を有効活用

外出が多い業務の場合、移動中の時間や、アポイント間の空き時間を有効に利用できれば、業務効率の向上が期待できます。外出先では、一般的にノートパソコンを利用しますが、それなりの場所が必要となるため、いつでもどこでも利用できるわけではありません。しかし片手でも操作可能なスマートフォンであれば、ノートパソコンのように利用する場所が限定されないため、さまざまな場所での作業が可能になります。

スマートフォンを活用したモバイルワークにおいて、積極的に活用したいのがMicrosoft 365で利用できるモバイルアプリです。その1つとして挙げられるのが、iOS（iPadOS）やAndroid向けに提供されている「Outlook」で、パソコンのOutlookと同様にメールを送受信したり、スケジュールの確認を行ったりできます。

◆iOS版Outlookのメール画面

◆iOS版Outlookの予定表画面

キーワード

Microsoft Teams p.215

HINT!

モバイルデバイスでもMicrosoft 365にアクセスできる

Microsoft 365は、モバイルデバイスのWebブラウザーでのアクセスにも対応しています。パソコンと同様にWebブラウザー経由でOutlookを表示して、メールを送受信したり、OneDrive for Businessにアクセスしたりできます。

モバイルアプリをインストールしていなくても、Webブラウザー経由でメールの送受信ができる

外出先でもMicrosoft Teamsでの議論に参加

Microsoft Teamsのモバイルアプリも提供されています。外出先でもMicrosoft Teams上の議論をチェックしたり、必要に応じてメッセージを投稿したりすることが可能です。またスマートフォンやタブレット端末を使って、いつでもどこでもオンライン会議や打ち合わせに参加できます。

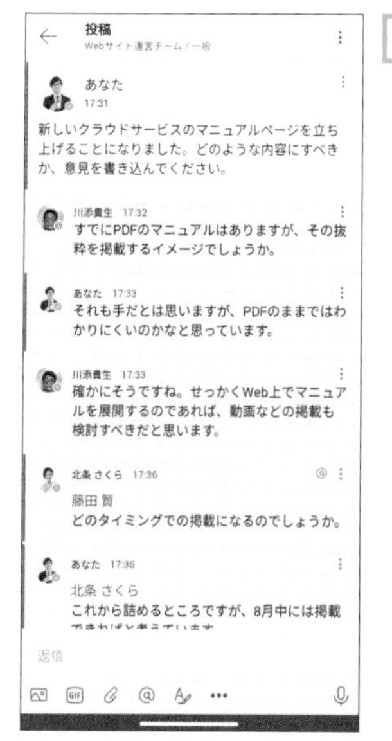

◆Android版のMicrosoft Teams

オフィスや自宅で作成した資料を外出先でチェック

OneDriveのモバイルアプリを使えば、作成してOneDrive for Businessにアップロードしたファイルを外出先でチェックできます。例えば訪問先に向かう途中で、プレゼン資料をチェックし、必要であればその場で手直しするといったことが可能になります。

◆iOS版のOneDrive

HINT!

スマートフォンからMicrosoft Streamへ動画を投稿

企業内の動画共有サービスとして提供されている、Microsoft Streamのモバイルアプリも提供されています。すでに投稿された動画を再生できるだけでなく、スマートフォンのカメラで撮影した動画を投稿することも可能です。例えば、現場の状況を撮影し、素早く動画でシェアするといった使い方ができるでしょう。

Microsoft Streamでは、動画で作成したマニュアルなどを共有できる

Point

モバイルデバイスも積極的にサポートするMicrosoft 365

パソコンで利用できるだけでなく、スマートフォンやタブレット端末でもさまざまなサービスや機能を使えることはMicrosoft 365の大きな魅力です。外出先での利用が可能になれば、残業の抑制にもつながり、働き方改革を進めていく上での大きな武器となります。Microsoft 365 Businessを導入するのであれば、モバイルデバイスの活用にも目を向けましょう。

レッスン 6

Microsoft 365の活用例を知ろう

Microsoft 365を使うメリット

Microsoft 365には数多くの機能があり、これらを活用することで業務環境を大きく改善できます。改めて、主な機能と具体的なメリットについて見ていきましょう。

情報共有のための基盤として活用

Microsoft 365では、Exchange Onlineを利用したスケジュール共有やSharePoint Onlineでの情報共有、さらにはファイル共有が可能なOneDrive for Businessが提供されています。これらを使えば、部署内のメンバーそれぞれのスケジュールを即座に把握でき、必要な情報を効率良く共有できます。またコラボレーション用ツールとして提供されているMicrosoft Teamsを活用すれば、共同作業もスムーズに進められるでしょう。

コミュニケーション基盤として使う

メールを送受信できるExchange Onlineや、チャットやオンライン会議が行えるMicrosoft Teamsなど、Microsoft 365はコミュニケーション基盤としても活用できます。モバイルデバイスも積極的に利用し、社内コミュニケーションの最適化を検討していきましょう。

Microsoft Teamsでは、テレワークの浸透により、注目が高まっているオンライン会議ができる

HINT! Exchange Onlineなら会議も設定できる

Exchange Onlineには、相手の空き時間を画面上で確認しながら会議を設定するための機能が用意されています。これを利用すれば、会議の参加者に予定を聞く手間が省け、素早く会議を設定できます。

HINT! Skype for Businessの機能を取り込んだMicrosoft Teams

これまでMicrosoft 365では、チャットや通話、Web会議を行うためのツールとしてSkype for Businessを提供していました。しかしMicrosoft Teamsがそれらの機能を取り込んだことから、Skype for BusinessからMicrosoft Teamsへの移行が行われました。なお個人ユーザー向けには継続してSkypeが提供されています。

外出先での作業環境を整備する

マイクロソフトでは、スマートフォンやタブレット端末からMicrosoft 365を利用するための各種アプリを提供しているほか、iOSやAndroid標準のWebブラウザーを使ってアクセスすることもできます。これにより、外出先でもメールの送受信やスケジュールの確認ができるのはもちろん、SharePoint Online上に登録されている情報の参照、OneDrive for Businessにアップロードしたファイルの確認なども可能で、外出先でも効率的に作業を進められる環境を整えられます。

Officeアプリのライセンスコストの削減

Microsoft 365 Business Standardなど、パソコン用Microsoft Officeのライセンスが付属するプランであれば、WindowsやMacにWordやExcel、PowerPointなどをインストールできます。常に最新版が使えるため、バージョンアップのために予算を確保する必要がありません。ライセンスは必要なときに必要な分だけ利用できるため、従業員の増減にも柔軟に対応でき、ライセンス管理の負担を軽減できます。サブスクリプション版のみに提供される、新機能の存在も大きな魅力でしょう。

サブスクリプション版のMicrosoft Officeは、定期的に新機能が追加される

新機能の追加により、さまざまなストック画像を利用できるようになった

HINT! ライセンス管理の負担を軽減できる

Microsoft Officeを業務で利用する際、従来であれば、まずライセンスを購入し、それをユーザーごとに割り当てて利用していました。このため、どのライセンスを誰が使っているのかを管理する必要がありましたが、サブスクリプション版ではユーザーアカウントにライセンスが紐付くため、誰がどのライセンスを使っているか容易に把握できます。

Point Microsoft 365なら最新の機能を積極的に取り込める

定期的に新機能が追加されることは、サブスクリプション版のMicrosoft Officeアプリのメリットの1つですが、それ以外のMicrosoft 365のサービスも積極的なアップデートが行われています。従来、こうした新機能を利用するにはソフトウェアのバージョンアップなどが必要であり、ユーザー企業は大きな負担を強いられました。クラウドサービスであれば自動的にアップデートが行われます。これにより、管理者の負担がなく新機能を積極的に取り込めることも大きな利点です。

この章のまとめ

IT 環境を大きく変えるクラウド・コンピューティング

従来、業務のためのIT環境を構築するには、サーバーやソフトウェアライセンスの購入とセットアップが必要で、大きな投資が求められていました。また導入したIT環境を社内で運用するためには、専門の知識を持った管理者が必要であり、そこには当然人件費が発生します。このようにIT環境を利用し続けるには、さまざまなコストが発生するわけです。こうした環境を変える可能性があるのが、ハードウェアやソフトウェアをサービスとして提供するクラウド・コンピューティングです。このクラウドのメリットを取り入れたMicrosoft 365は、1ユーザー単位での月額／年間課金で利用できるほか、サーバーの管理はマイクロソフトによって行われるため、運用の負担が大幅に軽減されています。このようにメリットが大きいことを考えると、これからの企業のIT環境においてクラウド型のサービスが幅広く活用されるのは間違いないでしょう。

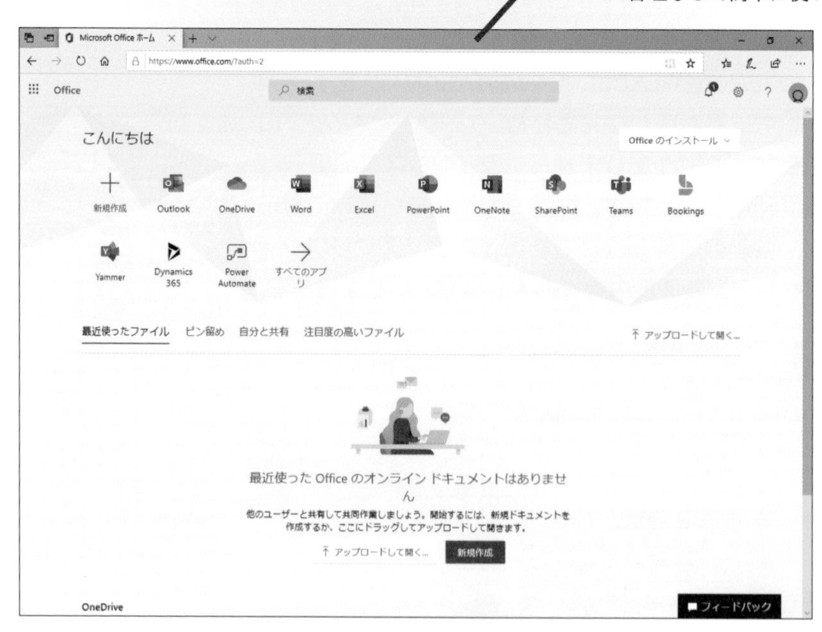

ネットがあればどこでも使える

Microsoft 365 なら、サーバーの準備や複雑なソフトウェアなどのライセンス管理なしで簡単に使い始められる

第2章 Microsoft 365をセットアップする

Microsoft 365は、Webブラウザーでポータル画面にアクセスして、さまざまな機能を利用します。本章ではポータル画面へのアクセス方法や、利用前の設定について解説します。またMicrosoft 365 Business Standardなどで利用可能な、デスクトップ版のOfficeアプリのインストール方法についても紹介します。

●この章の内容

レッスン 7 Microsoft 365にアクセスするには

サインイン

Webブラウザーを使ってMicrosoft 365にアクセスするためには、まずサインインページにアクセスしてIDとパスワードを入力する必要があります。

初めてのMicrosoft 365へのサインイン

1 Microsoft 365にサインインする

Webブラウザーを起動しておく

1 右記のURLを入力

▼サインインページ
https://portal.office.com/

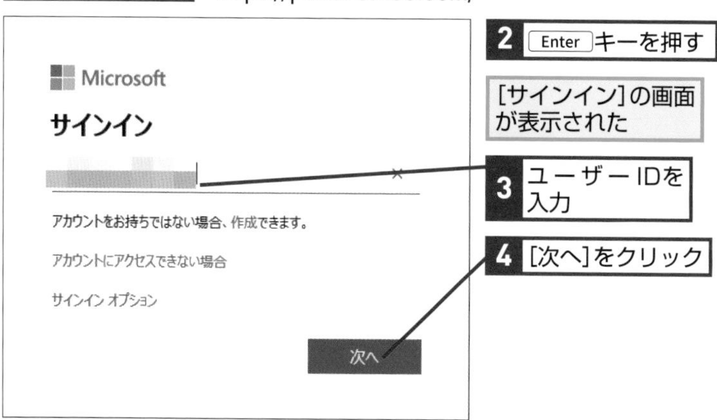

2 Enter キーを押す

[サインイン]の画面が表示された

3 ユーザーIDを入力

4 [次へ]をクリック

2 パスワードを入力する

[パスワードの入力]の画面が表示された

管理者から教えてもらったパスワードを入力する

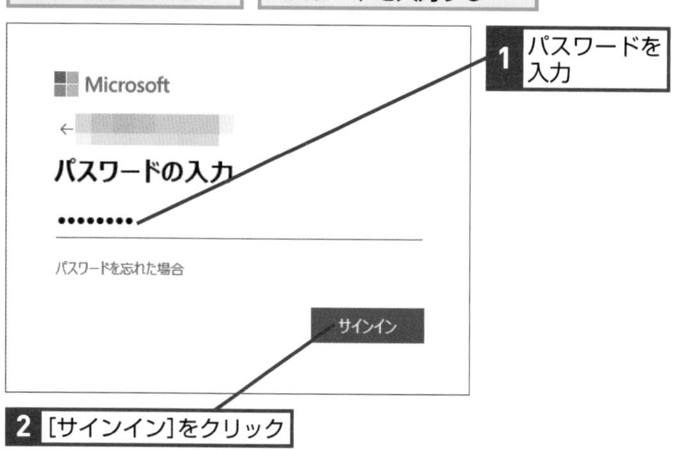

1 パスワードを入力

2 [サインイン]をクリック

キーワード

サインイン p.216

HINT!

事前に管理者によるユーザーの作成が必要

Microsoft 365にサインインするためには、事前に管理者がそれぞれのユーザーごとにアカウントを作成しておく必要があります。基本的に、サインインに必要なのはユーザー IDとパスワードです。ユーザー IDはメールアドレスの形式であり、独自ドメインの利用も可能です。ここでは、あらかじめアカウントが作成され、独自ドメインのユーザー IDを使ってサインインする前提で解説します。なおアカウントの作成について、詳しくは第10章を参照してください。

HINT!

パスワード保存に関する画面が表示されたときは

Microsoft Edgeでサインインを実行すると、通知バーにパスワード保存に関するメッセージが表示される場合があります。[保存] をクリックすると、再度サインインする際にユーザー IDやパスワードを入力する手間を省けます。同じパソコンをほかのユーザーと共有している場合は、[保存しない] をクリックしましょう。

3 パスワードを更新する

パスワードの更新画面が表示された

手順2で入力した同じパスワードを入力し、新しいパスワードを設定する

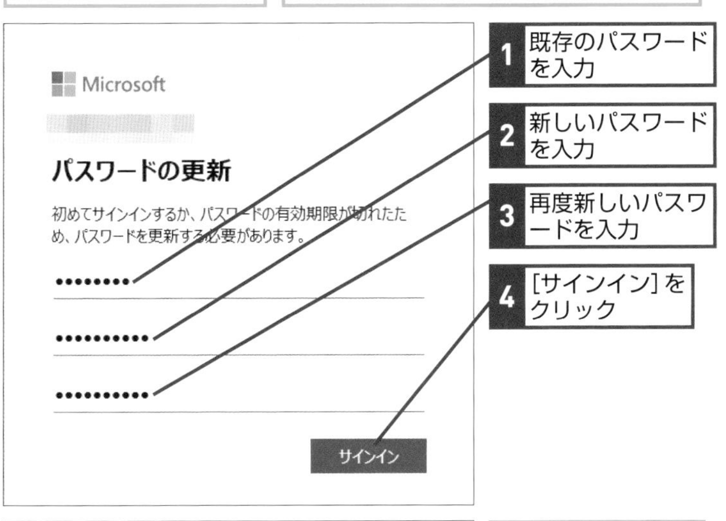

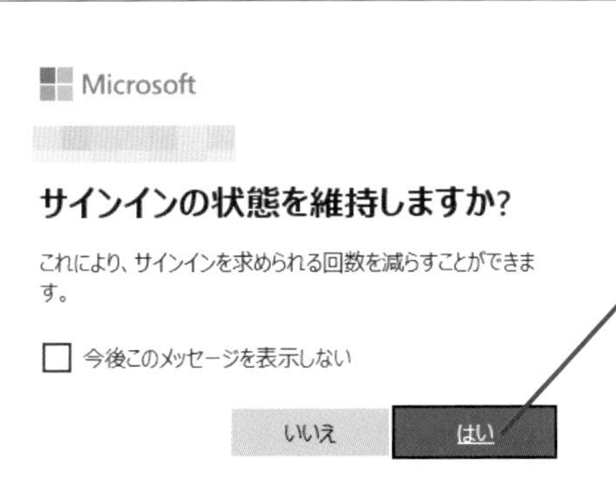

サインインの状態を維持するか確認する画面が表示された

ここではサインインの状態を維持する

5 [はい]をクリック

ツールの紹介画面が表示されたときは、[次のスライド]をクリックする

ポータル画面が表示された

Microsoft 365のポータル画面が表示された

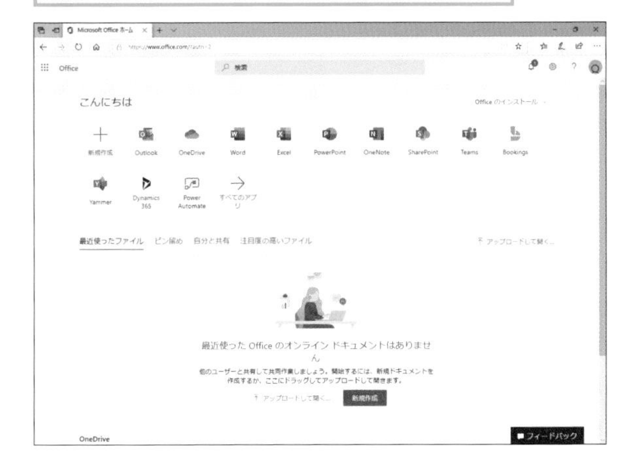

HINT!

なぜパスワードの更新が求められるの?

管理者がユーザーを作成する際、パスワードを自動生成すると、そのパスワードを使ってサインインするときにパスワードの更新が求められます。自動生成されたパスワードと異なる、他人が推察しづらいパスワードを新しく設定しましょう。

HINT!

パスワードを忘れたときは

パスワードを忘れてしまった場合は、管理者に依頼してパスワードをリセットしてもらいます。一時的なパスワードが新たに発行されるので、そのパスワードでサインインし、新たなパスワードを設定します。

HINT!

対応するWebブラウザーを確認するには

Microsoft 365が動作するWebブラウザーは、以下のページで確認することができます。

▼Microsoft 365のシステム要件
https://www.microsoft.com/ja-jp/microsoft-365/microsoft-365-and-office-resources

Point

不正アクセスを防ぐため、パスワードの管理は厳重に

ユーザーIDやパスワードの漏えいは、Microsoft 365に保存されているすべてのデータが危険にさらされ、パソコンやUSBメモリーの盗難や紛失よりも大きな被害につながる恐れがあります。第三者の目に触れる場所に書き留めない、名前や誕生日など類推しやすいパスワードを使わないなどといった基本を守りましょう。

レッスン

8 Microsoft 365のプロフィールを設定するには

タイムゾーン、マイアカウント

Microsoft 365では、利用しはじめる前にタイムゾーンを設定する必要があります。またプロフィールに顔写真も設定しておくようにしましょう。

タイムゾーンの設定

1 [設定] の画面を表示する

レッスン❼を参考に、Microsoft 365のポータル画面を表示しておく

1 [設定] をクリック

2 [すべて表示] をクリック

HINT! ダークモードって何？

手順1の画面にある［ダークモード］をクリックしてオンにすると、背景が黒色になり、多くの文字が白色で表示されるようになります。

◆ダークモード

2 言語とタイムゾーン、日付と時刻の形式を設定する

[言語とタイムゾーン]の各項目が表示された

1 ここをクリックして、[日本語(日本)]を選択

[日付の形式] [時刻の形式]を設定する

2 [保存]をクリック

3 画面右上の[ウィンドウを閉じる]をクリック

言語とタイムゾーンが設定される

HINT!

連絡先情報を変更するには

[マイ アカウント] の [情報] や [住所] 欄の内容は、ユーザーは編集できません。編集権限を持つユーザーが、[Microsoft 365管理センター]で設定する必要があります。

プロフィールの顔写真の設定

1 [マイ アカウント] の画面を表示する

Microsoft 365のポータル画面を表示しておく

1 [(ユーザー名)のアカウントマネージャー]をクリック

2 [マイ アカウント]をクリック

次のページに続く

2 写真の変更を開始する

[マイ アカウント]の画面が表示された

1 [個人情報]をクリック

2 [写真の変更]をクリック

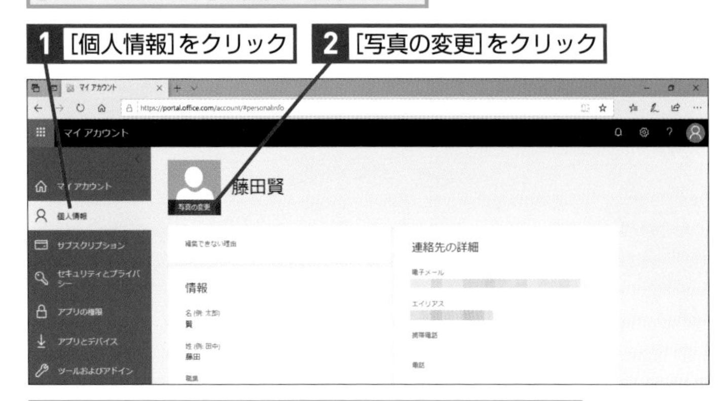

Exchange管理センターの画面が表示されたときは、言語とタイムゾーンを設定する

3 写真の選択画面を表示する

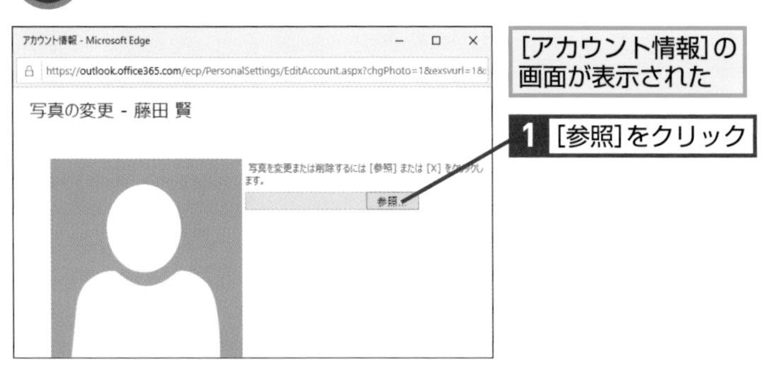

[アカウント情報]の画面が表示された

1 [参照]をクリック

4 プロフィールに使う写真を選択する

[開く]ダイアログボックスが表示された

1 画像の保存場所をクリック

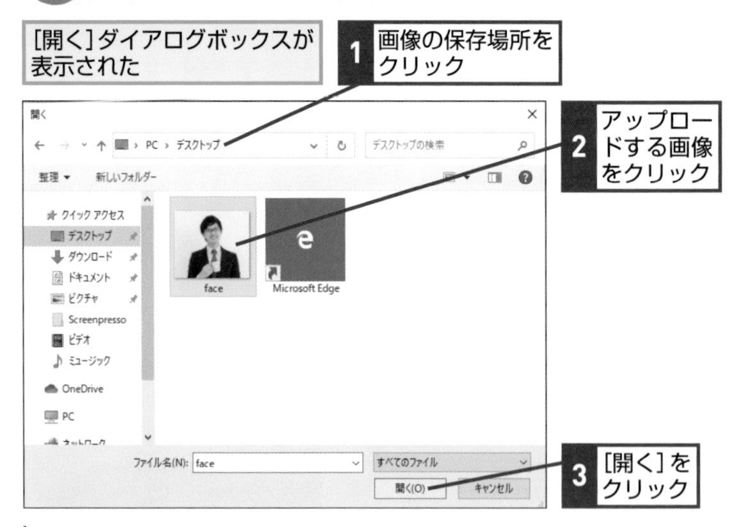

2 アップロードする画像をクリック

3 [開く]をクリック

HINT! [マイ アカウント]って何？

ユーザーの個人情報のほか、割り当てられたライセンスやアプリごとの権限を確認できます。また手順2の画面にある左側のメニューで［アプリとデバイス］をクリックすると、Officeアプリをインストールすることができます。

5 写真がアップロードされた

アップロードした写真が表示された

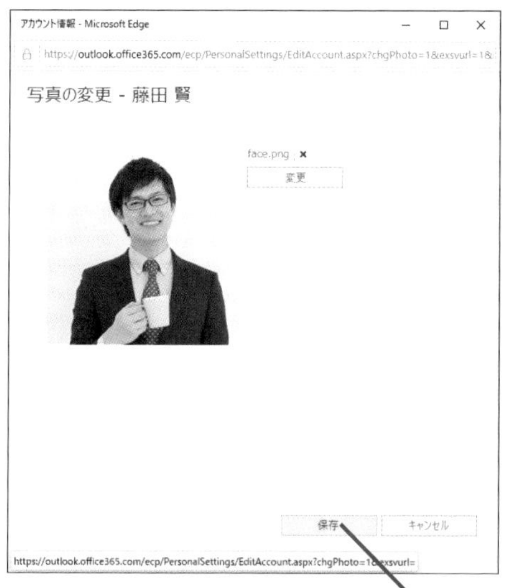

1 [保存]をクリック

6 プロフィールに選択した写真が設定された

プロフィールに顔写真を設定できた

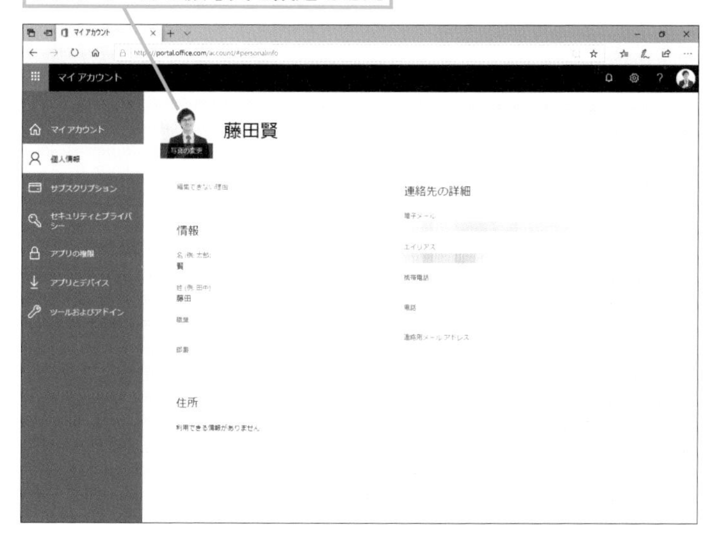

HINT!

プロフィールの画像を変更するには

手順6の画面で［マイ アカウント］の［個人情報］で、プロフィールの画像の下にある［写真の変更］をクリックすれば、画像をさらに変更できます。

Point

プロフィールの写真を登録しておこう

Outlookを使ってメールを送受信する際、宛先や送信元のメールアドレスに加えてプロフィールの写真が表示されるなど、Microsoft 365ではさまざまな場所でプロフィールの写真が利用されます。このため、プロフィールの写真が登録されていればコミュニケーションする相手が直感的に把握できるメリットがあります。Microsoft 365を利用する際には、ぜひプロフィールの写真を登録しておきましょう。

レッスン

9 デスクトップアプリのOfficeを利用するには

Officeのインストール

Microsoft 365 Business Standardなど、Microsoft Officeのデスクトップアプリを含んだプランでは、ポータルサイトからアプリをダウンロードできます。

1 インストール画面を表示する

レッスン❼を参考に、Microsoft 365のポータル画面を表示しておく

1 [Officeのインストール]をクリック

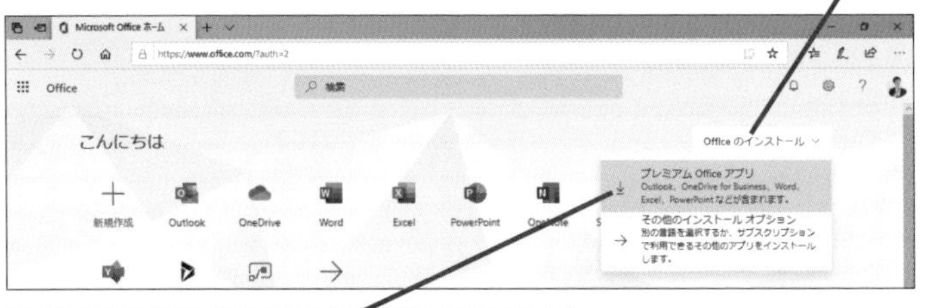

2 [プレミアムOfficeアプリ]をクリック

2 インストールを開始する

実行ファイル（インストーラー）の操作を選択する画面が表示された

1 [実行]をクリック

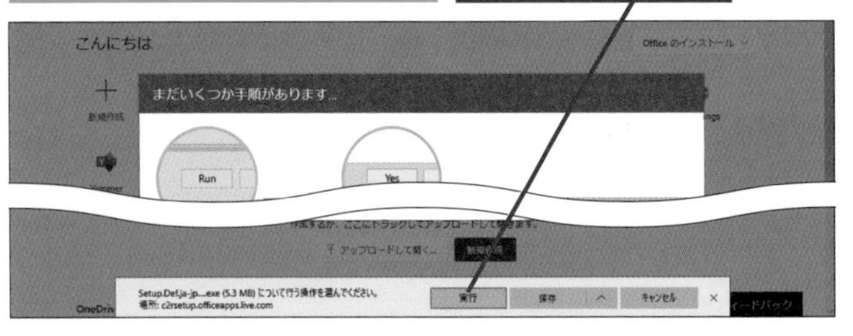

3 デバイスに変更を加えることを許可する

[ユーザーアカウント制御]ダイアログボックスが表示された

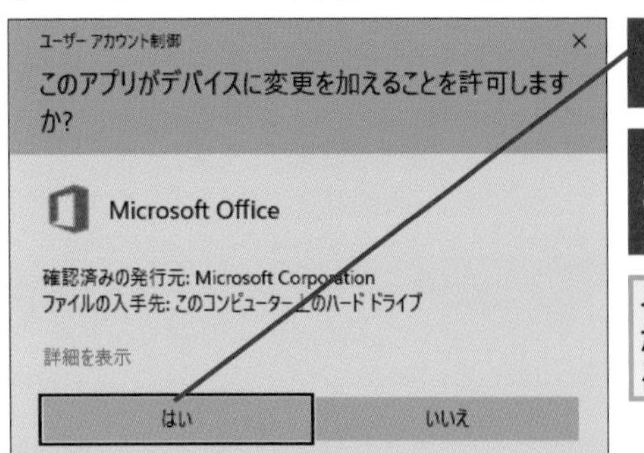

1 [はい]をクリック

2 インストールが完了するまでしばらく待つ

インストールの完了画面が表示されたら、[閉じる]をクリックする

HINT!

1ライセンスで何台までインストールできるの？

Microsoft 365 Business Standardは、1ユーザーにつき最大で5台までOfficeのデスクトップアプリをインストールできます。インストールしたWindowsパソコンやMacは、[マイ アカウント]の[アプリとデバイス]で、[Office] の [デバイス] をクリックすると確認できます。またスマートフォン用とタブレット用のOfficeアプリもそれぞれ5台までインストールでき、デスクトップアプリを含めると合計で最大15台までインストールが可能です。

HINT!

「実行」と「保存」の違いとは

手順2では、ダウンロードした実行ファイル（インストーラー）に関して操作を確認する内容が通知バーに表示されます。[実行] をクリックすると、ダウンロードファイルがすぐにインストールされます。[保存] をクリックしたときは [ダウンロード] フォルダーに実行ファイルが保存されます。なお、Google Chromeで手順1の操作を実行すると、自動的にダウンロードが行われ、画面下にダウンロードしたファイルが表示されます。これをクリックすると実行ファイルが起動し、インストールが始まります。

4 Officeアプリを起動する

ここでは[スタート]メニューからWordを起動する

1 [スタート]をクリック

2 ここを下にドラッグしてスクロール

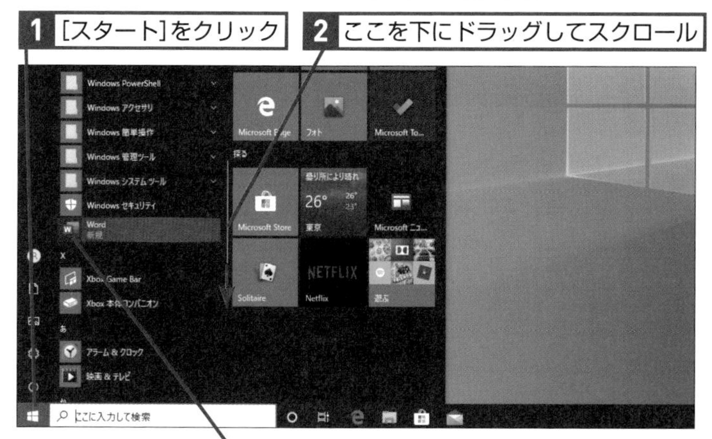

3 [Word]をクリック

5 ライセンス認証を行う

ライセンス認証を行うための画面が表示された

1 [続行]をクリック

[Officeライセンス認証] の画面が表示されたら、Microsoft 365のアカウントでサインインする

6 ライセンス契約に同意する

ライセンス契約への同意を求める画面が表示された

1 [使用許諾契約書を読む]をクリックして内容を確認

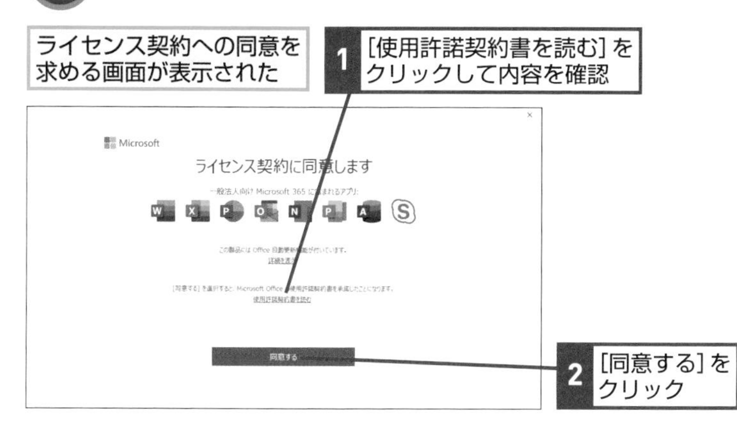

2 [同意する]をクリック

HINT!
[ユーザーアカウント制御] ダイアログボックスって何？

Windows 10では、パソコンにアプリをインストールするときや、アプリによってOSの設定を変更しようとすると、手順3のような［ユーザーアカウント制御］ダイアログボックスが表示されます。アプリの発行元を確認して［はい］をクリックし、操作を進めてください。

HINT!
インストールには ローカル管理者権限が必要

Officeアプリをインストールするには、そのパソコンの管理者（ローカル管理者）権限が必要になります。会社から貸与されているパソコンや社内のネットワークに接続するパソコンなどに対して、システム管理者がパソコンの集中管理を行っている場合、ユーザーにはローカル管理者権限が割り当てられていないこともあります。このようなときは、事前に管理者に確認しましょう。

HINT!
Microsoft 365 Business Standardで提供されるOfficeアプリの対応OSについて

2020年6月現在、Microsoft 365 Business Standardのサブスクリプションライセンスで提供されるOfficeアプリがサポートするOSは、Windows 10、Windows 8.1、Windows Server 2019、Windows Server 2016です。macOSの場合、最新の3つのバージョンのいずれかが必要となります。

次のページに続く

7 プライバシーオプションを確認する

[プライバシーオプション] の画面が表示された

表示された内容を確認する

1 [閉じる]をクリック

8 Wordが起動した

Wordが起動し、利用できる状態になった

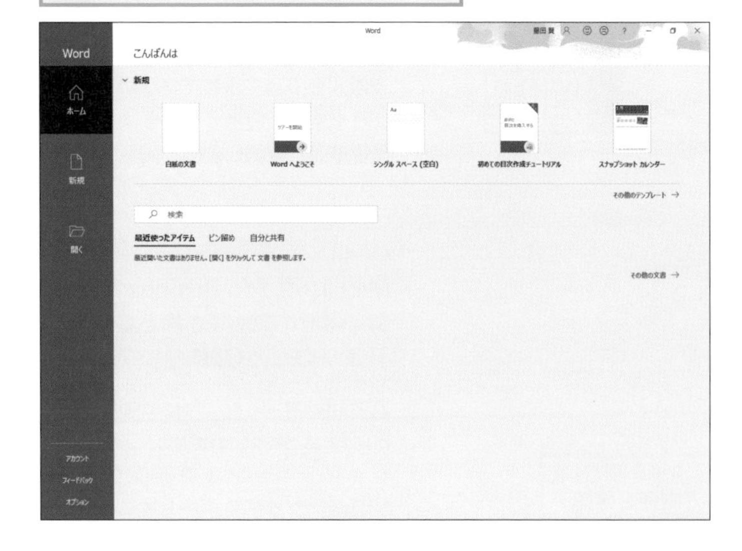

HINT!

64ビット版のOfficeアプリも使える

標準では32ビット版のOfficeアプリがインストールされますが、より大容量のメモリーを利用できる64ビット版をインストールできます。手順1の画面で、以下のように操作しましょう。なお、64ビット版のOfficeアプリを利用するには、Windowsも64ビット版が必要です。

1 [Officeのインストール]をクリック

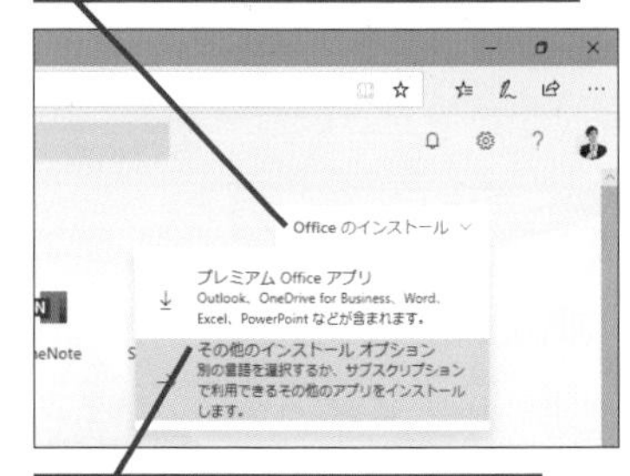

2 [その他のインストールオプション]をクリック

3 [アプリとデバイス]を クリック

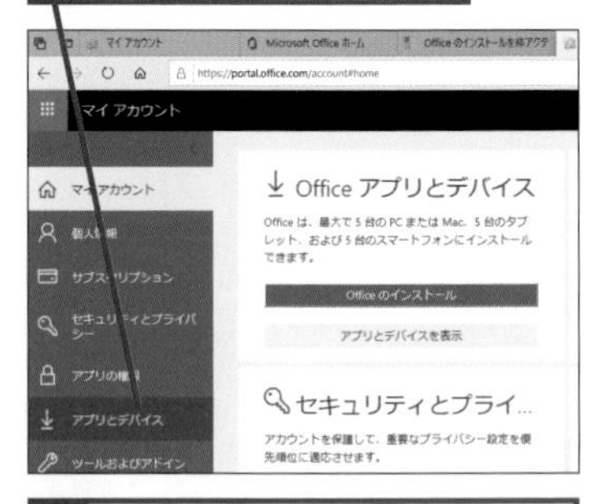

4 [バージョン] が [64ビット] になっていることを確認

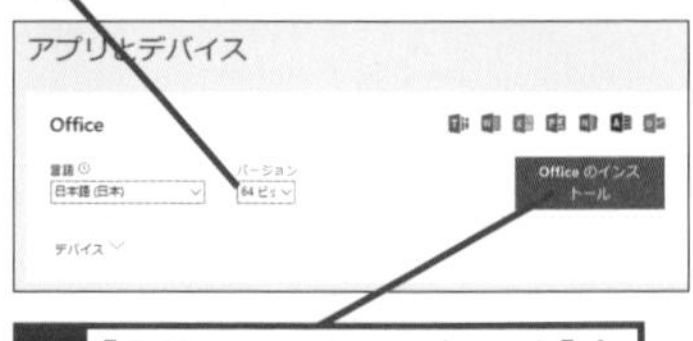

5 [Officeのインストール]を クリック

MacのWebブラウザーでMicrosoft 365にアクセス

Windowsパソコンと同様、MacでもWebブラウザーを使ってMicrosoft 365のポータルページにアクセスできます。Webブラウザー上で利用できる機能に大きな違いはなく、Web版のOutlookでメールの送受信や予定表の確認、OneDrive for Businessへのドキュメントの保存や閲覧・編集が可能です。

◆Mac版のMicrosoft 365トップページ

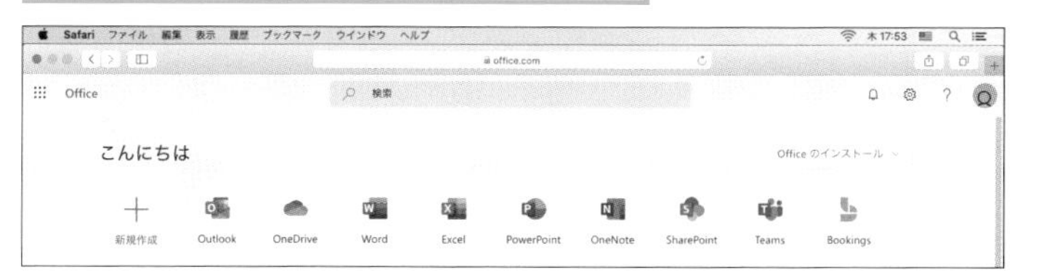

◆Web版のOutlook

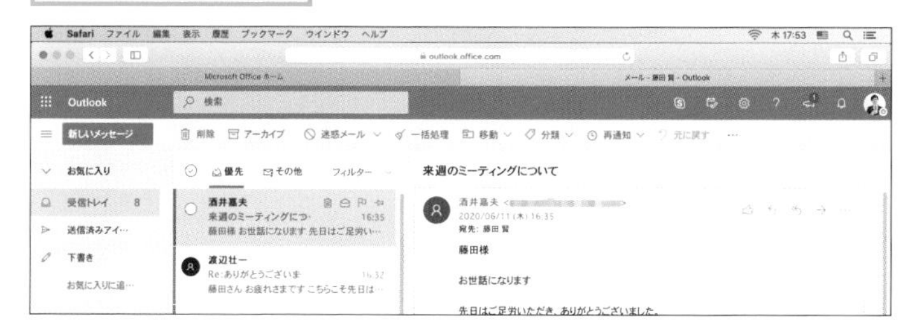

macOS版のOfficeアプリを利用する

Microsoft 365 Business Standardなど、デスクトップ版Officeアプリのライセンスが付属するサブスクリプションでは、macOS版のOfficeアプリをインストールできます。
アプリは、Windows版と同様に、Microsoft 365のトップページからインストールします。ダウンロードしたインストールファイルを開き、画面の指示に従って進めましょう。

◆Outlook for Mac

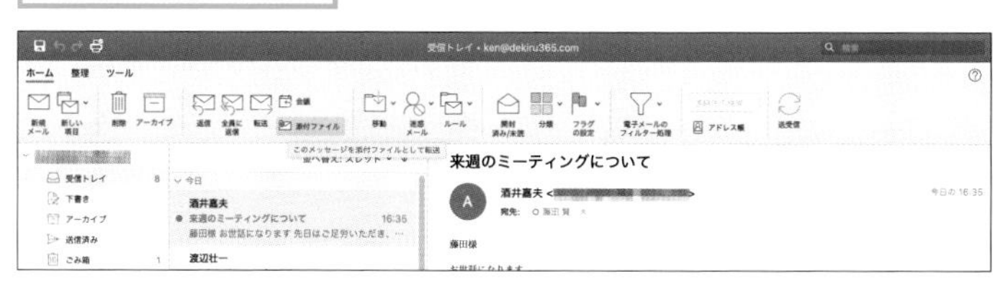

◆PowerPoint for Mac

HINT!
MacではSafari以外のWebブラウザーも使える？

Microsoft 365は、macOSの環境では、SafariとGoogle Chrome、Firefoxをサポートしています。ただし、FirefoxではMicrosoft TeamsのWeb会議が完全にはサポートされていません。

HINT!
Mac版ではどのOfficeアプリが利用できるの？

Microsoft 365 Business Standardで提供されるmacOS版のOfficeアプリは、2020年6月現在、Word、Excel、PowerPoint、Outlook、OneNote、Teamsが含まれます。

Point
Officeアプリを幅広い環境で使えるMicrosoft 365

Officeアプリのサブスクリプションを含んだプランでは、最大で5台のパソコンにOfficeアプリをインストールできるのが大きな魅力です。例えば、会社の自席にあるデスクトップパソコンと、外出時に使うノートパソコン、在宅勤務時に使うパソコンのそれぞれにOfficeアプリをインストールして利用するといったことが可能です。

この章のまとめ

Officeアプリの活用・導入もしやすいMicrosoft 365

パッケージの購入やボリュームライセンスの導入にハードルの高さを感じるスタートアップ企業や、IT環境の整備に十分な予算を割けない企業にとっても、Microsoft 365はおすすめです。月極めでOfficeアプリを利用できるため、イニシャルコストを削減できます。さらに、Microsoft 365などのサブスクリプション版Officeには、定期的に新機能が追加されるメリットがあることも見逃せません。Microsoft 365のライセンスとOfficeアプリのライセンスが一本化されるため、別途パッケージやボリュームライセンスを購入・管理するよりも手間が少ないことも利点です。Officeアプリを有効かつ効率的に利用したいと考えているユーザーにも、Microsoft 365は魅力的な選択肢となるでしょう。

さまざまな端末でOfficeを利用できる

Windowsや macOSなど、さまざまな環境や複数の端末にMicrosoft 365をインストールでき、すぐに作業を始められる

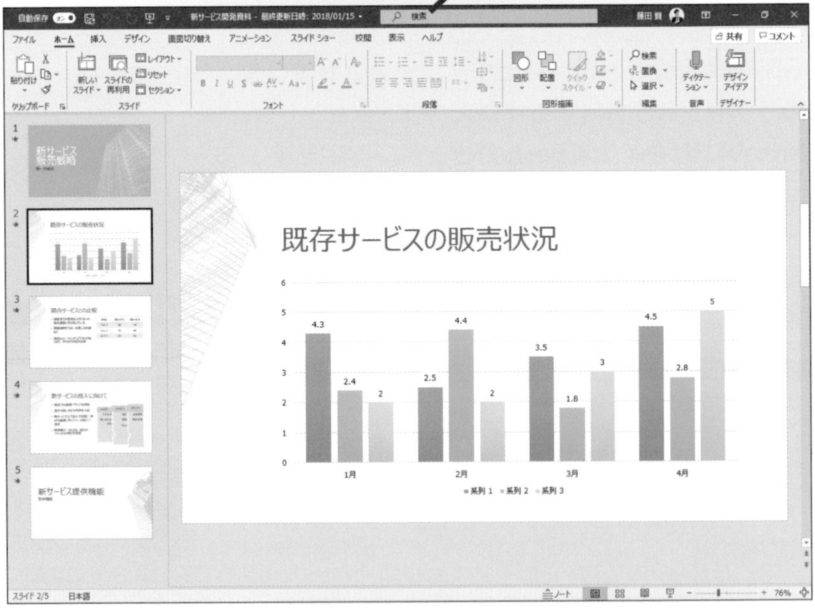

第3章 Outlookでメール・予定・連絡先を使う

Microsoft 365のメールや予定表、連絡先の各機能は、Webブラウザーと Outlookから利用することもできます。この章では、OutlookでMicrosoft 365を利用する方法を解説します。

●この章の内容

レッスン 10

OutlookにMicrosoft 365のアカウントを登録するには

アカウントの追加

デスクトップアプリ「Outlook」を利用してメールを送受信するには、まずアカウントを登録する必要があります。ここではその手順を紹介します。

Microsoft 365のアカウントをOutlookに設定する

1 Outlookを起動する

ここでは、初めてOutlookを起動するときの手順を解説する

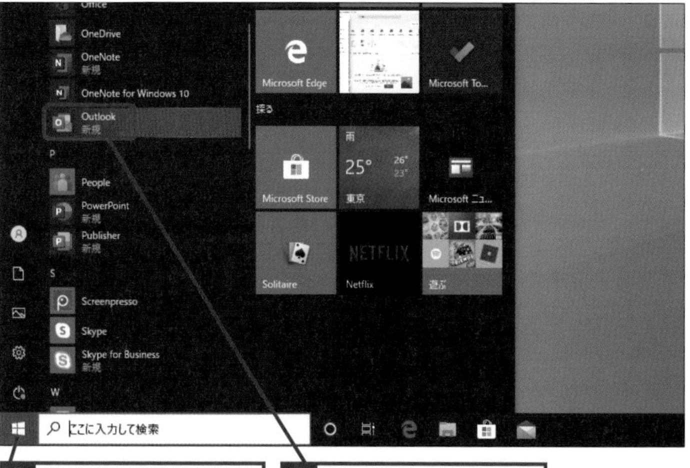

1 [スタート]をクリック

2 [Outlook]をクリック

2 Outlookの初期設定を開始する

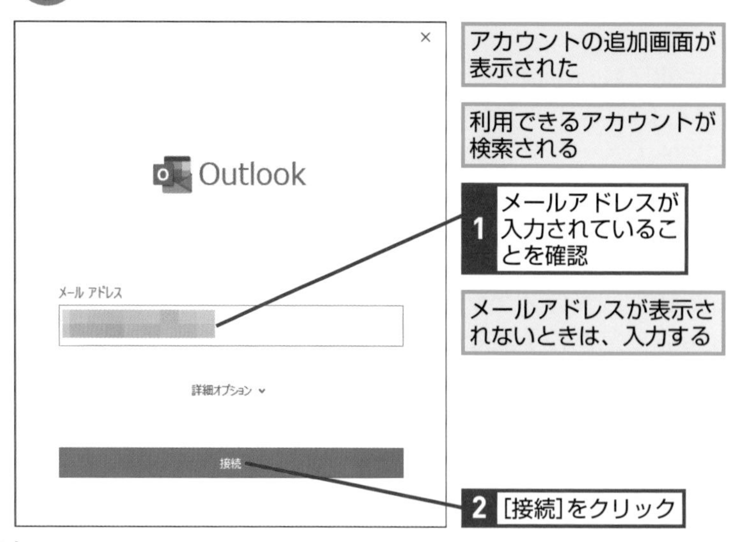

アカウントの追加画面が表示された

利用できるアカウントが検索される

1 メールアドレスが入力されていることを確認

メールアドレスが表示されないときは、入力する

2 [接続]をクリック

キーワード

Outlook	p.215
リボン	p.217

HINT!

別のアカウントを後から追加するには

Outlookは複数のアカウントを登録できます。新しいアカウントを登録するには、以下の手順で操作します。

1 [ファイル]タブをクリック

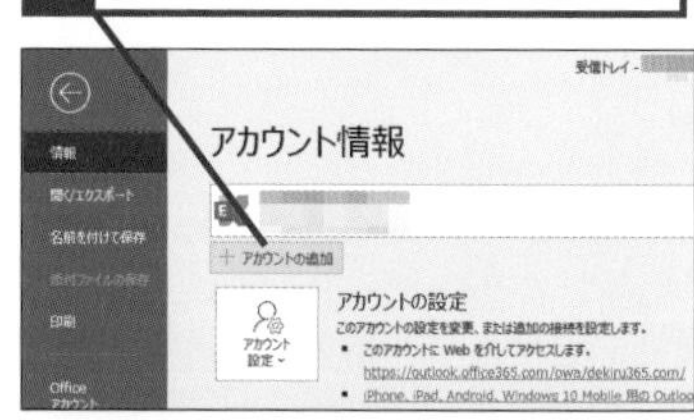

2 [アカウントの追加]をクリック

ウィザードが起動するので、画面の指示に従ってアカウントを追加する

3 電子メールアカウントを追加する

アカウント追加の準備画面が表示された

1 画面が変わるまでしばらく待つ

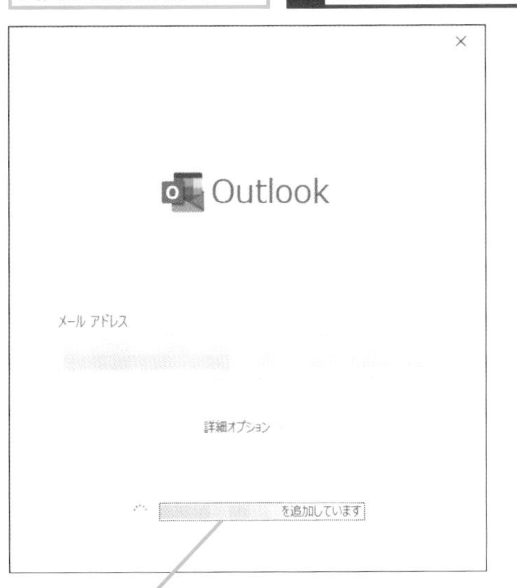

アカウントを追加中であることを示すメッセージが表示される

4 アカウントが追加された

追加したアカウントが表示された

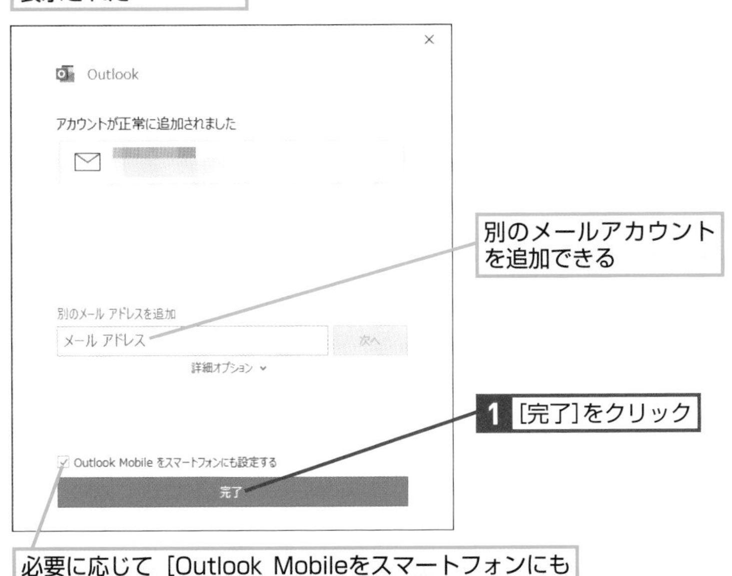

別のメールアカウントを追加できる

1 [完了]をクリック

必要に応じて［Outlook Mobileをスマートフォンにも設定する］をクリックし、チェックマークをはずす

HINT!

タスクバーを利用してOutlookを素早く起動できるようにするには

Windows 10のデスクトップ画面にあるタスクバーにOutlookをピン留めしておくと、常にOutlookのアイコンが表示され、それをクリックするだけで起動できます。

あらかじめOutlookを起動しておく

1 タスクバーの［Outlook］を右クリック

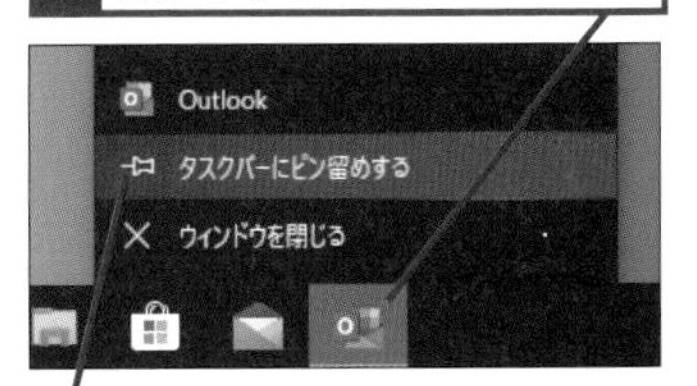

2 ［タスクバーにピン留めする］をクリック

HINT!

シンプルリボンとクラシックリボンの切り替え

Outlookのリボンには、「シンプルリボン」と「クラシックリボン」の2種類があり、リボンの右端にある［リボンを切り替える］ボタン（^）をクリックすると切り替えられます。シンプルリボンはよく使われるコマンドが1行で表示され、クラシックリボンはすべてのコマンドやオプションが表示されます。なお、本書では基本的にクラシックリボンを利用します。

◆クラシックリボン

◆シンプルリボン

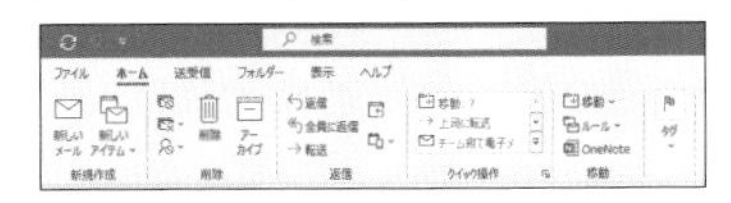

次のページに続く

［アカウント情報］画面を表示する

Webブラウザーにスマートフォン用のダウンロード画面が表示されたときは、［閉じる］をクリックする

Outlookが起動した

ここでは、［アカウント情報］の画面で登録されたアカウントを確認する

1 ［ファイル］タブをクリック

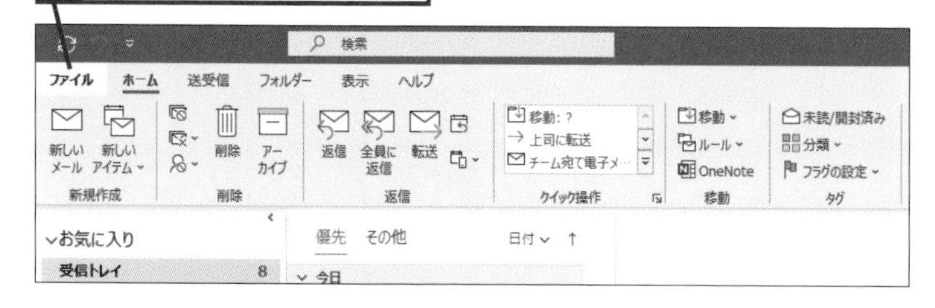

6 登録されたアカウントを確認する

［アカウント情報］の画面が表示された

登録したアカウントが表示されている

別のアカウントを追加するときは、［アカウントの追加］をクリックする

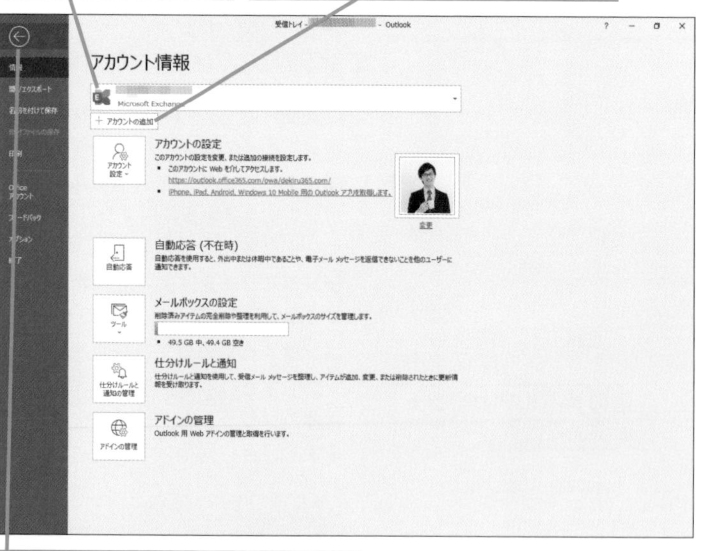

元の画面に戻るときは、画面左上の［←］をクリックする

HINT!

優先受信トレイって何？

Microsoft 365やExchange Online、Outlook.comのアカウントでWindows版、あるいはmacOS版のOutlookを利用した場合、「優先受信トレイ」を利用できます。優先受信トレイが有効になっていると、ユーザーが頻繁にやりとりする相手のメールは［優先］、自動生成されたメールなどは［その他］に表示されます。優先受信トレイの有効／無効を切り替えるには、以下の手順で操作します。

1 ［表示］タブをクリック

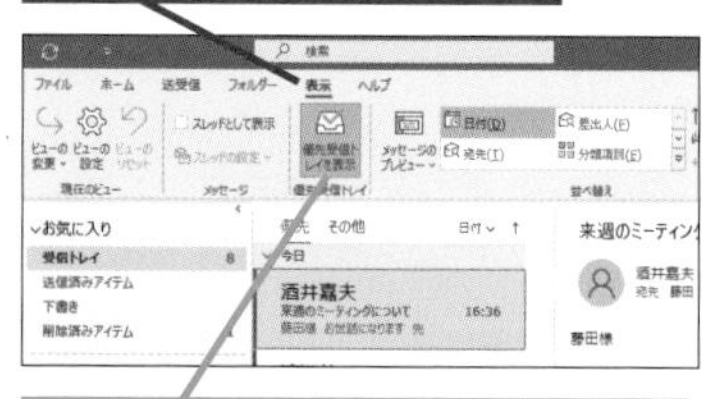

［優先受信トレイを表示］をクリックすると、優先受信トレイのオン／オフを切り替えられる

HINT!

メールボックスの残り容量も確認できる

手順6の［アカウント情報］の画面にある［メールボックスの設定］では、メールボックスの残り容量が表示されています。空き容量が不足したら、［ツール］をクリックして［メールボックスの整理］を選び、古いアイテムの整理などを行いましょう。

メールボックスの空き容量を確認できる

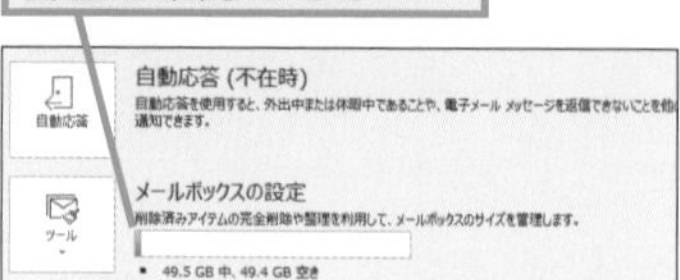

Outlookのメール画面の構成

OutlookはほかのOfficeアプリと同様に、操作のためのボタンがタブごとに整理されたリボンインターフェースが採用されています。すでにWordやExcelなどを使っているのであれば、戸惑うことなく操作できるでしょう。画面中央にはナビゲーションウィンドウとアイテムビュー、閲覧ウィンドウが並びます。メールの受信であれば、ナビゲーションウィンドウでフォルダーを選択し、続けてアイテムビューで読みたいメールをクリックすると、閲覧ウィンドウにメールの内容が表示されます。

◆リボン
Outlookを操作するためのボタンがタブごとに整理されている

◆閲覧ウィンドウ
アイテムビューで選択した項目の詳細を表示する領域

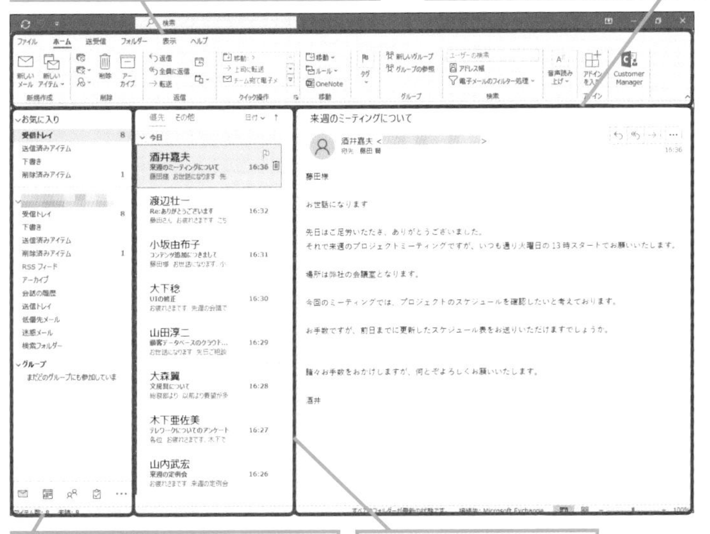

◆ナビゲーションウィンドウ
利用する機能やアイテムビューの表示内容を切り替えるためのボタンなどが配置されている

◆アイテムビュー
メールや予定、タスクなどの一覧を表示する領域

テクニック 作業の起点はリボン

Outlookでは、「リボン」と呼ばれるユーザーインターフェースを使って操作を行っていきます。Outlookのリボンには［ホーム］や［送受信］［フォルダー］［表示］といったタブがあり、それぞれのタブをクリックすると、タブの名称に関連した機能やメニューが表示されます。新規メールの作成や返信など、よく利用する機能は［ホーム］タブ、メールを整理するためのフォルダーに関する操作は［フォルダー］タブといったように、作業内容によってグループ分けされています。
また、Outlookには、業務に役立つ便利な機能が備わっています。例えば、検索内容をフォルダーのように記録できる検索フォルダー、メール内の単語の意味を調べられるスマート検索などがあります。

HINT!

複数アカウントの利用時に既定のメールアカウントを変更するには

複数のアカウントをOutlookに登録しているときに、既定のアカウントを別のアカウントに変更したい場合は、以下のように操作します。

1 ［ファイル］タブをクリック

2 ［アカウント設定］をクリック

3 ［アカウント設定］をクリック

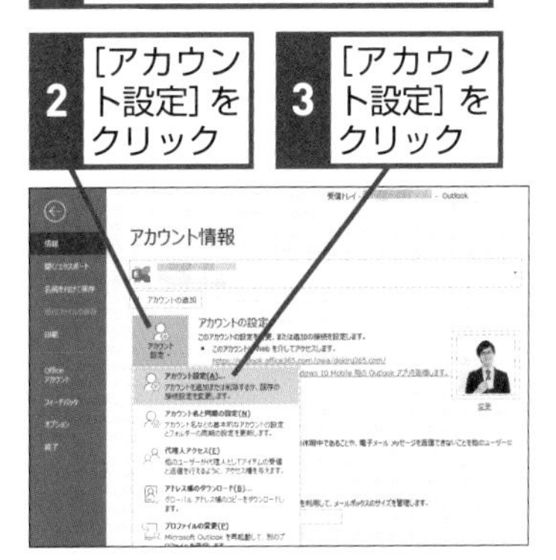

4 ［メール］タブをクリック

5 既定とするアカウントをクリック

6 ［既定に設定］をクリック

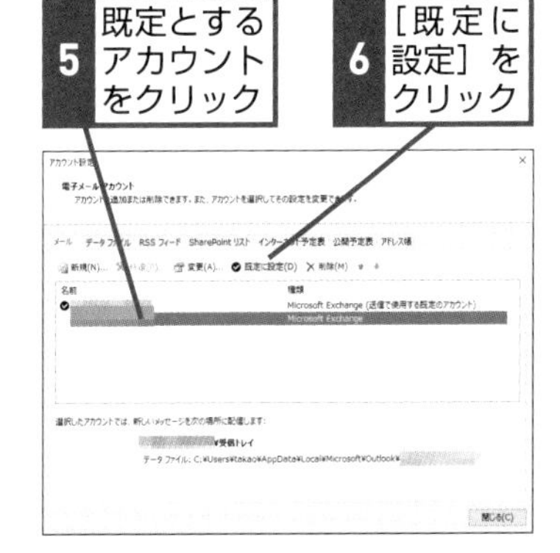

Point

Exchange Onlineをより便利に使えるOutlook

Exchange Onlineは単にメールを送受信するだけでなく、スケジュールや連絡先、タスク（To-Do）を管理するための機能も備えています。これらの機能をすべて利用できるOfficeアプリがOutlookであり、Exchange Onlineと組み合わせて使うことで、さまざまな情報を集約して管理できるようになります。

レッスン

11 Outlookでメールを送受信するには

メールの送受信

ここでは、Outlookの基本的な操作である、新規にメールを送信する方法と受信したメールに対して返信する方法のそれぞれについて解説していきます。

Outlookで新規メールを作成する

1 メールの作成を開始する

レッスン⑩を参考に、Outlookを起動しておく

1 [ホーム]タブをクリック

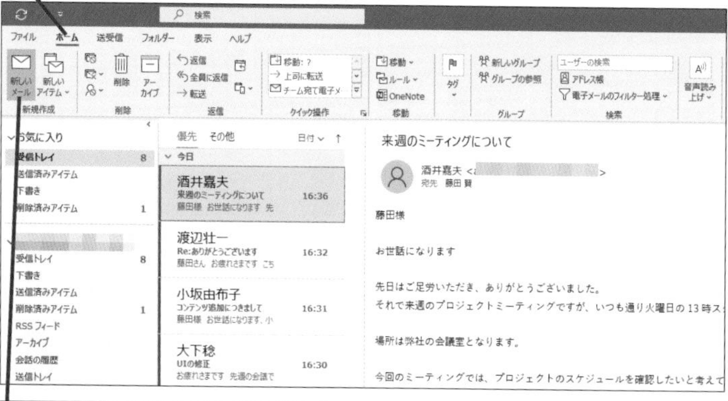

2 [新しいメール]をクリック

2 メールの内容を入力して送信する

メールの作成画面が表示された

1 [宛先]に相手のメールアドレスを入力

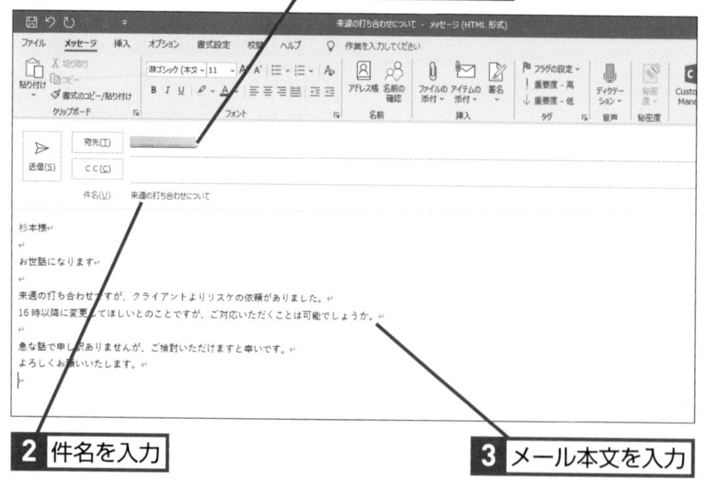

2 件名を入力

3 メール本文を入力

ショートカットキー

Ctrl + N…………新しいアイテム
Ctrl + R…………返信

HINT! 新規メールの作成画面が別ウィンドウで表示される

手順1で［新しいメール］ボタンをクリックすると、新規メールの作成画面が別のウィンドウに表示されます。このため、ほかのメールや予定表をOutlookのメイン画面上に表示しながらメールを書く、といった使い方が簡単にできます。

HINT! 送信したメールを確認するには

送信したメールは［送信済みアイテム］というフォルダーに保存されます。送信済みのメールを確認するときは、以下の手順で操作しましょう。

1 [送信済みアイテム]をクリック

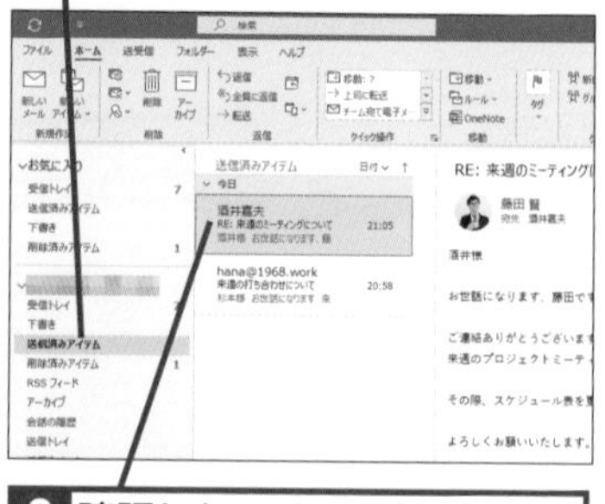

2 確認したいメールをクリック

送信したメールの内容が表示される

3 メールを送信する

1 [送信]をクリック

メールが送信される

受信したメールに返信する

1 返信するメールを選択する

Outlookを起動しておく

1 返信したいメールをクリック

2 [返信]をクリック

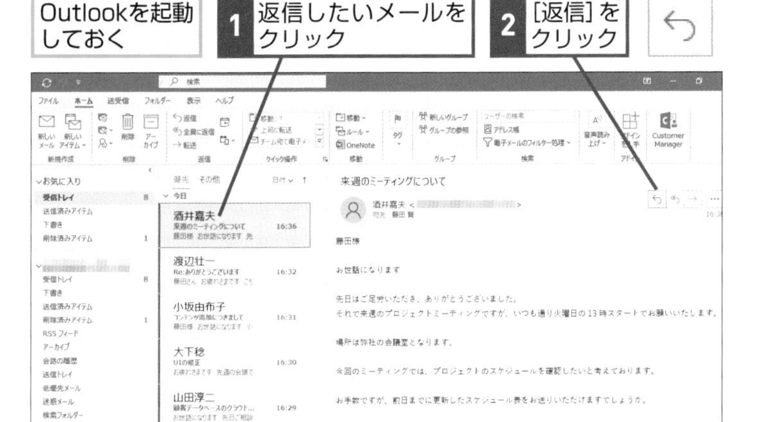

2 返信メールを作成して送信する

返信メールの作成画面に切り替わった

1 あて先の名前やメールアドレスを確認

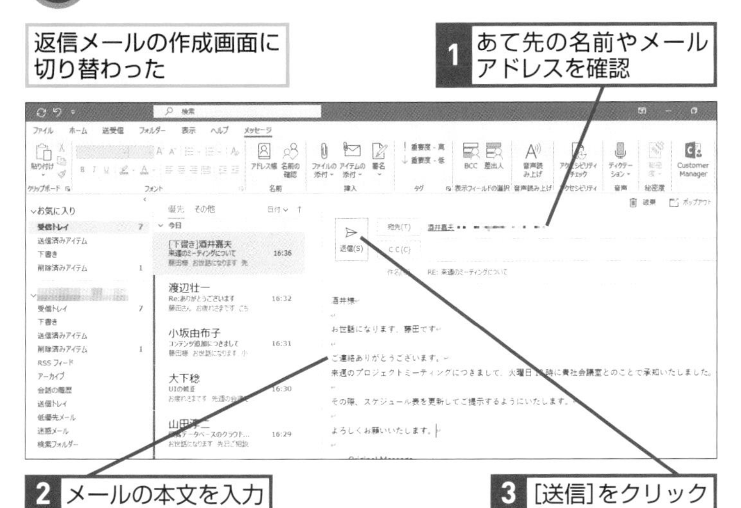

2 メールの本文を入力

3 [送信]をクリック

HINT!

メールを削除するには

不要なメールを削除するには、アイテムビューで削除したいメールにマウスポインターを合わせ、[項目を削除]をクリックします。もしくは、削除したいメールをクリックで選択してから Delete キーを押しても構いません。

HINT!

全員に返信するには

受信したメールの送信者やCCに記載されている人全員に返信するには、閲覧ウィンドウの上部にある[全員に返信]をクリックして返信メールの作成を開始します。また、その右隣にある[転送]をクリックすれば、別の人に転送するためのメール作成画面に切り替わります。

1 [全員に返信]をクリック

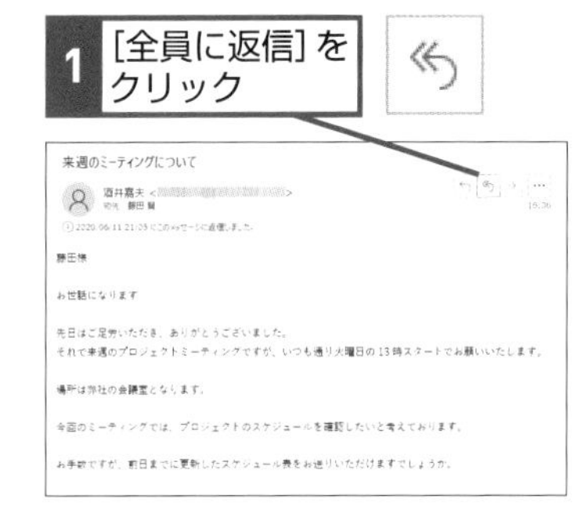

Point

送信前にメールアドレスを確認しよう

新規メールを作成して送信するとき、注意したいのが[宛先]に入力するメールアドレスです。メールアドレスを間違えて入力し、意図しない相手にメールを送信してしまうと相手に失礼となるばかりか、情報漏えいにもつながりかねません。メールを送信する前に再度メールアドレスをチェックしましょう。

レッスン 12

Outlookで目的のメールを探し出すには

メールの検索

過去に受信したメールを参照したいといった場面で、使いこなしたいのが検索の機能です。Outlookでは本文の内容や差出人の名前を対象に検索できます。

メールを検索する

① 検索ボックスをクリックする

レッスン⑩を参考に、Outlookを起動しておく

1 検索ボックスをクリック

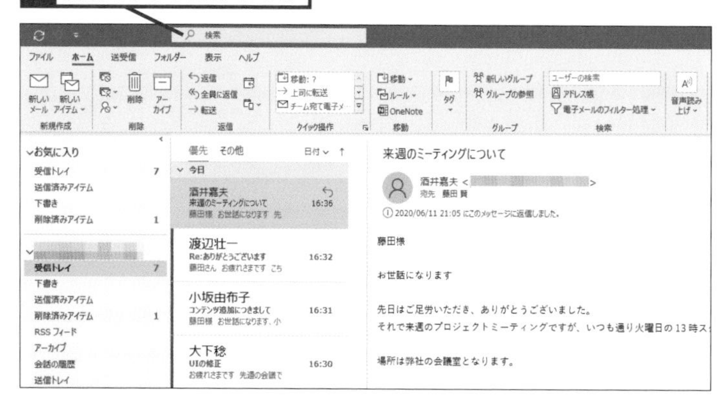

② キーワードを入力する

1 検索キーワードを入力

［メールを受信日で検索］を利用すれば、受信日時を指定できる

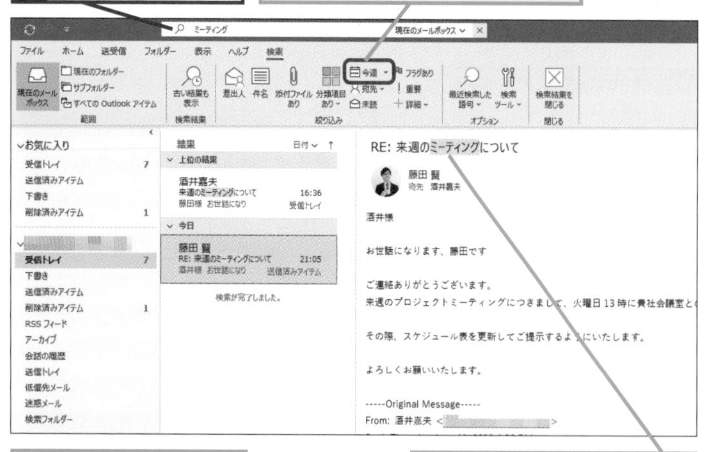

入力したキーワードが含まれるメールが表示された

メールの中に含まれているキーワードはハイライト表示される

ショートカットキー

Ctrl + E ……………検索

HINT! メールボックス全体が検索される

検索ボックスでは、標準でメールボックス全体が検索対象に設定されています。検索ボックスの右に［現在のメールボックス］と表示されていることを確認しましょう。［現在のメールボックス］をクリックし、［探す場所］で［現在のフォルダー］や［サブフォルダー］を選択すると、特定のフォルダーだけを検索対象に設定できます。

HINT! 検索結果をクリアするには

検索キーワードの横に表示されている［×］をクリックすると、検索結果がクリアされて元の表示に戻ります。

1 ［×］をクリック

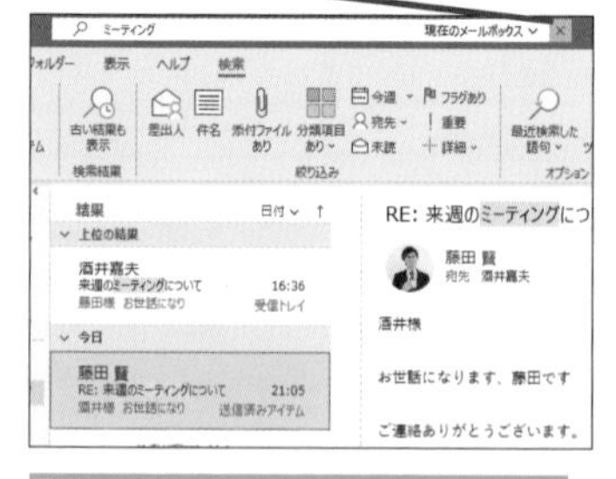

検索結果がクリアされ、検索ボックスが空白になる

差出人の名前を検索対象にする

1 差出人の名前で検索する

ここでは差出人で絞込検索を行う

1 検索ボックスをクリック

2 [現在のメールボックス]をクリック

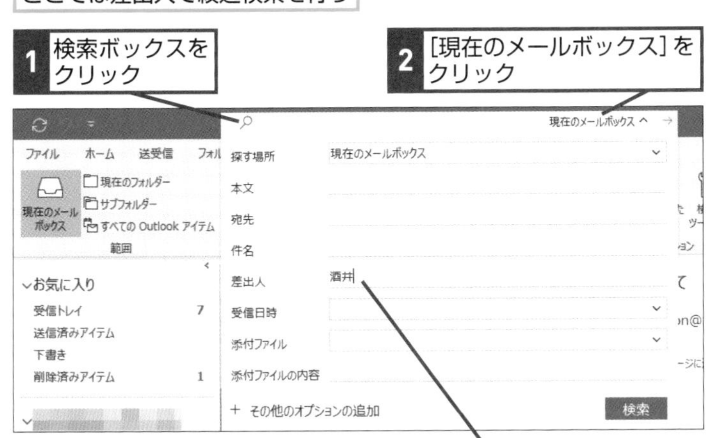

検索オプションが表示された

複数の条件を指定して検索できる

3 [差出人]に検索したい差出人名を入力

4 [検索]をクリック

2 検索した差出人のメールが表示された

検索した差出人名に該当するメールが表示された

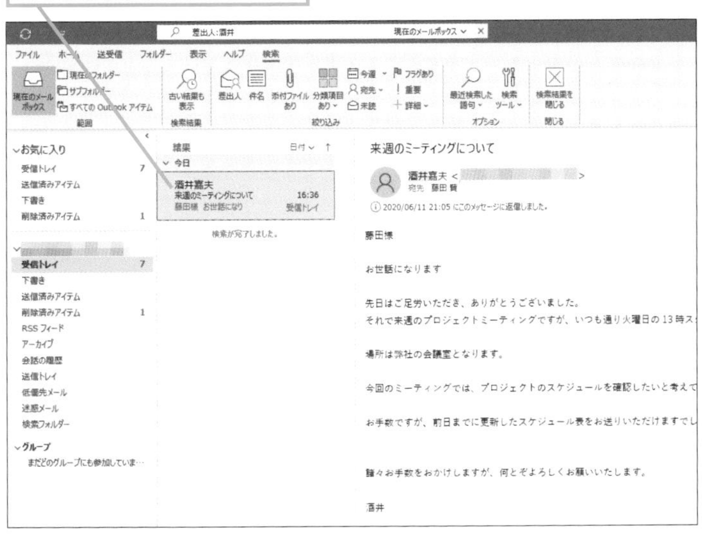

HINT!

添付ファイルが含まれるメールだけを検索するには

検索ボックスを使って検索を行った後、[検索]タブにある[添付ファイルあり]をクリックすると、ファイルが添付されたメールだけが絞り込まれて表示されます。また[メールを受信日で検索]を利用すれば、期間でメールを絞り込めます。

検索を行うと[検索]タブが表示される

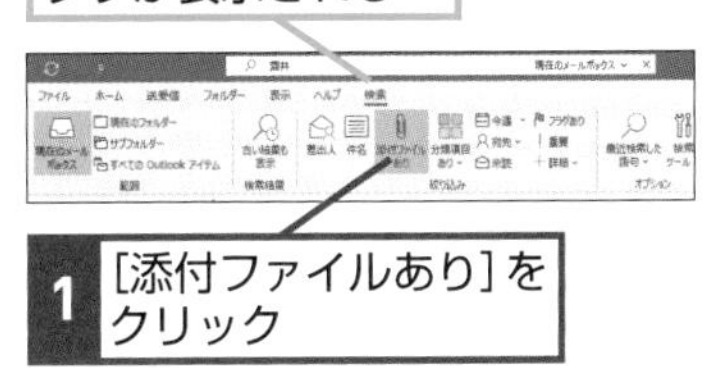

1 [添付ファイルあり]をクリック

Point

豊富なオプションを利用して必要なメールを素早く見つける

効率良くメールを検索するには、[検索]タブにある機能の活用がポイントとなります。例えば[メールを受信日で検索]を使えば「今日」や「昨日」「今年」「昨年」などの期間を指定でき、「去年加藤さんからもらったメールを再度チェックしたい」といった場面でも素早い対応が可能です。また覚えておくと便利なのが[絞り込み]にある[添付ファイルあり]です。ファイルが添付されたメールだけをすぐに表示できます。

レッスン

13 Outlookでメールを効率良く整理するには

分類、フラグ

Outlookでメールを整理するとき、視覚的に見分けやすくできるのが「分類」と「フラグ」です。検索と併用して、必要なメールを見つけやすくしましょう。

メールに分類を設定する

1 分類を選択する

レッスン⑩を参考に、Outlookを起動しておく

1 分類を付けたいメールを右クリック

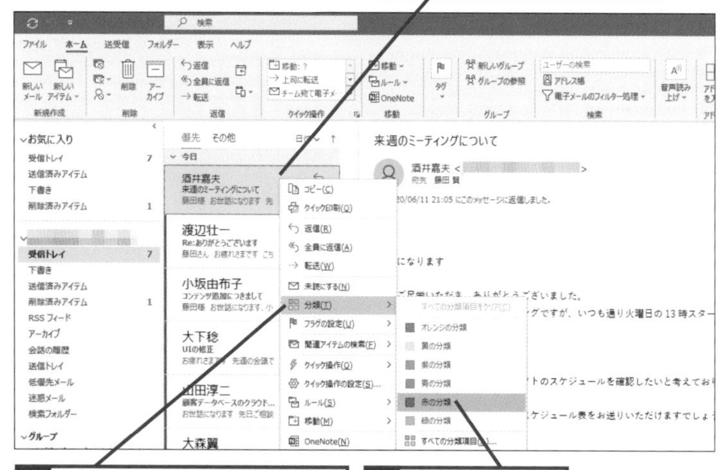

2 [分類] にマウスポインターを合わせる

3 付けたい分類の色をクリック

[分類項目の名前の変更] ダイアログボックスが表示されたときは、[はい]をクリックする

2 設定された分類を確認する

メールに分類が設定された

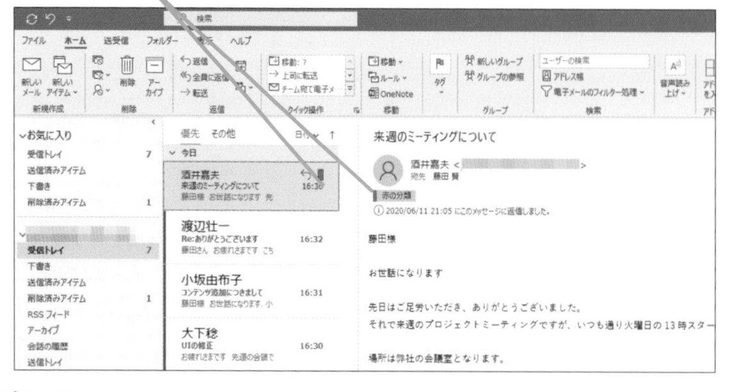

HINT! 分類を解除するには

一度設定した分類を解除する方法は以下の通りです。すべての分類項目を解除するには［すべての分類項目をクリア］をクリックしましょう。

1 分類を解除したいメールを右クリック

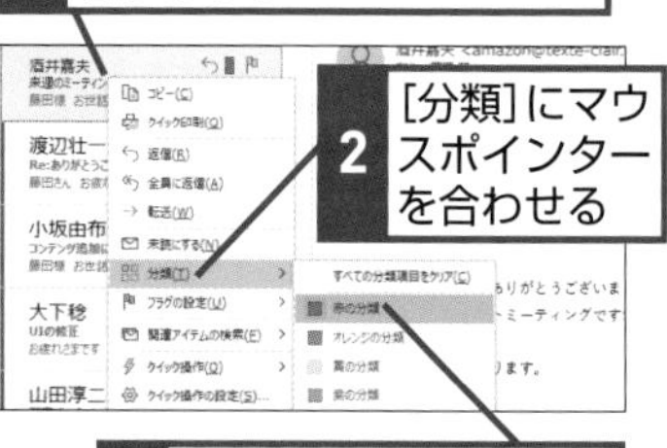

2 [分類] にマウスポインターを合わせる

3 解除したい分類項目をクリック

HINT! 分類項目の名称は自由に変更できる

分類項目の名前は以下の手順でユーザーが自由に設定できます。

1 手順1で［すべての分類項目］をクリック

分類項目の新規作成もできる

2 名前を変更したい分類をクリック

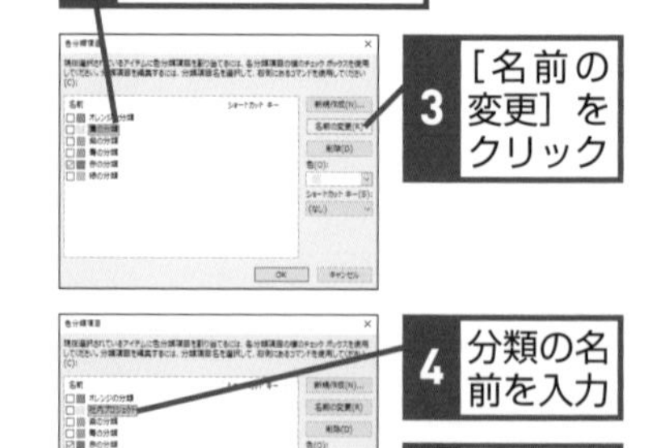

3 [名前の変更] をクリック

4 分類の名前を入力

5 [OK] をクリック

メールにフラグを設定する

1 フラグを設定するメールを選択する

ここでは、メールの内容について今週中に対応するタスクとしてフラグを付ける

1 フラグを付けたいメールを右クリック

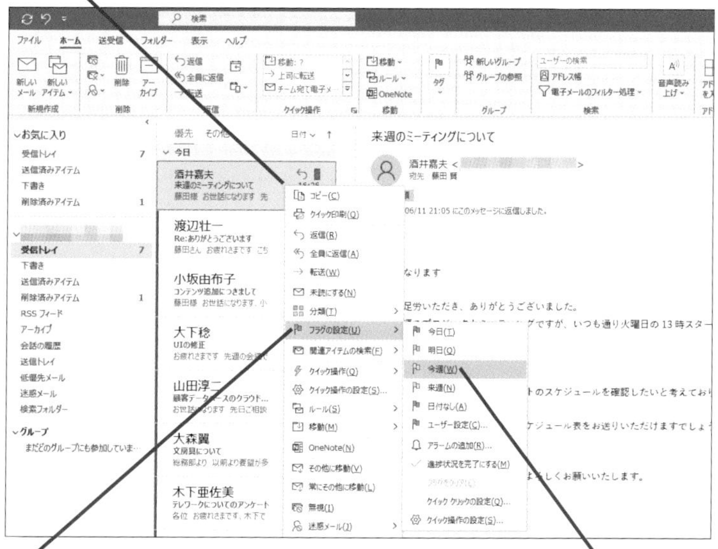

2 [フラグの設定]にマウスポインターを合わせる

3 [今週]をクリック

2 フラグが設定された

メールにフラグが設定された

設定した期限が表示される

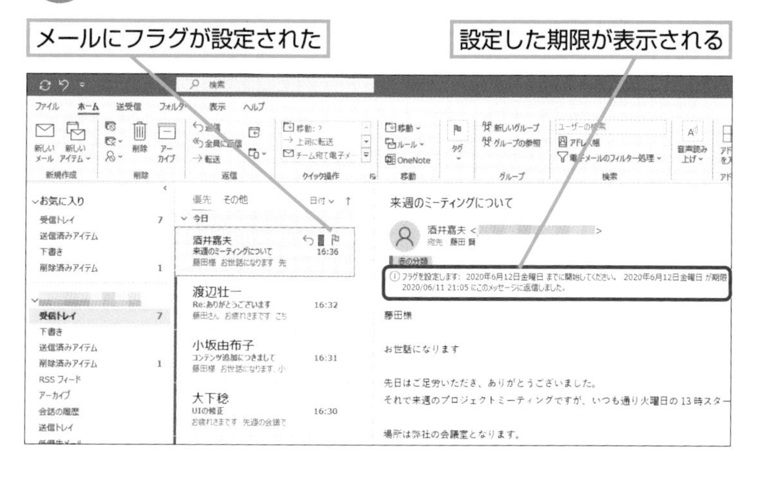

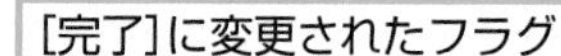

フラグを付けたメールの作業が終了したときは

フラグを設定したメールの処理が完了したら、そのメールのフラグアイコンをクリックしましょう。これで完了を表すチェックマークに変わります。

[完了]に変更されたフラグ

間違った場合は？

間違えてフラグを設定した場合はフラグを右クリックし、メニューから[フラグをクリア]を選択します。

Point

メールの整理に活用できる分類機能

メールに色付きのラベルを貼り付けられる分類ですが、Outlookでは、検索対象としても利用できるようになっています。例えば、「後で返信するメール」の分類を用意して、時間がなくてすぐに確認できない長文のメールや、特定の業務に関するメールにラベルを貼っておき、時間ができたときにこの分類で検索すれば、大切な要件に返事をし忘れることもなくなります。標準の設定で分類に色の名前しか付いていないことからも分かるように、使い方の決まったルールはありません。自分が使いやすいようにカスタマイズしてみましょう。

レッスン

14 Outlookで自動的にメールを仕分けするには

仕分けルールの作成

メールを効率的に整理する際、活用したいのが設定したルールに従って自動でメールを仕分けする機能です。ここでは、Outlookでの利用方法を紹介します。

1 仕分けしたいメールを選択する

レッスン⑩を参考に、Outlookを起動しておく

右のHINT!を参考に、あらかじめフォルダーを作っておく

1 仕分けしたいメールを右クリック

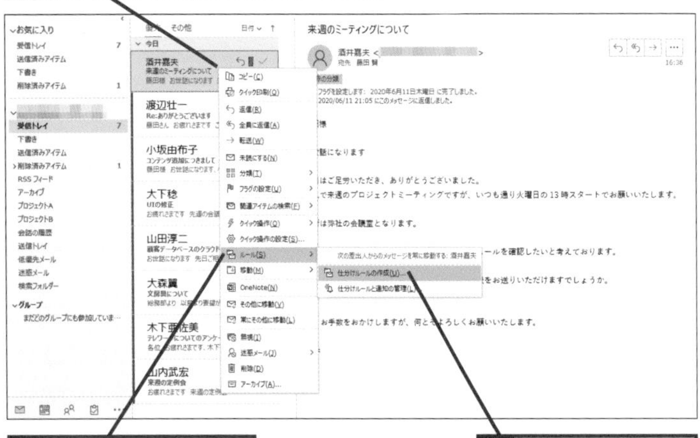

2 ［ルール］にマウスポインターを合わせる

3 ［仕分けルールの作成］をクリック

2 ルールを設定する

［仕分けルールの作成］ダイアログボックスが表示された

ここでは、特定の差出人から届くメールを指定したフォルダーに自動で移動するように設定する

1 ［差出人が次の場合］をクリックしてチェックマークを付ける

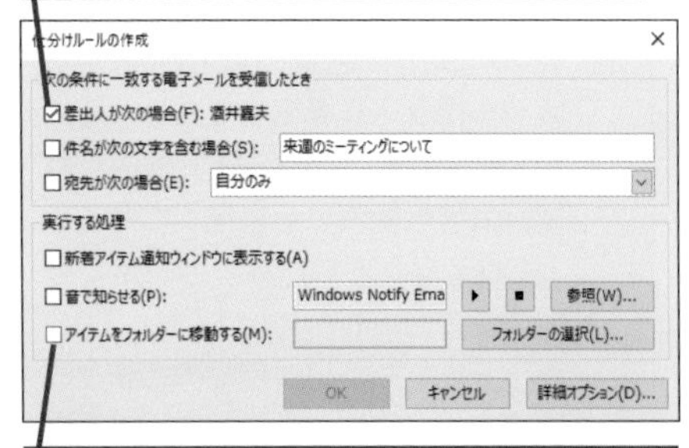

2 ［アイテムをフォルダーに移動する］をクリックしてチェックマークを付ける

ショートカットキー

Ctrl + Shift + E ……………………… 新しいフォルダー

HINT! フォルダーを作成するには

メールの仕分け用としてフォルダーを作成するには、フォルダーを作りたい場所を右クリックしてメニューから［フォルダーの作成］を選び、フォルダーの名前を入力します。

1 フォルダーを作りたい場所を右クリック

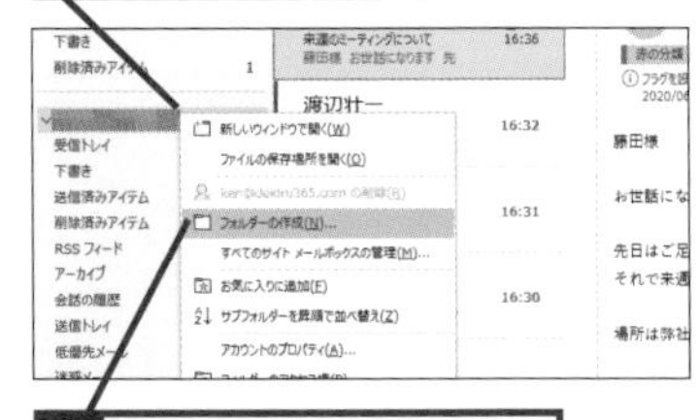

2 ［フォルダーの作成］をクリック

3 フォルダーの名前を入力

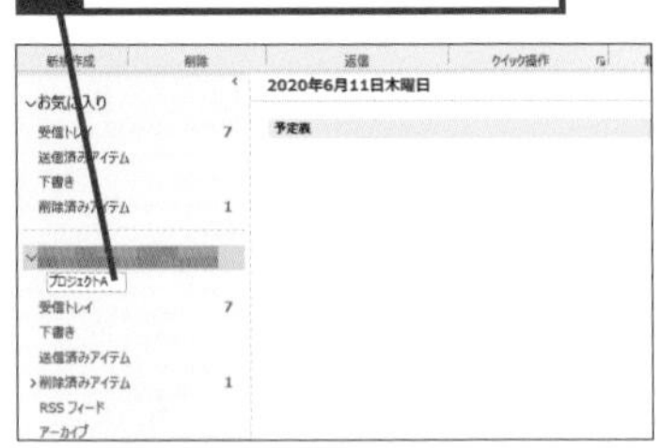

間違った場合は？

手順1で［仕分けルールの作成］以外をクリックした場合は、表示された画面で［キャンセル］をクリックして、手順1からやり直します。

3 移動先のフォルダーを設定する

フォルダーの選択画面が表示された

1 メールを仕分けするフォルダーをクリック

2 [OK]をクリック

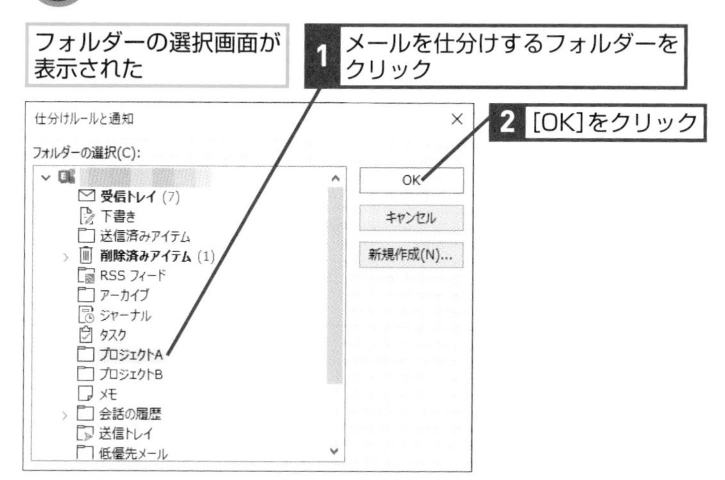

4 ルールを保存する

移動先のフォルダーが指定された

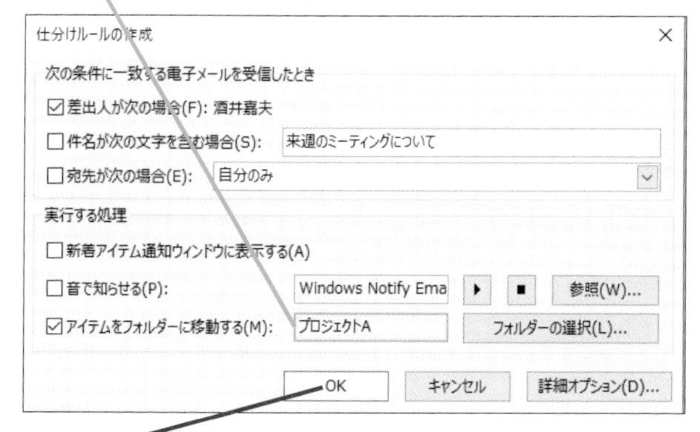

1 [OK]をクリック

仕分けルールが設定された

設定後に届くメールが自動で仕分けされる

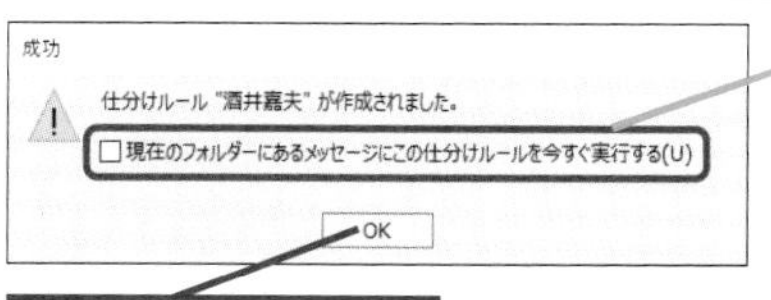

フォルダーにあるメールを仕分けするときは、チェックマークを付ける

2 [OK]をクリック

HINT!

仕分け先のフォルダーを設定し直すには

仕分けルールの設定変更は、[仕分けルールと通知] ダイアログボックスで行います。

1 [ホーム]タブをクリック

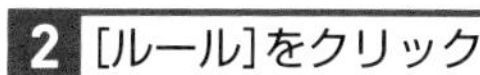

2 [ルール]をクリック

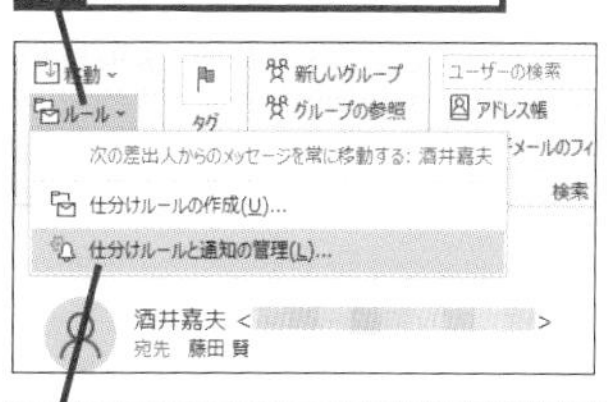

3 [仕分けルールと通知の管理]をクリック

[仕分けルールと通知] ダイアログボックスが表示された

4 変更したい仕分けルールをクリック

5 [仕分けルールの変更]をクリック

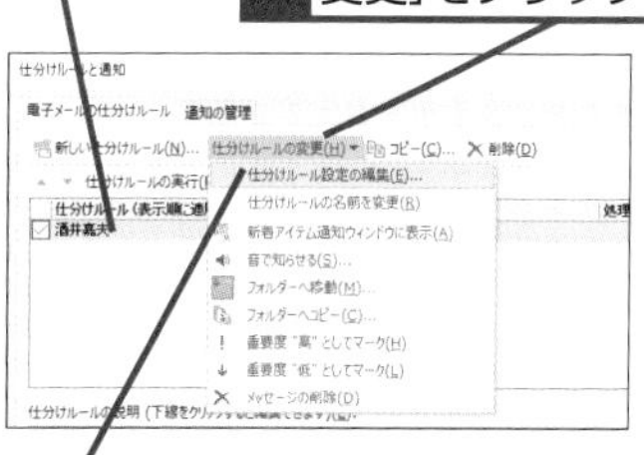

6 [仕分けルール設定の編集] をクリック

Point

重要なメールを自動で仕分けて漏れなく処理する

数多くのメールをやりとりするようになると、重要な得意先からのメールが埋もれがちです。そういった場面で使えるのが自動仕分けです。[仕分けルールの作成] ダイアログボックスの [実行する処理] では、条件で音を鳴らしたりメッセージを表示したりすることができるので、整理以外の用途にも使えます。

レッスン 15

Outlookで個人のスケジュールを入力するには

予定表

Outlookでは、Exchange Onlineの機能を使って個人のスケジュールを管理できます。ここでは、時間を指定して予定を入力する手順を紹介していきます。

Outlookで予定表を表示する

1 予定表を表示する

レッスン⑩を参考に、Outlookを起動しておく

1 ここをクリック

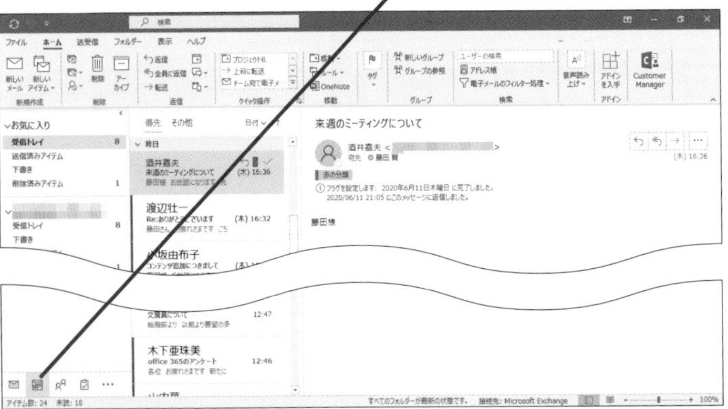

2 新しい予定を登録する

予定表が表示された

1 [週]をクリック

表示形式が週表示に切り替わった

ここをクリックすると週が切り替わる

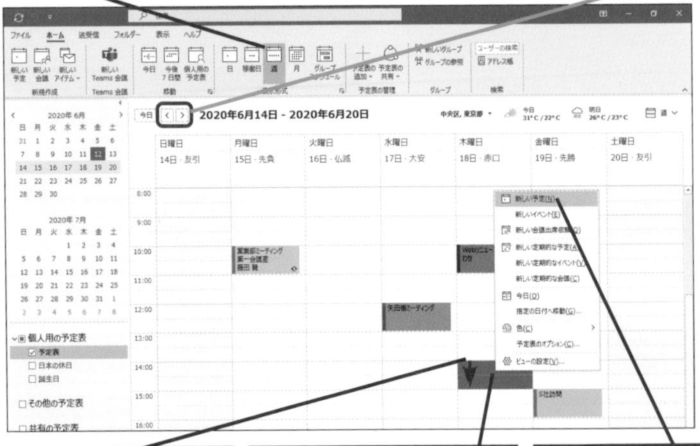

2 予定を追加したい時間をドラッグ

3 ドラッグして色の付いた範囲を右クリック

4 [新しい予定]をクリック

ショートカットキー

Ctrl+2…………予定表を開く
Ctrl+N…………新しいアイテム
Alt+S…………保存して閉じる
Ctrl+Alt+4
…………………………月表示に切り替え

HINT! 予定表の表示形式を切り替えるには

[ホーム]タブの[表示形式]グループにある[日][稼働日][週][月][グループスケジュール]のボタンをクリックすると表示形式を切り替えられます。具体的な表示内容は、以下の通りです。

日……1日のスケジュールを時間単位で表示します
稼働日……1週間のうち、[Outlookのオプション]ダイアログボックスの[予定表]で設定されている稼働日の予定表を表示します
週……1週間分の予定表を表示します
月……カレンダー形式で1カ月間の予定表を表示します
グループスケジュール……予定表を共有しているほかのユーザーの予定表と自分の予定表を並べて1日単位で表示します

HINT! 作成したスケジュールを削除するには

表示されている予定を右クリックし、メニューから[削除]を選択すると、作成したスケジュールを削除できます。

3 予定の内容を入力する

予定の内容を入力する画面が表示された

1 件名を入力

[アラーム]の[▼]をクリックすると、予定開始時刻の何分前に通知画面を表示するかを変更できる

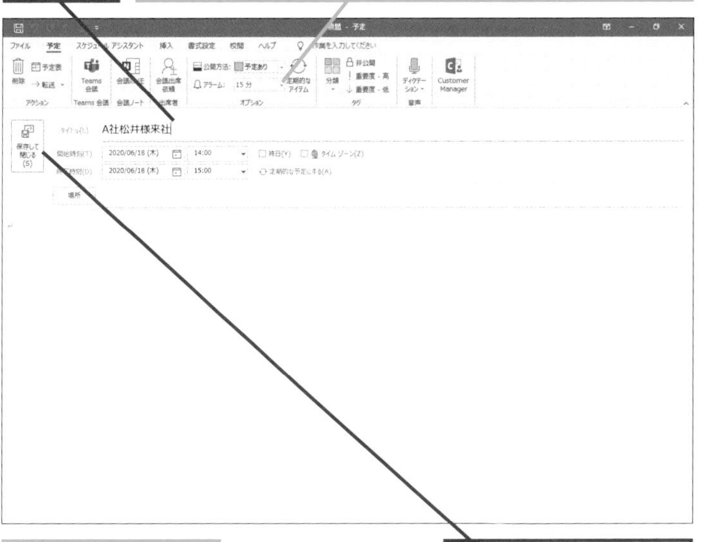

必要に応じて場所やコメントを入力する

2 [保存して閉じる]をクリック

4 入力した予定を確認する

予定が登録された

予定をダブルクリックすると内容を編集できる

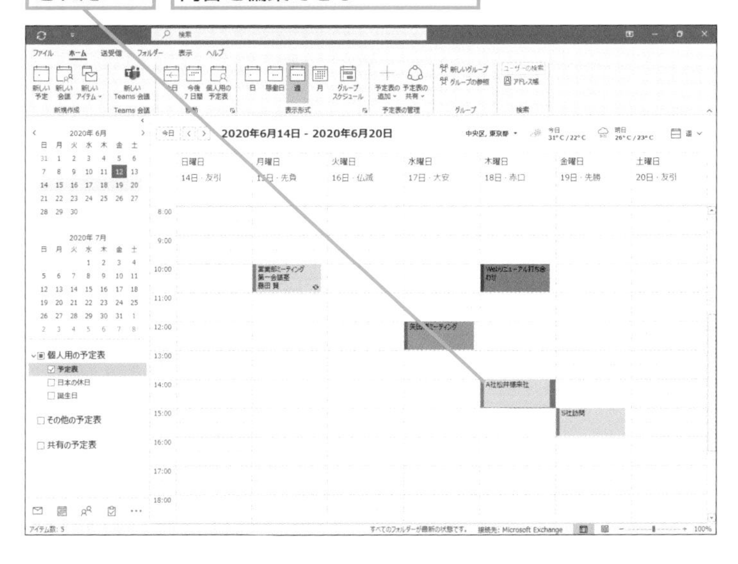

HINT! 予定の開始前に通知画面が表示される

標準の設定では、新しく作成する予定に15分のアラームが設定されます。予定の［開始時刻］が16:00の場合、15:45にパソコンから音が鳴り、アラームの通知画面が表示されます。アラームの時刻を変更するには、手順3で［アラーム］の［▼］をクリックして時間を設定しましょう。

アラームの通知画面が表示される

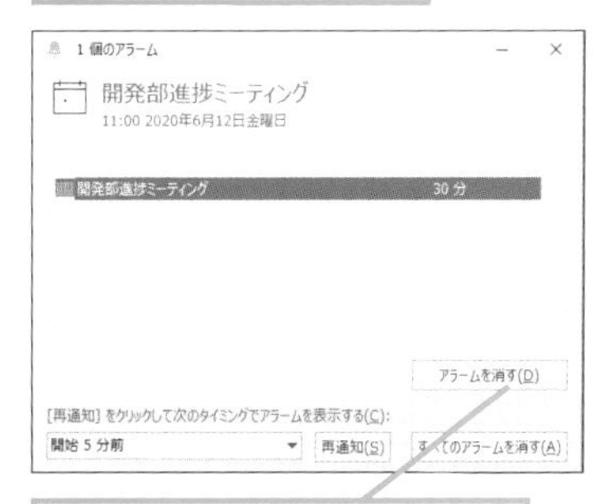

[アラームを消す]をクリックすると、通知画面の表示を終了できる

間違った場合は？

予定の内容を間違えたときは、予定をダブルクリックして、予定の編集ウィンドウを表示しましょう。必要な個所を修正してから［保存して閉じる］ボタンをクリックしてください。

Point 見て確認・聞いて認識してスケジュールのミスを防ぐ

予定の再確認を忘れたり、予定のダブルブッキングが発生したりなどの初歩的なミスは、Outlookの予定表機能を利用すれば、簡単に減らせます。また、アラーム機能を使えば、前もってメッセージや音で通知してくれます。Outlookを最小化して常駐させれば邪魔になりにくいので、通知はこちらが便利でしょう。

レッスン
16
Outlookで定例の予定を登録するには

定期的な予定の設定

「毎週火曜日」「毎月最初の月曜日」など、定例行事は効率良く管理しましょう。ここでは、定期的な予定をOutlookで一括登録する手順を解説します。

1 新しい予定を登録する

レッスン⑮を参考に、予定表を起動しておく

1 [新しい予定]をクリック

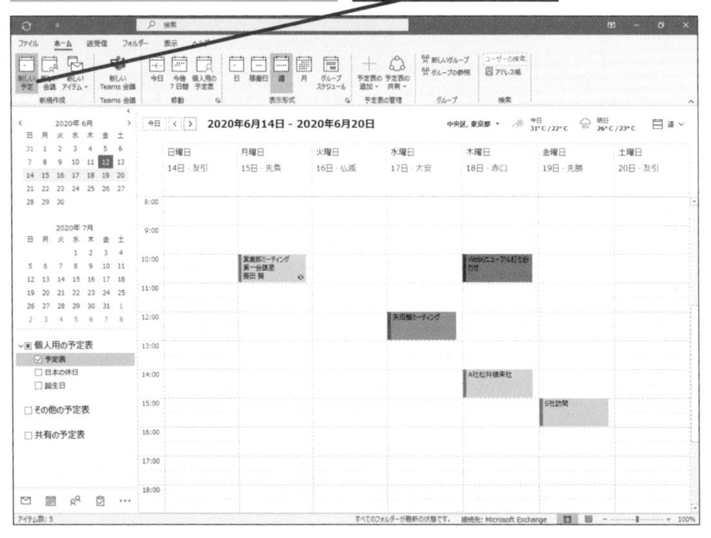

2 予定の内容を入力する

予定の登録画面が表示された

1 予定の件名を入力

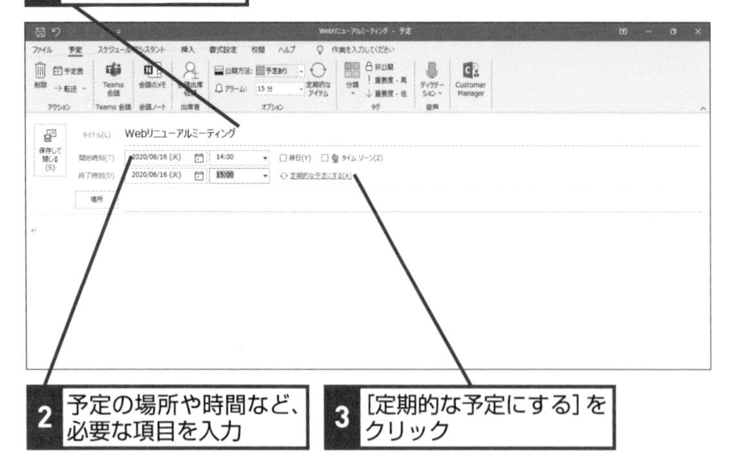

HINT! 定期的な予定の一部を変更するには

繰り返しを設定している予定をダブルクリックすると、[定期的なアイテムを開く] ダイアログボックスが表示されます。[この回のみ] を選択して [OK] をクリックすると、選択した回のみを修正できます。毎週月曜の9：00から行われる営業部会議について、8月3日だけは開始時刻を9：30にするというときに便利です。なお [定期的な予定全体] を選ぶと、繰り返しを設定している予定のすべてを修正できます。

1 修正したい予定をダブルクリック

2 [この回のみ]をクリック

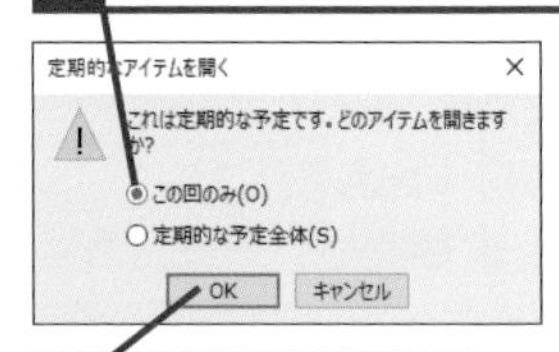

3 [OK]をクリック

必要に応じて内容を修正して保存する

HINT! 反復回数って何？

繰り返し行われる予定の回数が決まっている場合、[定期的な予定の設定] ダイアログボックスで [反復回数] を設定すると、入力した回数だけ予定が繰り返されます。なお終了日を指定すると、「その日付までの間で、条件に合致する時間」まで、繰り返しの予定が作成されます。

3 繰り返しの間隔や期間を指定する

［定期的な予定の設定］ダイアログボックスが表示された

ここでは毎週火曜日の予定を繰り返し入力する

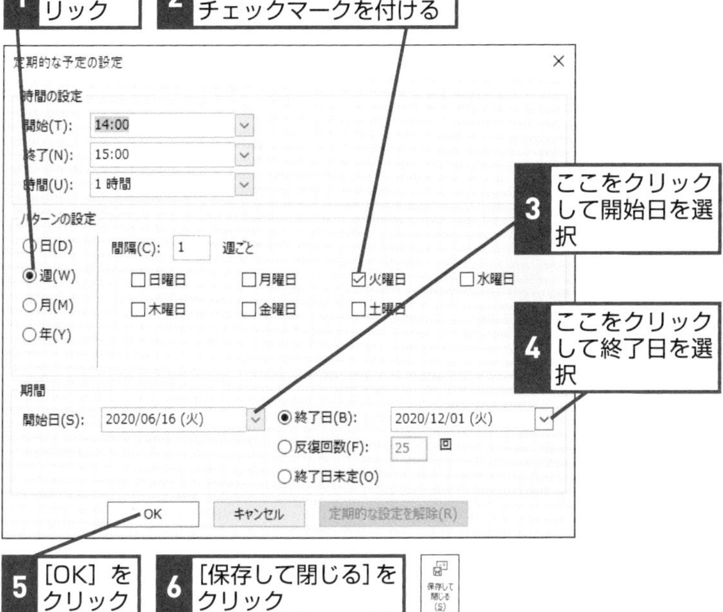

4 設定した内容を確認する

入力した予定が登録された

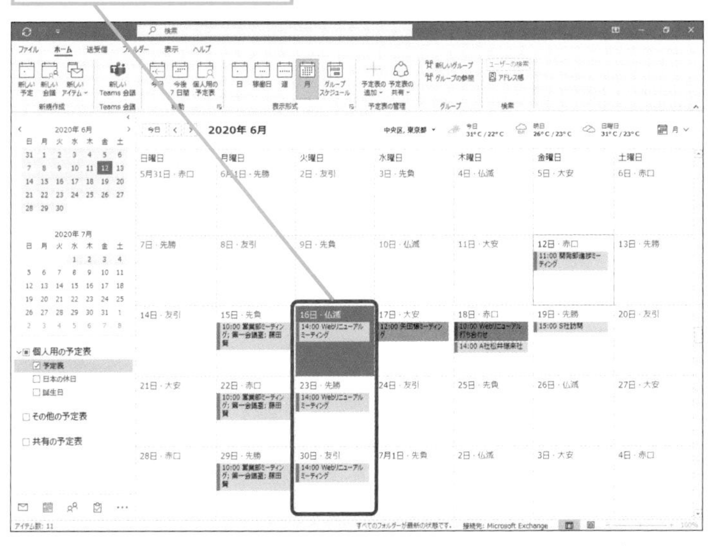

HINT!

毎月第1月曜日に発生する予定を登録するには

手順3の［定期的な予定の設定］ダイアログボックスの［パターンの設定］で［月］と［曜日］を選択し、「1カ月ごとの第1月曜日に設定」となるように項目を入力します。

［定期的な予定の設定］ダイアログボックスを表示しておく

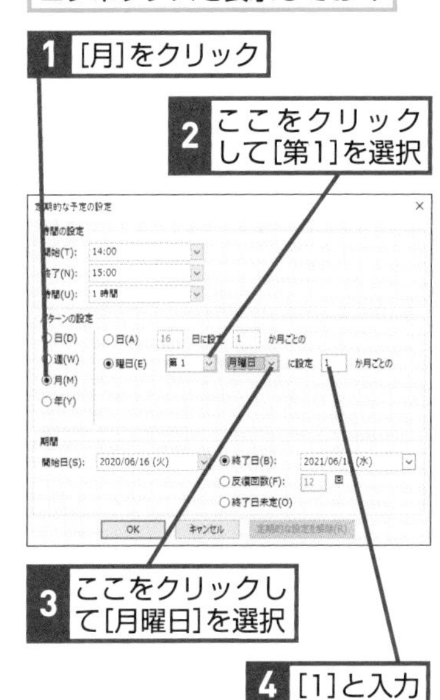

Point

定例の予定はまとめて登録できる

場所や開催時間が変わらない定例ミーティングは、［定期的なアイテム］で繰り返し予定としてまとめて登録できます。ただし、参加者の都合や出張などの要件によって変更や中止となるケースもあります。その場合は、前ページのHINT!で紹介しているように［定期的なアイテムを開く］ダイアログボックスで［この回のみ］を選択し、予定の内容を早めに変更しましょう。また予定もレッスン⑬で紹介した方法で色分けの分類が可能です。定例の予定が複数あるときは、内容や重要度によって色分けすると見やすくなります。

レッスン

17 Outlookでほかの人と予定を調整するには

スケジュール アシスタント

Outlookは、ほかの人の空き時間を確認できるので予定日時の調整も簡単です。ここでは「スケジュール アシスタント」という便利な機能を説明します。

予定にほかの参加者を追加する

1 新しい予定を登録する

レッスン⑮を参考に、予定表を表示しておく

1 [新しい予定] をクリック

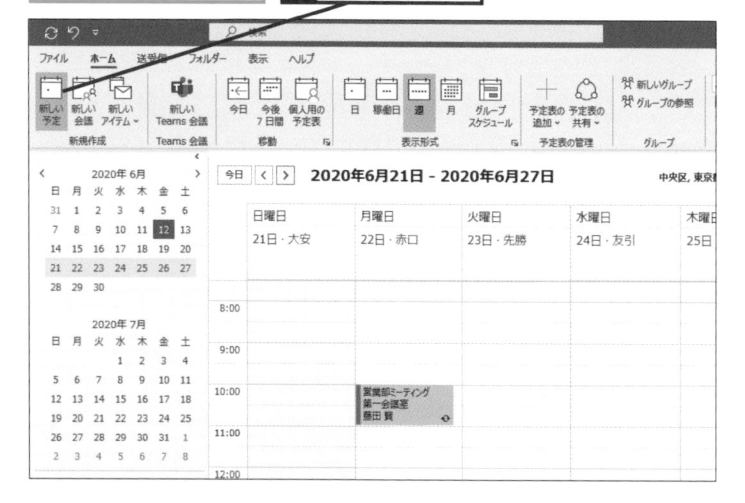

2 予定のタイトルを入力する

予定の登録画面が表示された

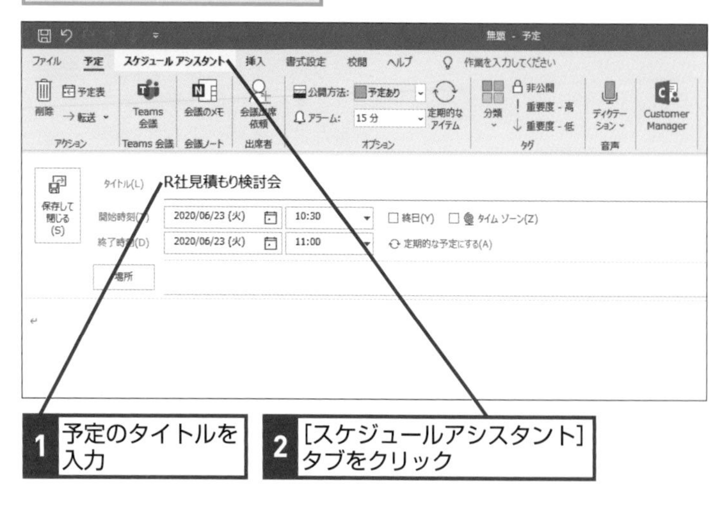

1 予定のタイトルを入力

2 [スケジュールアシスタント] タブをクリック

HINT!

ほかの人の予定を事前に確認するには

Outlookには、予定表の表示形式としてほかのユーザーの予定表と自分の予定表を同時に表示できる［グループスケジュール］が用意されています。この機能を利用すれば、予定の作成前に相手の予定を確認できます。なお、グループスケジュールでほかのユーザーの予定を閲覧するには、次ページのHINT!の方法で予定表を共有しておきましょう。

[ホーム] タブを表示しておく

1 [グループスケジュール] をクリック

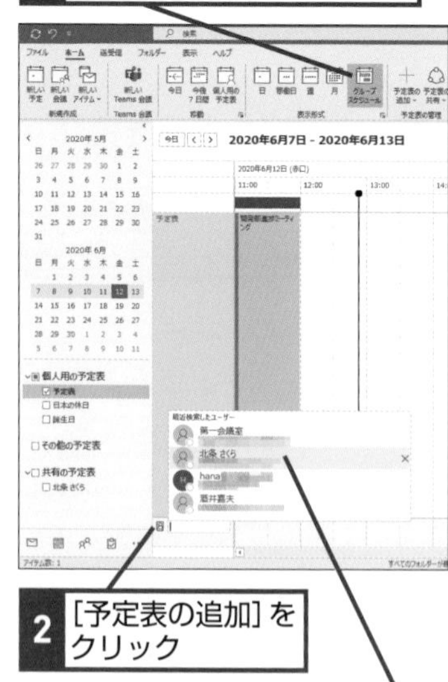

2 [予定表の追加] をクリック

3 予定表を表示したいユーザーをクリック

4 Enter キーを押す

選択したユーザーの予定表が表示される

3 出席者を追加する

スケジュール アシスタントの画面が表示された

1 [名前をここに追加します]をクリック

ユーザーのリストが表示された

2 参加者をクリック

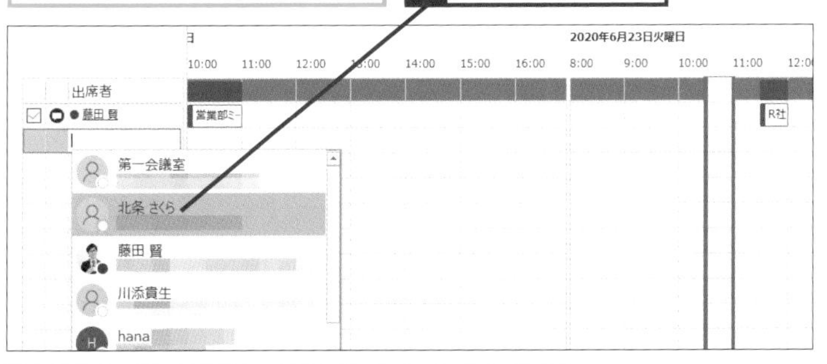

出席者が複数の場合は、同様の操作を繰り返す

4 出席者の予定を確認し登録する

出席者が追加された

出席者の予定のある時間帯が色付けされている

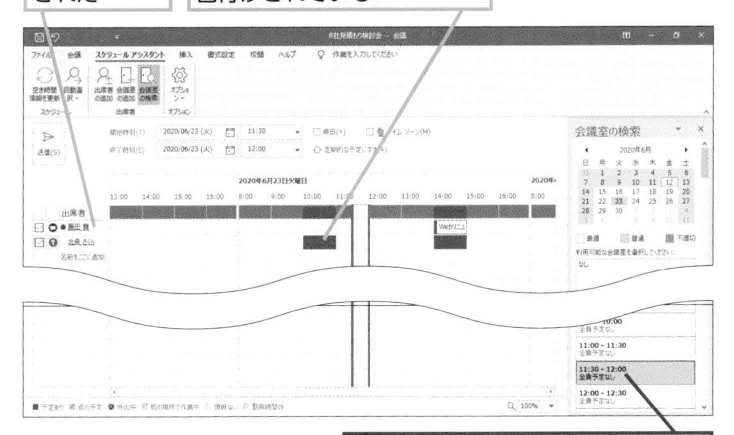

1 カレンダーと[時間の候補]から、予定を作成する日時を選択

5 出席者に予定の内容を送信する

1 [送信]をクリック

予定のメールが出席者に送信される

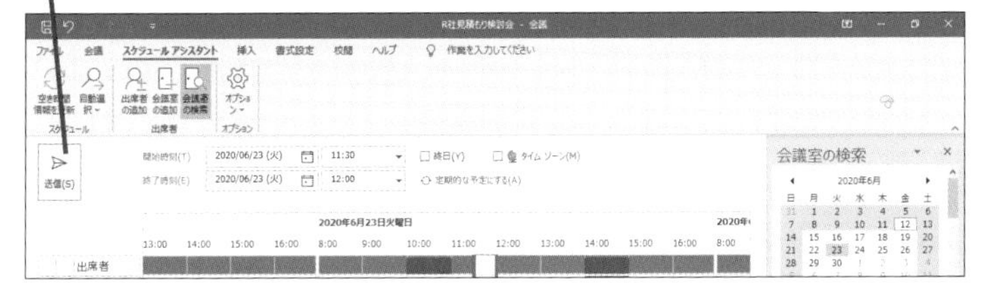

HINT!

Outlookで予定表を共有するには

予定表をほかのユーザーと共有するには、[ホーム] タブの [予定表の共有] をクリックして、共有を通知するメールを相手に送ります。

1 [予定表の共有]をクリック

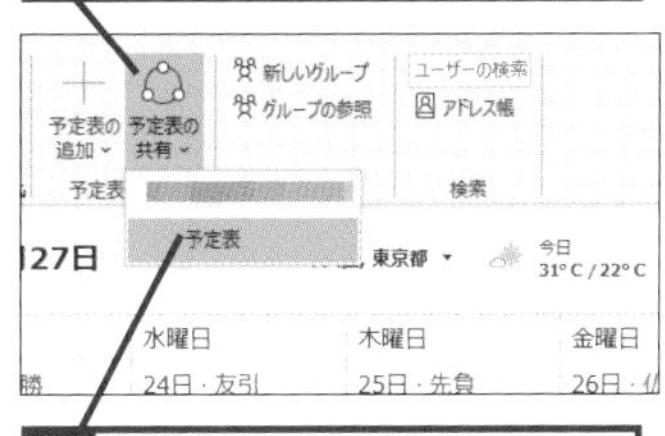

2 共有する予定表をクリック

3 [予定表プロパティ]画面の[追加]をクリック

共有相手と [アクセス権] からアクセスを許可する内容を選択し、[OK]をクリックする

HINT!

出席を依頼した会議をキャンセルするには

作成した会議をクリックして選択し、[ホーム]タブの[会議のキャンセル]をクリックすると、出席を依頼した人に対してキャンセル通知を送信できます。

Point

予定表をうまく使って自分の作業時間を確保しよう

スケジュール アシスタントの機能は、自分と相手の都合を見比べながら予定を立てるのに便利です。しかし、「この時間帯は自席で集中して提出資料の作成や納期に向けた追い込みをしたい」というように、「会議や外出の要件ではなくても、ほかにやるべきことがあって時間を確保しておきたい」というときは、「作業中」などのような予定を設定しておきましょう。

レッスン

18 Outlookで連絡先を登録するには

新しい連絡先

Microsoft 365で連絡先を管理すれば、場所を問わずに連絡したい人の情報を確認できます。ここでは、Outlookを使って連絡先を登録する方法を解説します。

1 連絡先の一覧を表示する

レッスン⑩を参考に、Outlookを起動しておく

1 ここをクリック

2 新規の連絡先を登録する

連絡先の一覧画面が表示された

1 [新しい連絡先]をクリック

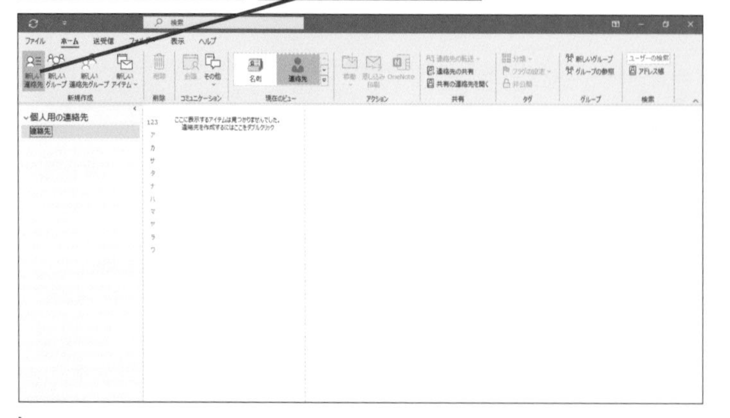

ショートカットキー

Ctrl + N …………新しい連絡先

HINT! ほかのユーザーと連絡先を共有するには

[ホーム] タブの [連絡先の共有] をクリックすると、自分が登録した連絡先を社内のほかのユーザーと共有できます。

1 [連絡先の共有]をクリック

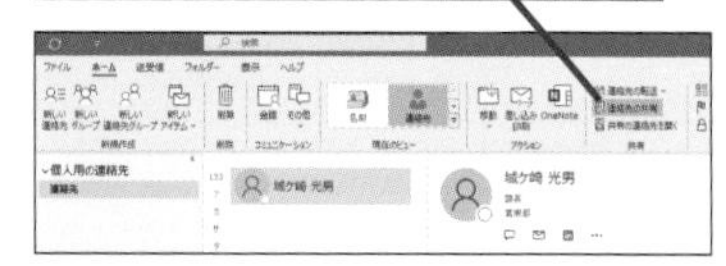

2 [宛先]に共有相手を指定

必要に応じてメッセージを入力する

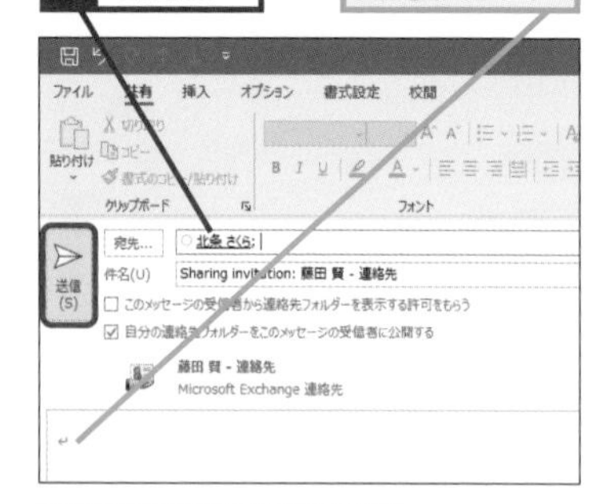

3 [送信]をクリック

4 確認画面で[はい]をクリック

間違った場合は？

連絡先を間違えて登録した場合、連絡先をダブルクリックすると編集できるウィンドウが開くので、内容を修正して [保存] をクリックします。

③ 名前やメールアドレスを入力する

連絡先の登録画面が表示された

1 名前やメールアドレスなど、必要な項目を入力

分類やフラグも設定できる

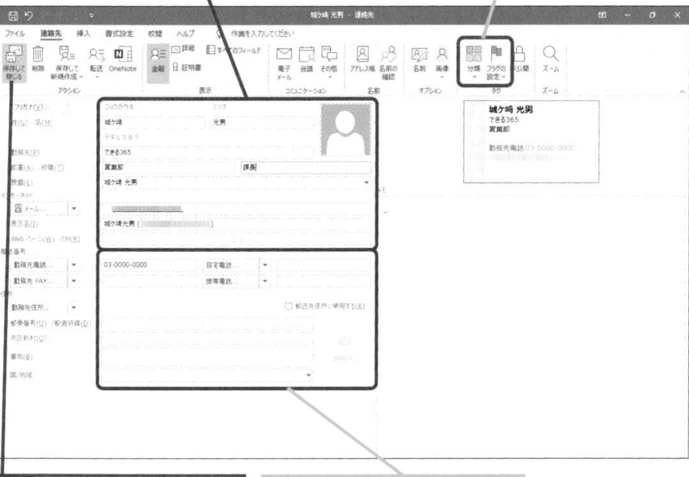

2 ［保存して閉じる］をクリック

必要に応じて電話番号や住所も入力しておく

④ 登録した連絡先を確認する

連絡先一覧の画面に戻った

連絡先が登録された

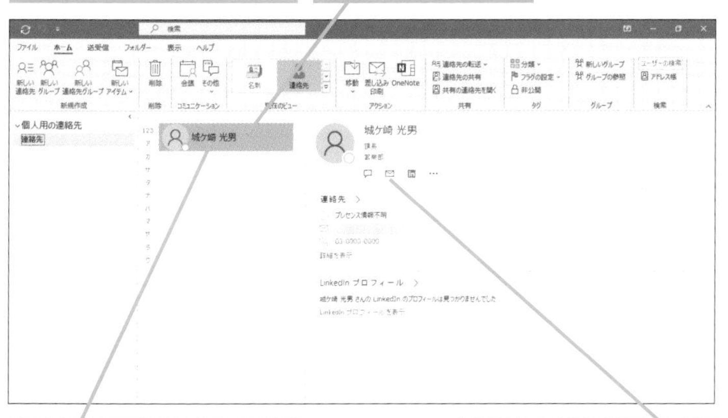

登録した連絡先をクリックすると、閲覧ウィンドウで内容が確認できる

ここをクリックすると、新規メールの作成画面に切り替わる

メールのアイコンがすぐに表示されないときは、Outlookを終了して、起動し直す

HINT! 連絡先を削除するには

登録した連絡先を削除するときは、削除したい連絡先をクリックし、［ホーム］タブの［削除］をクリックします。

HINT! 連絡先の表示形式を変えるには

連絡先の表示方法は、［ホーム］タブの［現在のビュー］グループから変更できます。

1 ［その他］をクリック

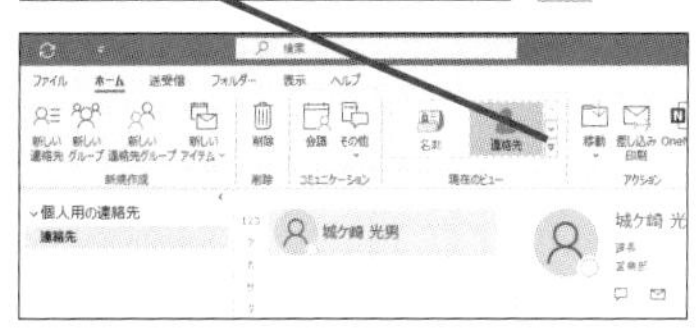

表示形式の選択肢が表示された

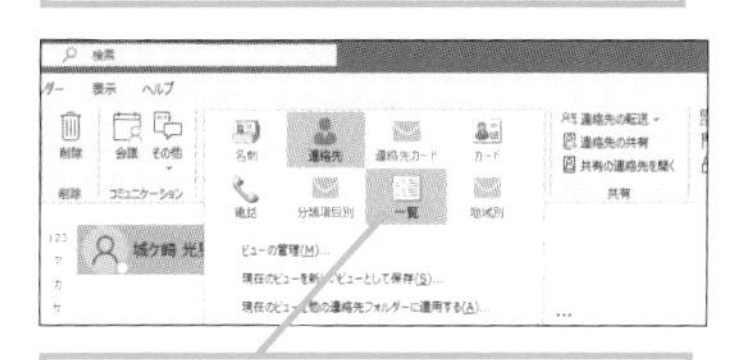

［一覧］をクリックするとリスト型の一覧形式で表示される

［カード］や［地域別］などさまざまな表示形式を選択できる

Point 連絡先を活用してコミュニケーションを加速

Outlookを使えば、社内の同僚や取引先、顧客などの連絡先を一元的に管理できます。また、入力したデータはクラウド上に保存されるため、自宅や外出先でも登録しておいた連絡先を素早く参照できて便利です。この機能を積極的に活用すれば、コミュニケーションのスピードアップにつながるでしょう。

レッスン
19 メールボックスを共有するチームを作成するには

グループの作成

Microsoft 365のOutlookでは、複数のメンバーが所属するグループを作成し、メーリングリストのように使うことができます。その作成方法を解説します。

グループを作成する

1 Outlook on the Webにアクセスする

レッスン❼を参考に、Microsoft 365のポータル画面を表示しておく

1 [アプリ起動ツール]をクリック

2 [Outlook]をクリック

2 新しいグループを作成する

Outlook on the Webが起動した

機能紹介の画面が表示されたときは、[×]をクリックする

1 新しいグループをクリック

HINT! グループって何？

Microsoft 365のグループとは、1つのメールアドレスを共有し、そのメールアドレスあてに送られてきたメールを全員で参照できるようにするための仕組みです。このグループを用いることで、メーリングリストと同様に情報を共有できます。また、グループでファイルを共有したり、SharePoint Onlineのチームサイトで情報共有したりもできます。

HINT! デスクトップ版のOutlookでもグループを利用できる？

ここではOutlook on the Webを利用していますが、デスクトップ版のOutlookでもグループを作成できます。デスクトップ版のOutlookでは、連絡先の［ホーム］タブにある［新しいグループ］をクリックして作成します。

3 グループを設定する

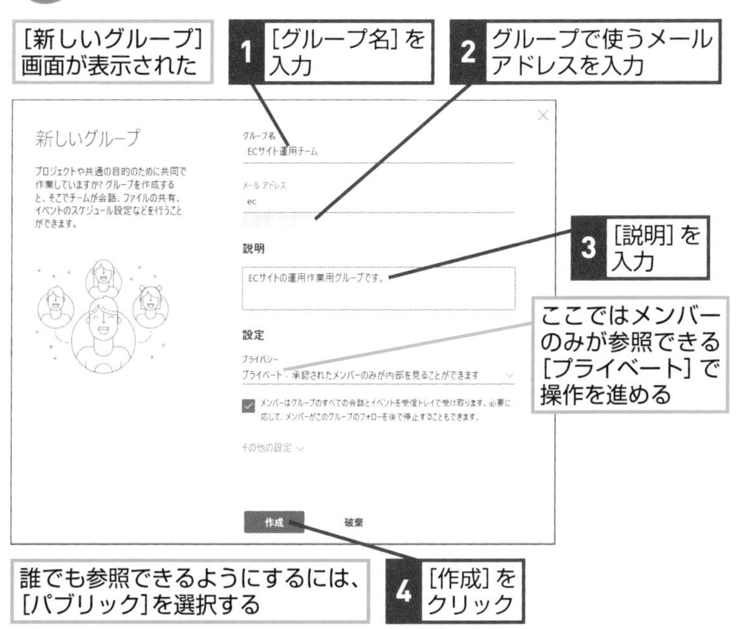

4 メンバーを追加する

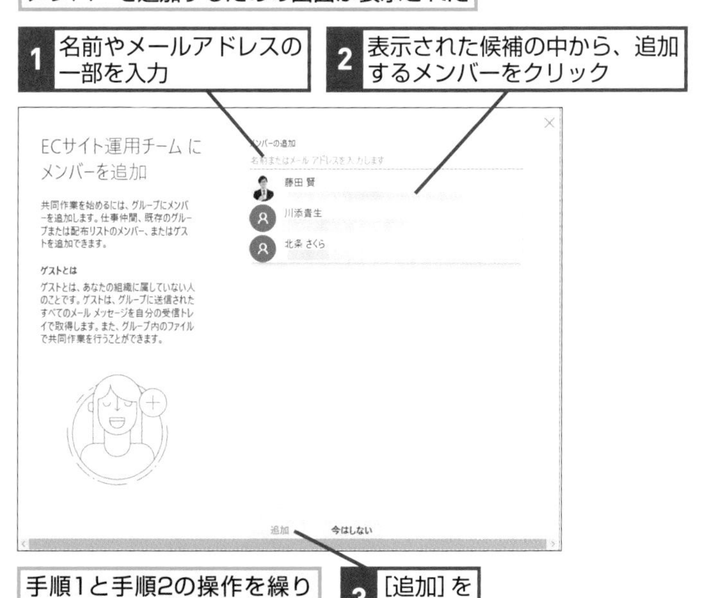

HINT!

メンバーとして追加されるとどうなるの？

グループにメンバーとして追加されたことを知らせるメールが届くほか、Outlook on the Webの［グループ］領域に参加したグループの名前が表示されます。

グループへの参加を知らせるメールが届いた

［グループ］領域に参加したグループの名前が表示された

HINT!

グループのメールアドレスあてに届いたメールを読むには

グループのメールアドレスあてにメールが届くと、それぞれのメンバーの受信トレイに配送されるほか、グループのメールボックスでチェックすることも可能です。

グループのメールアドレスあてにメールが届いた

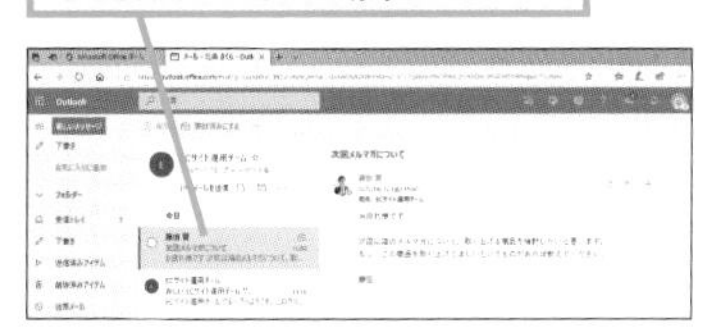

個人の受信トレイでも、グループあてに届いたメールを確認できる

次のページに続く

5 グループが作成された

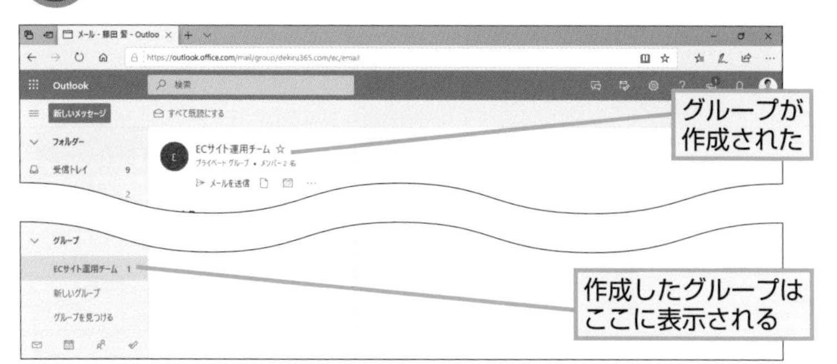

別のユーザーをグループに追加するには

1 グループの管理画面を表示する

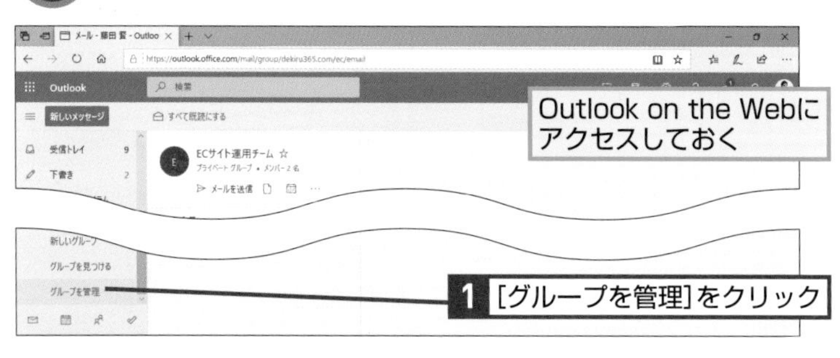

2 グループメンバーの管理画面を表示する

HINT!

グループでファイルを共有するには

グループでは、ファイルを共有することもできます。グループ内の情報共有に活用しましょう。

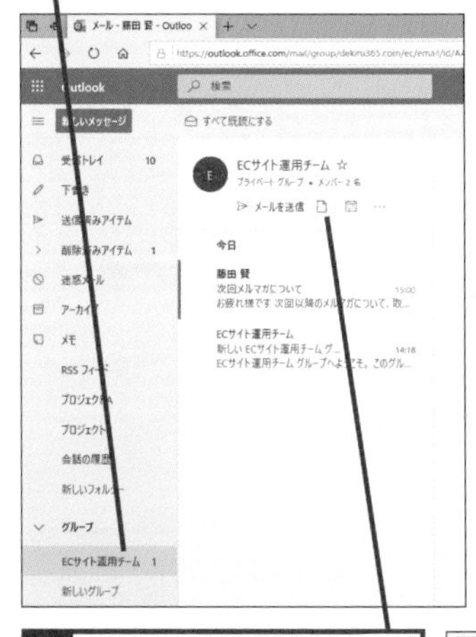

HINT!

グループで予定表も共有できる

グループを作成すると、各メンバーのOutlookの予定表に、グループの予定表が追加されます。これを利用すれば、グループの予定を簡単に共有できます。

❸ メンバーを追加する

メンバーの一覧が表示された

1 [メンバーを追加]をクリック

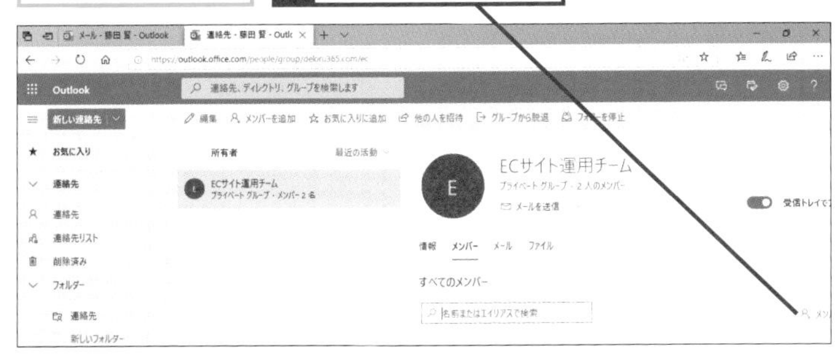

メンバーの追加画面が表示された

2 追加したいメンバーの名前やメールアドレスの一部を入力

3 表示された候補から追加したいメンバーをクリック

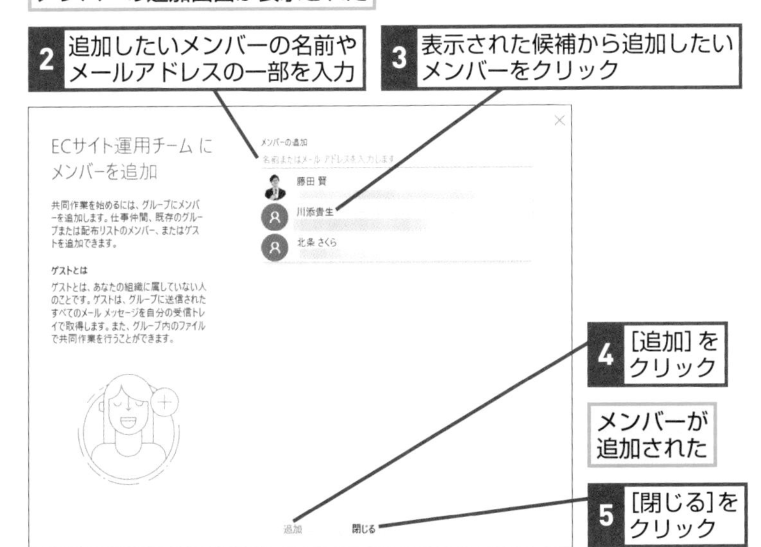

4 [追加]をクリック

メンバーが追加された

5 [閉じる]をクリック

❹ 追加したメンバーを確認する

追加したメンバーが表示された

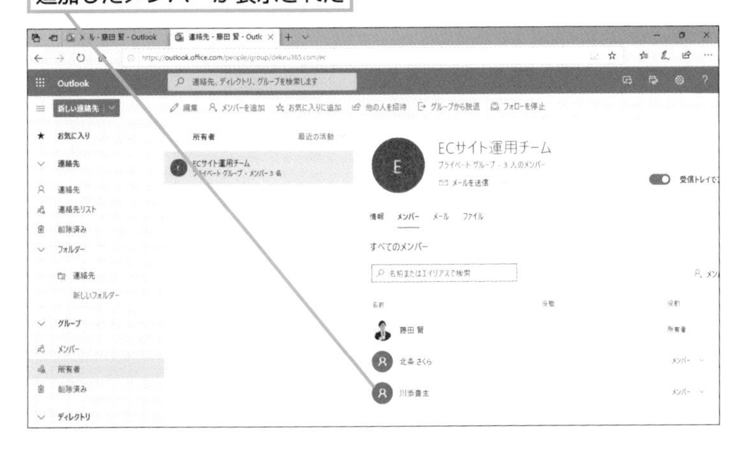

HINT! グループから脱退するには

グループの管理画面を表示し、脱退したいグループを選択した後、以下のように操作します。なお、自分で作成したグループからは脱退できません。

1 脱退したいグループをクリック

2 […]をクリック

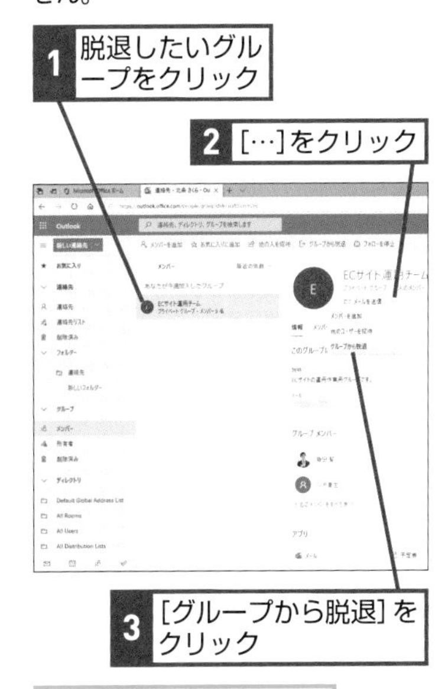

3 [グループから脱退]をクリック

グループから脱退できた

Point 社内外との情報共有に活用

Microsoft 365のグループはメーリングリストの代わりとして活用できるものであり、メールを使って簡単に情報を共有できるメリットがあります。ファイルやスケジュールを共有する仕組みも備えているため、グループに関係するさまざまな情報を集約できるのも便利です。また、メンバーとして社外の人に参加してもらうことも可能なので、取引先などを含めたプロジェクトの推進などといった場面でも活用できるでしょう。

この章のまとめ

Exchange Online をフル活用するための必須アイテム

ExchangeとOutlookの組み合わせは、メールや情報共有基盤として数多くの企業で活用されています。クラウドサービスであるMicrosoft 365の登場により、Exchangeは以前よりもぐっと導入しやすくなりました。パソコンやスマートフォン、タブレットのWebブラウザーから利用できるOutlook on the webというツールもありますが、メールや連絡先、予定、タスクを効率的かつスマートに業務で管理するのであれば、Outlookの出番です。
ほかのOfficeアプリと同様に、リボンに数多くの機能が集約されているOutlookは、情報の効果的な整理と素早い抽出、ほかのメンバーとの連携などを行う機能が豊富に搭載されています。コミュニケーションと情報の管理を行うための中心として、ぜひ活用したいアプリです。

第4章 クラウド上でファイルを管理する

容量が足りなくてたびたびファイルを削除しなければならない、あるいは外出先から使えない、社外のユーザーとファイルを共有できないなど、既存のファイルサーバーに不満があるケースは多いでしょう。こうした課題を解決する仕組みとして、Microsoft 365で提供されているのが「OneDrive for Business」です。その詳しい使い方を解説していきましょう。

●この章の内容

レッスン
20 OneDrive for Business って何？

OneDrive for Business

クラウド上にファイルを保存できるオンラインストレージサービスとしてMicrosoft 365で提供されているのが、OneDrive for Businessです。主な特長を紹介します。

テレワークにも有効なオンラインストレージ

OneDrive for Businessは、クラウド上にファイルを保存し、必要なときにすぐにアクセスし、ファイルを参照したり編集したりできるオンラインストレージサービスです。M1ユーザー当たり1TBもの容量が割り当てられているため、業務で利用するファイルをまとめてクラウド上に保存できます。そのため、どこからでも自分のファイルにアクセスできるのがメリットです。
さらにファイルを同期する機能も備えているため、オフィスで作業した続きを自宅のパソコンで行うことも可能です。これにより、テレワークにおいて面倒なファイルの管理の負担を大幅に軽減できます。
また、社内や社外のユーザーとファイルを共有するための仕組みも備えています。テレワーク環境でファイルを共有したい場合や、共有したファイルを使って共同で作業したい場合にも便利です。

HINT!
オンラインストレージって何？

ファイルを保存するためのスペースを、主にインターネット上で提供するサービスの総称です。本章で取り上げるOneDrive for Businessのほか、同じくマイクロソフトが提供する個人向けサービスの「OneDrive」などがあります。

HINT!
OneDrive for Businessはモバイルでも使える

AndroidやiOS向けのOneDriveアプリを使えば、OneDrive for Businessにアップロードしたファイルを参照できます。インターネットに接続さえできれば外出先でも必要なファイルを素早く参照できるほか、Officeアプリを組み合わせれば編集も可能です。

Windows 10とシームレスに連携

OneDrive for Businessは、Windows 10と連携する仕組みが用意されています。連携機能では、Windows上にある特定のフォルダーに保存したファイルが自動的にクラウド上にアップロードされるため、意識することなくOneDrive for Businessを使えるのがメリットです。また、重要なファイルを常にOneDrive for Businessに保存しておけば、仮にトラブルによってWindowsにあるファイルが消失したとしても、OneDrive for Businessのファイルが残っているため、完全にファイルが失われることを防げます。このように、OneDrive for Businessはバックアップツールとしても有効です。

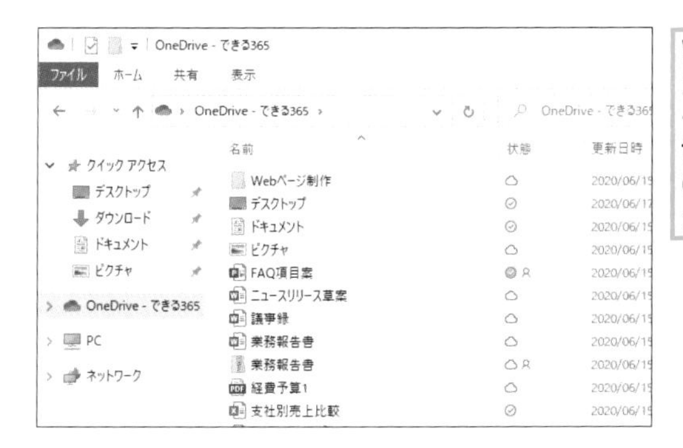

Windows 10のエクスプローラーからOneDrive for Business上のファイルにアクセスできる

Officeアプリから直接保存

WordやExcel、PowerPointといったOfficeアプリで作成したファイルをOneDrive for Businessにアップロードするとき、わざわざ特定のフォルダーに保存した後でアップロードするのではなく、それぞれのアプリから直接OneDrive for Businessへの保存が可能です。同様に、OneDrive for Business上のファイルを直接開いて編集ができるので、クラウドの存在を意識せずに使えます。

Officeアプリから直接OneDrive for Businessに保存できる

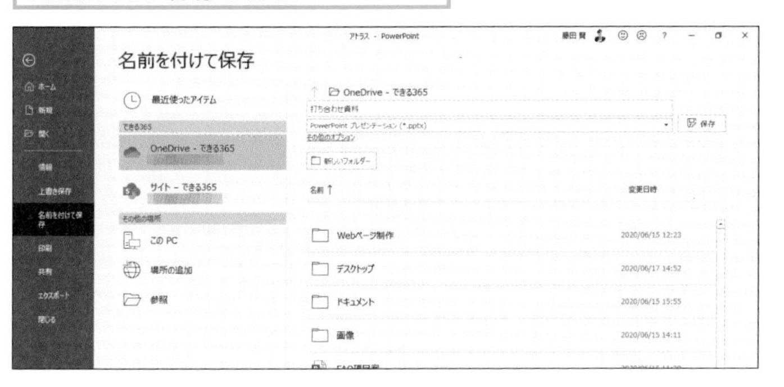

HINT!
自動でクラウド上にアップロードされる

OneDrive for BusinessとWindows 10を連携させると、クラウドとWindows上の特定のフォルダーが自動的に同期されます。このため、Windowsにあるファイルがアップロードされるだけでなく、クラウドにのみ存在するファイルがあれば自動的にダウンロードされます。

HINT!
複数のパソコンのファイルを同期できる

複数のパソコンのWindows 10とOneDrive for Businessを連携すると、クラウドを介して複数のパソコンのファイルを同期できるようになります。オフィスと自宅のパソコンを同期しておけば、USBメモリーでファイルを持ち帰ったり、メールでファイルを送ったりする必要がなくなるほか、必要なファイルが手元にないといったミスも防げるでしょう。

Point
テレワーク時代のファイル管理の負担を軽減できる

OneDrive for Businessにファイルを保存するメリットとして、インターネットにさえ接続されていれば、オフィスや自宅、外出先など、どんな場所からでもファイルにアクセスできることが挙げられます。今後、テレワークの普及や、サテライトオフィスなど本来のオフィスとは別の場所で業務を行う働き方が広まることを考えると、ファイルの場所を気にせず、必要なときに必要なファイルを即座に開くことができるメリットは極めて大きいでしょう。また、離れた場所にいる同僚と簡単にファイルを共有できるのも魅力です。

OneDrive for Businessへファイルを保存するには

ファイルのアップロード

OneDrive for Businessにファイルをアップロードする方法はいくつかありますが、このレッスンではWebブラウザーを使った方法を解説します。

1 OneDrive for Businessにアクセスする

レッスン❼を参考に、Microsoft 365のポータル画面を表示しておく

1 [アプリ起動ツール]をクリック

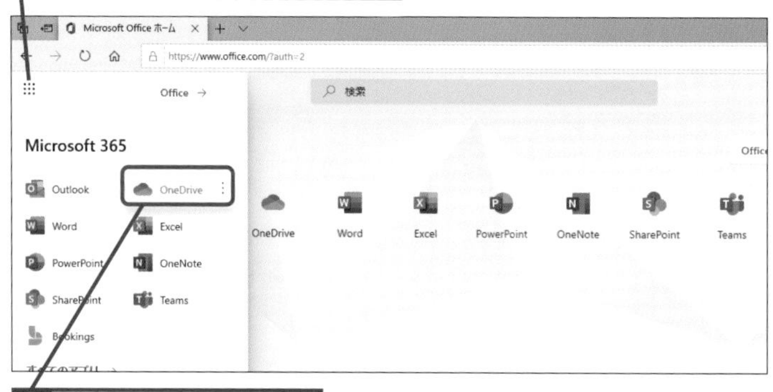

2 [OneDrive]をクリック

2 ファイル選択ダイアログを表示する

OneDrive for Businessが表示された

機能の紹介画面が表示されたときは、[×]をクリックする

1 [アップロード]をクリック

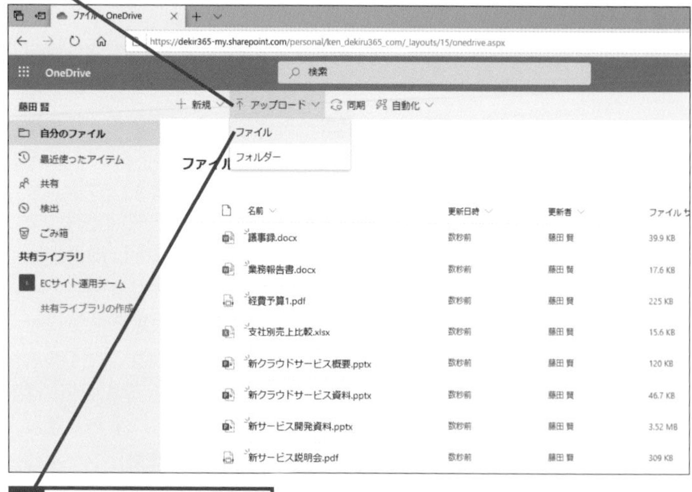

2 [ファイル]をクリック

HINT! ドラッグでファイルをアップロードできる

WebブラウザーからOneDrive for Businessにアクセスした状態で、エクスプローラーからWebブラウザーにファイルをドラッグしてもアップロードが可能です。

HINT! フォルダーを作成するには

OneDriveでも、Windowsのエクスプローラーと同様にフォルダーを作成できます。

1 [新規]をクリック

2 [フォルダー]をクリック

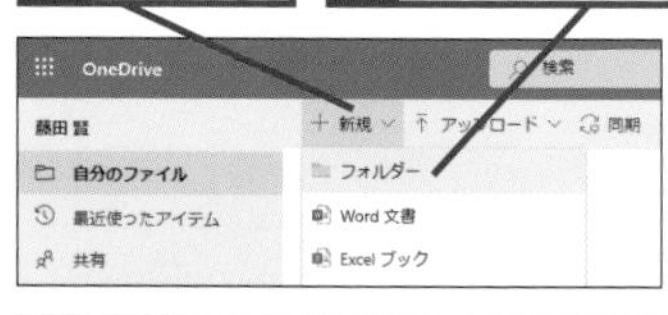

フォルダーの作成画面でフォルダー名を入力し、[作成]をクリックする

HINT! ファイルを検索するには

検索ボックスにキーワードを入力して Enter キーを押すと、そのキーワードが含まれるファイルの一覧が表示されます。WordやExcel、PowerPointでは、ファイルの内容も検索対象になります。

1 検索ボックスにキーワードを入力

2 Enter キーを押す

3 アップロードするファイルを選択する

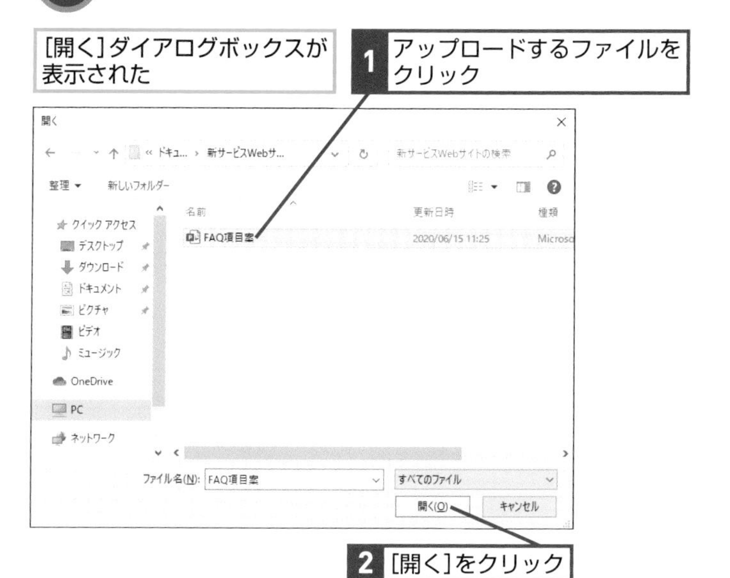

4 ファイルがアップロードされた

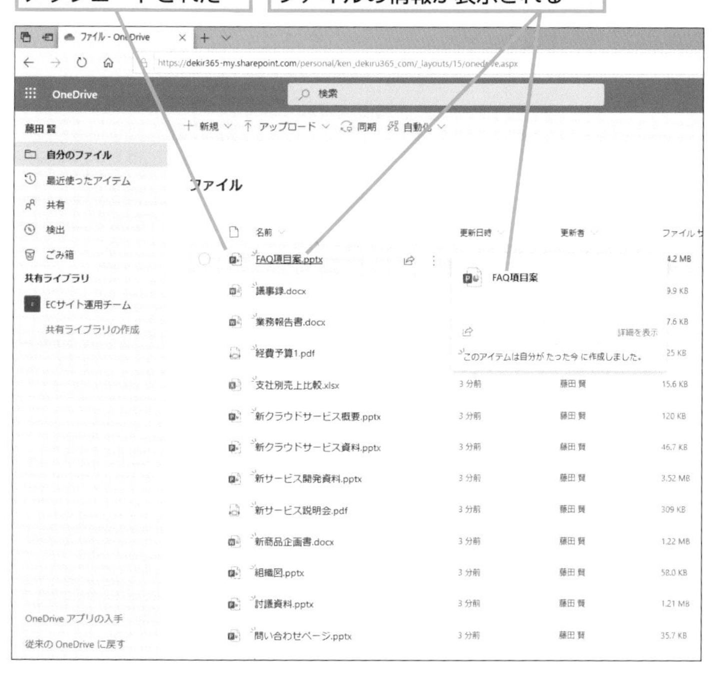

HINT!

フォルダーごとアップロードするには

手順2の画面で［ファイル］ではなく［フォルダー］を選択すると、フォルダーごとアップロードができます。

HINT!

ファイルをダウンロードするには

ダウンロードしたいファイルを右クリックし、表示されたメニューから［ダウンロード］をクリックします。

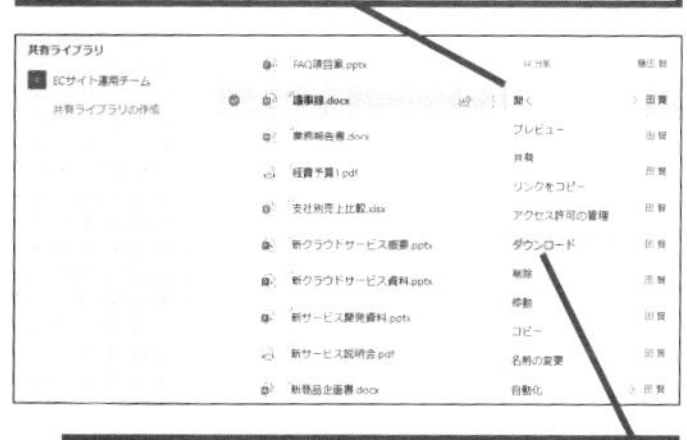

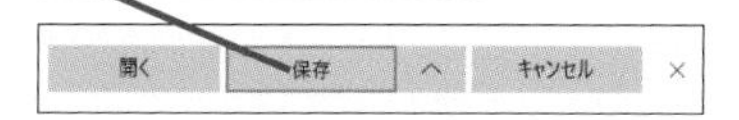

Point

テレワークにも最適なOneDrive for Business

Webブラウザーを使ってOneDrive for Businessを利用するメリットは、インターネットに接続されているパソコンがあれば、いつでも必要なファイルにアクセスできることです。自宅とオフィスの両方で作業を行う場合、ファイルがOneDrive for Businessにアップロードされていれば、Webブラウザーで素早くファイルをダウンロードして作業できます。

レッスン 22

OneDrive for Businessとファイルを同期するには

OneDrive for Businessクライアント

WindowsとOneDrive for Businessを同期するように設定しておけば、特定のフォルダーにファイルを保存するだけで、自動的にクラウドにアップロードされます。

1 Microsoft OneDriveを開く

レッスン㉑を参考に、OneDrive for Businessを開いておく

1 [同期]をクリック

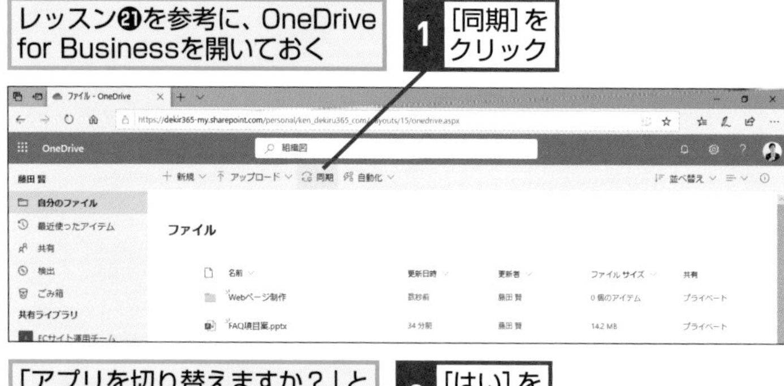

「アプリを切り替えますか？」というメッセージが表示された

2 [はい]をクリック

2 サインインを開始する

[OneDriveを設定]の画面が表示された

自分のIDが表示されていることを確認する

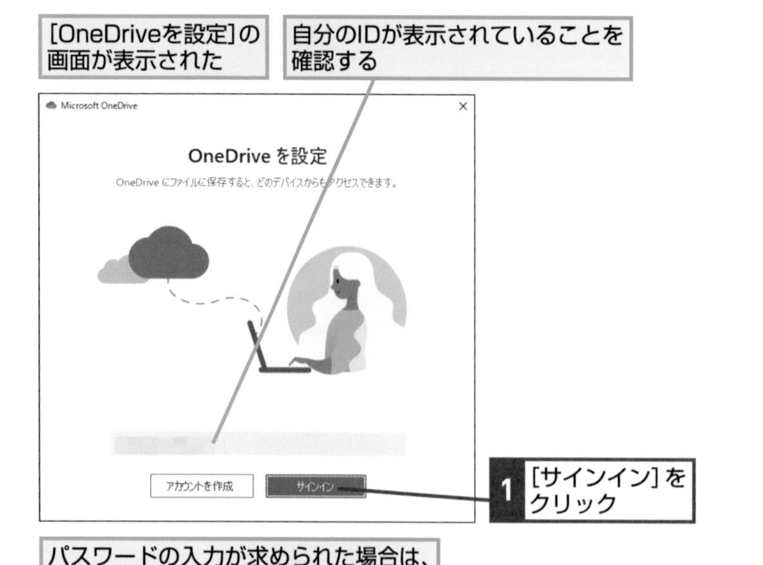

1 [サインイン]をクリック

パスワードの入力が求められた場合は、Microsoftアカウントのパスワードを入力する

HINT!

「ファイルオンデマンド」でストレージ領域を節約する

OneDrive for Businessには、すべてのファイルをあらかじめダウンロードするのではなく、必要なタイミングでダウンロードする「ファイルオンデマンド」という機能があります。この機能を利用すれば、パソコンのストレージ領域を節約できます。ファイルオンデマンドの有効／無効を切り替えるには、以下のように操作します。

1 タスクトレイにあるOneDrive for Businessアイコンをクリック

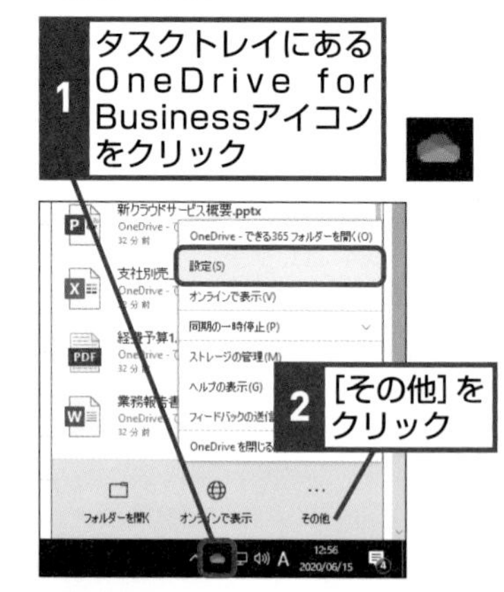

2 [その他]をクリック

3 [設定]をクリック

[Microsoft OneDrive] ダイアログボックスが表示された

4 [設定]タブをクリック

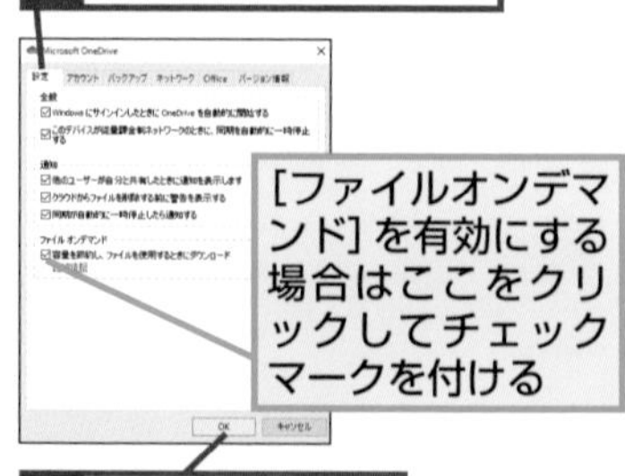

[ファイルオンデマンド]を有効にする場合はここをクリックしてチェックマークを付ける

5 [OK]をクリック

第4章 クラウド上でファイルを管理する

3 OneDriveの説明を確認する

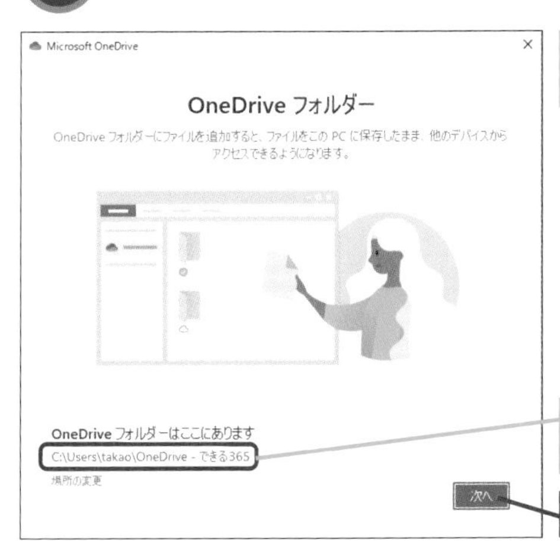

OneDriveの説明画面の内容を確認しておく

OneDriveの同期対象フォルダーが表示された

1 [次へ]をクリック

続く画面でOneDrive for Businessの説明を確認し、[次へ]や[後で]をクリックする

4 OneDriveの設定を完了する

「OneDriveの準備ができました」と表示された

1 [OneDriveフォルダーを開く]をクリック

5 OneDriveフォルダーが表示された

エクスプローラーが起動し、OneDriveフォルダーが開いた

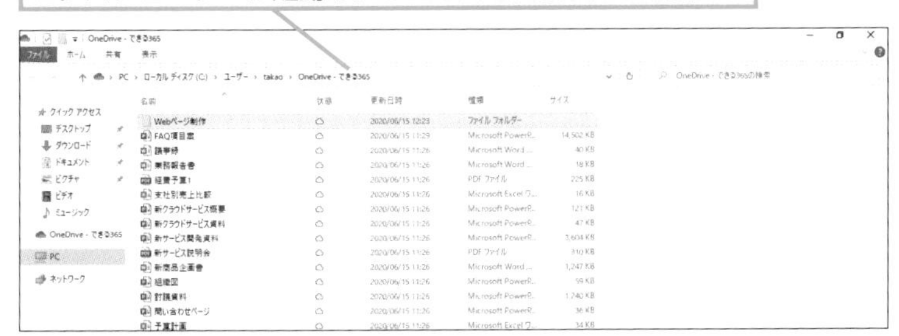

HINT! ファイルを常に使えるようにするには

ファイルオンデマンドが有効の場合、ダウンロードされていないファイルはインターネットに接続されていなければ利用できません。インターネットの接続がない環境でファイルを利用する場合は、インターネットに接続されている状態でファイルを右クリックし、[このデバイス上で常に保持する] をクリックしてダウンロードしておきます。

HINT! 同期したときはファイルの削除に注意

同期を行うとき、クラウド、または手元のパソコンのいずれかでファイルを削除した場合、もう一方のファイルも削除されてしまいます。重要なファイルを誤って削除しないように注意しましょう。

HINT! OneDrive for Businessと同期したフォルダーを素早く開くには

タスクトレイにあるOneDrive for Businessアイコンをダブルクリックすると、エクスプローラーが起動し、OneDrive for Businessと同期しているフォルダーが表示されます。

Point ファイルを同期してテレワークの業務効率を高める

同期の設定を行い、オフィスのパソコンと自宅のパソコンで常に同じファイルが利用できるように設定すれば、ファイルのアップロードやダウンロードの手間が省け、テレワークでの業務効率が高まります。有効活用しましょう。

レッスン

23 OneDrive for Businessを使ってバックアップするには

ファイルのバックアップ

OneDrive for Businessにはバックアップの機能があり、デスクトップや［ドキュメント］に保存したファイルを簡単にクラウドへバックアップできます。

1 設定画面を開く

レッスン㉒を参考に、あらかじめOneDrive for Businessとパソコンを同期しておく

タスクトレイにアイコンがないときは、［隠れているインジケーターを表示します］（^）をクリックする

1 タスクトレイにあるOneDrive for Businessアイコンをクリック

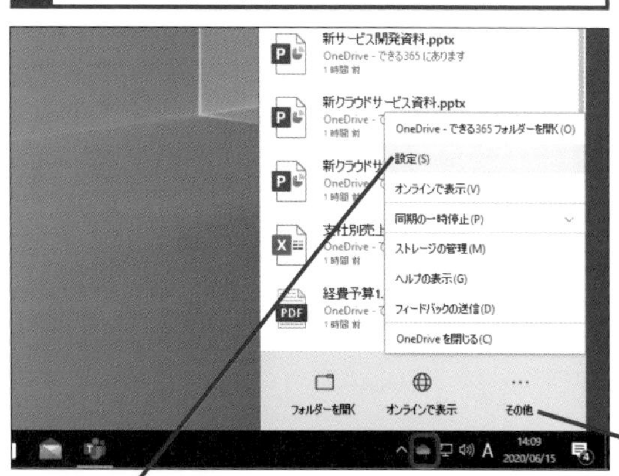

2 ［その他］をクリック

3 ［設定］をクリック

2 バックアップの設定画面を開く

［Microsoft OneDrive］ダイアログボックスが表示された

1 ［バックアップ］タブをクリック

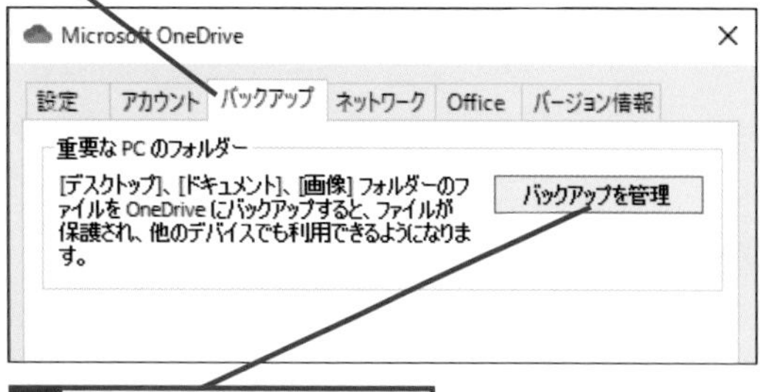

2 ［バックアップを管理］をクリック

キーワード

バックアップ p.217

HINT!

バックアップしたファイルはどこに保存されるの？

OneDrive for Businessでバックアップすると、対象として選択したフォルダー（［デスクトップ］［ドキュメント］［ピクチャ］）がOneDrive for Business上に作られ、その中にファイルがバックアップされます。

HINT!

バックアップしたファイルをリカバリーするには

OneDrive for BusinessのWebサイトにアクセスし、リカバリーしたいファイルが保存されているフォルダーを開き、ファイルを元のフォルダーにダウンロードします。

3 バックアップするフォルダーを選択する

[フォルダーをバックアップ]の画面が表示された

1 バックアップしたいフォルダーをクリック

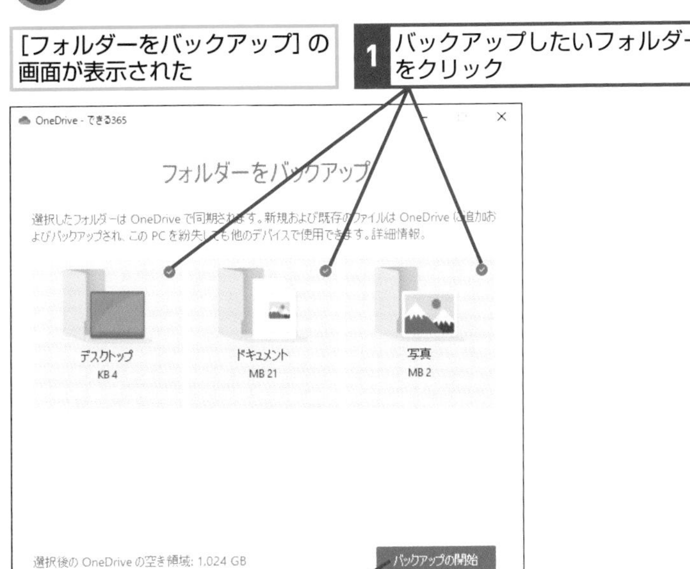

2 [バックアップの開始]をクリック

4 バックアップが開始された

OneDriveへのバックアップが開始された

1 [×]をクリック

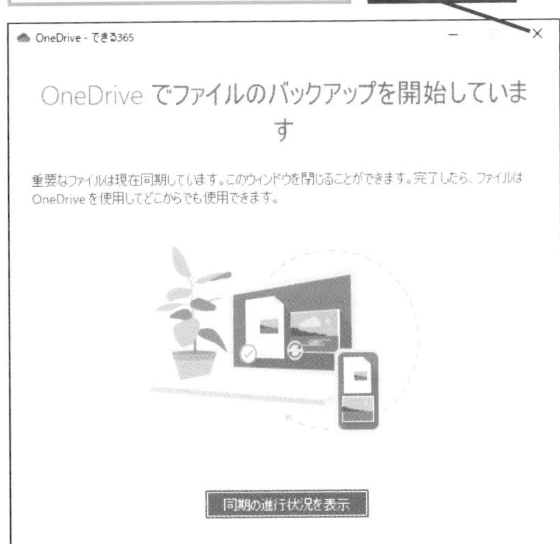

[Microsoft OneDrive]ダイアログボックスの[閉じる]をクリックしておく

HINT!

バックアップを停止するには

前ページの手順1～2を参考に[フォルダーをバックアップ]の画面を表示した後、いずれかのフォルダーの[バックアップを停止]をクリックします。

1 バックアップを停止するフォルダーの[バックアップを停止]をクリック

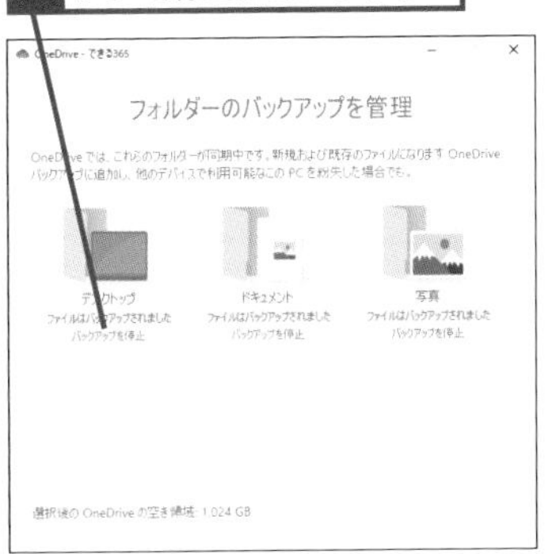

2 確認画面で[バックアップを停止]をクリック

指定したフォルダーのバックアップが停止した

Point

OneDrive for Businessをバックアップに活用しよう

OneDrive for Businessのバックアップ機能を使えば、[デスクトップ]や[ドキュメント]または[ピクチャ]フォルダーに保存したファイルが自動でクラウドにも保存されるようになります。仮に、パソコンのトラブルなどでファイルが消失しても、クラウドにバックアップしたファイルを使って元に戻せます。このバックアップ機能は、難しい設定などが必要なく、自動的にバックアップが行われることも大きなメリットです。

レッスン

24 OneDrive for Businessでファイルを共有するには

ファイルの共有

OneDrive for Businessでは、社内のほかのユーザーと簡単にファイルやフォルダーを共有できます。その手順を見ていきましょう。

1 共有するファイルを選択する

レッスン㉑を参考に、OneDrive for Businessを開いておく

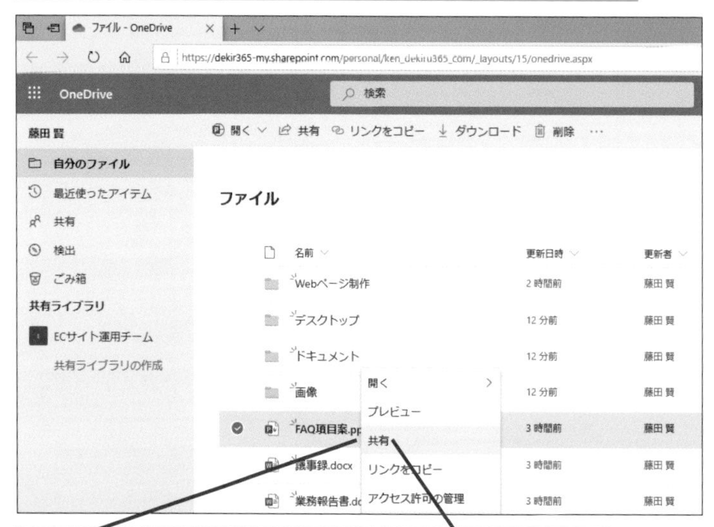

1 共有するファイルを右クリック

2 [共有]をクリック

2 共有する相手を指定する

[リンクの送信] の画面が表示された

1 共有相手のメールアドレスの一部を入力

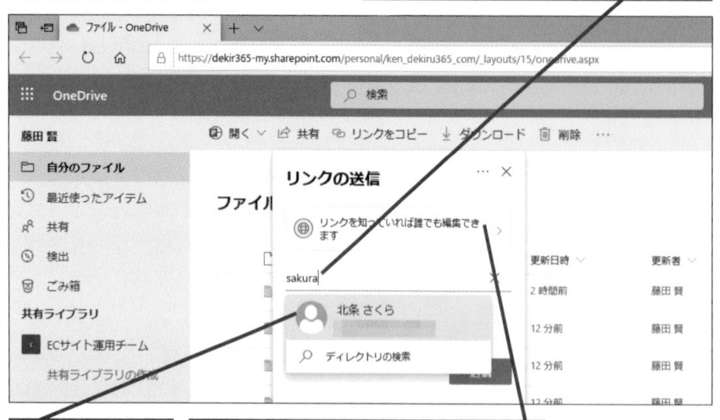

2 共有相手をクリック

3 [リンクを知っていれば誰でも編集できます]をクリック

HINT! 共有相手を追加するには

すでに別のユーザーと共有しているファイルに対して手順1 ～ 4の操作を行うと、別のユーザーともファイルを共有できます。なお、先に共有したユーザーとは別の権限を割り当てることもできます。

HINT! ファイル共有時の権限について

手順3の［リンクの設定］画面では、以下の4つの権限を指定することができます。また、［その他の設定］欄にある［編集を許可する］にチェックマークが付いていると、ファイルの編集権限を付与できます。

- リンクを知っているすべてのユーザー……そのファイル（フォルダー）へアクセスするためのリンクを知っているすべてのユーザーがアクセスできます
- リンクを知っている<会社名>のユーザー……そのファイル（フォルダー）へアクセスするためのリンクを知っている、組織内のユーザーがアクセスできます
- 既存アクセス権を持つユーザー……そのファイル（フォルダー）へのアクセス権をすでに保有しているユーザーが利用できます
- 特定のユーザー……［リンクの送信］画面で指定したユーザーが、そのファイル（フォルダー）へアクセスできます

3 権限を設定する

[リンクの設定]の画面が表示された

ここでは、手順2で指定したユーザーだけにアクセス権を付与する

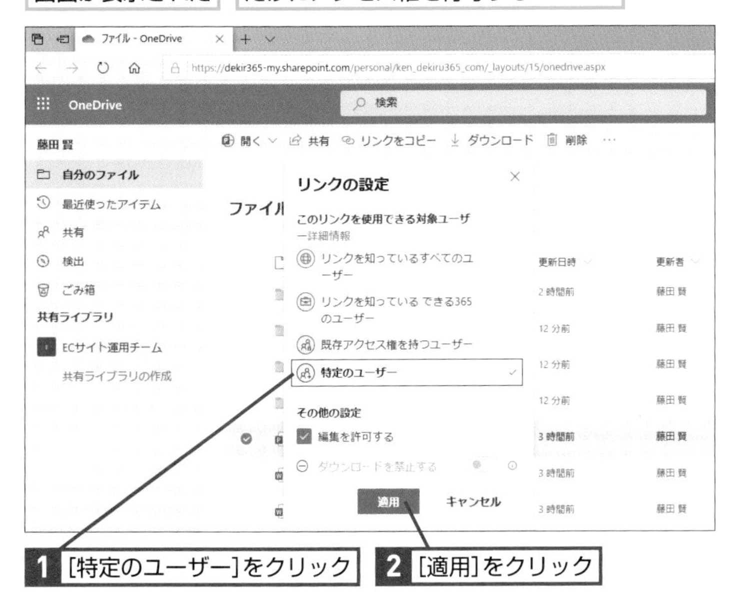

1 [特定のユーザー]をクリック

2 [適用]をクリック

4 メッセージを送信する

[リンクの送信]の画面に戻った

1 必要に応じてメッセージを入力

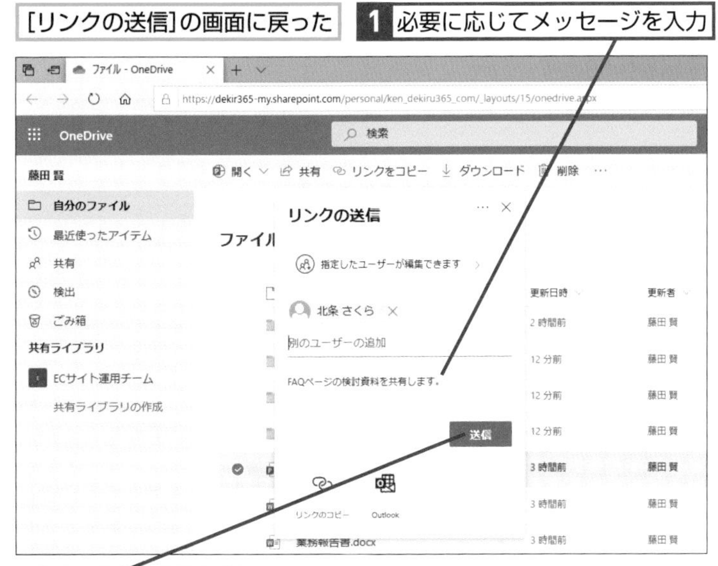

2 [送信]をクリック

送信完了の画面が表示されたら[×]をクリックする

HINT! 権限を変更するには

OneDrive for Businessのファイル一覧にある［共有］欄の［共有］をクリックすると、権限の削除や変更ができます。

1 共有をクリック

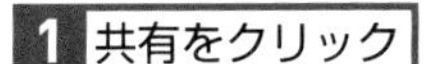

2 権限を変更したいリンクの[その他のオプション]をクリック

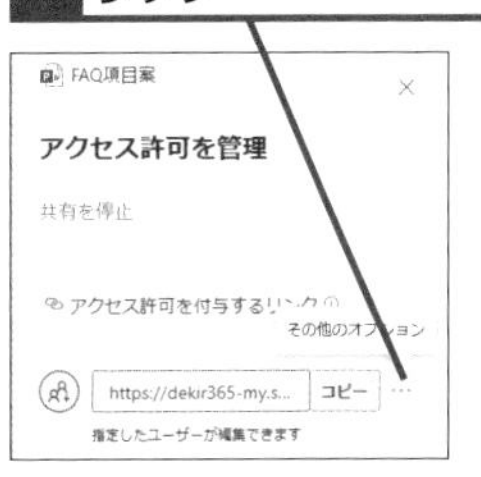

［編集可能］の∨をクリックすると、権限を変更できる

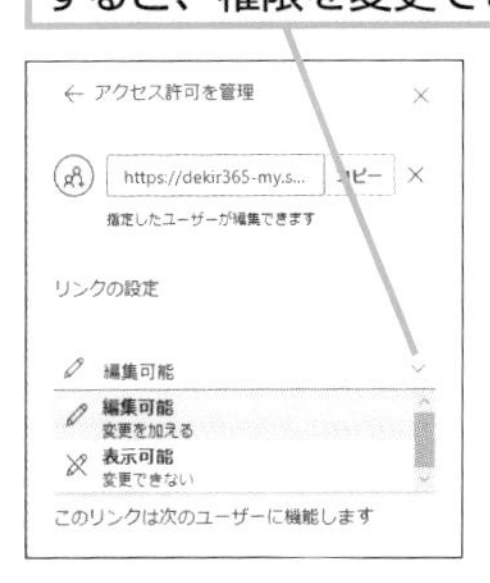

3 画面下の[保存]をクリック

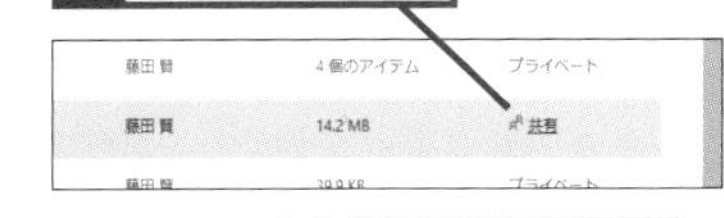

Point 相手の環境を意識せずにファイルを共有できる

在宅勤務で作業している人と共同作業を行うときも、クラウド上のファイルにインターネット経由でアクセスできるOneDrive for Businessなら、同じファイルを共有して作業できます。ワークスタイル変革を推し進める上で、OneDrive for Businessのこうした利点は大きな意味があります。

レッスン

25 OneDrive for Businessで社外の人にファイルを送るには

リンクを使ったファイルの共有

「メールには添付できないファイルを社外の人に送りたい」といった場面で便利なのが、URLの送付によるファイルの共有です。具体的な手順を見ていきましょう。

ファイルのリンクを取得する

1 共有するファイルを選択する

レッスン㉑を参考に、OneDrive for Businessを開いておく

1 共有するファイルをクリック

2 [リンクをコピー]をクリック

2 URLをクリップボードにコピーする

URLが表示された

1 [コピー]をクリック

2 [×]をクリック

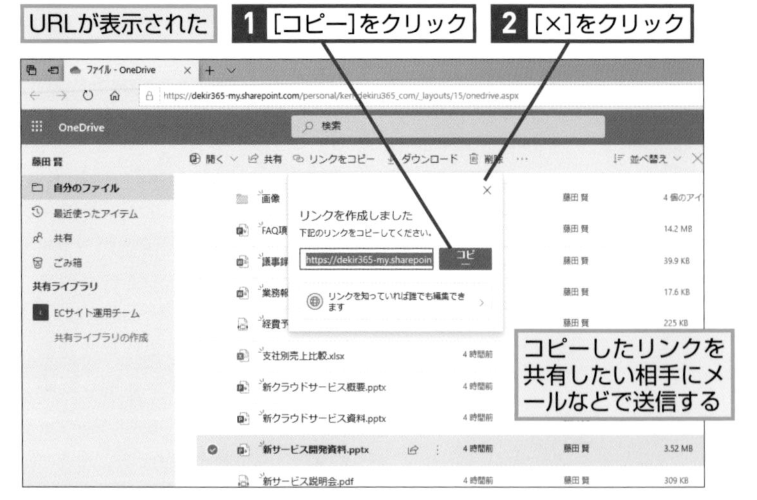

コピーしたリンクを共有したい相手にメールなどで送信する

HINT!

ZIPファイルを共有するとどうなるの？

リンクにアクセスすると、ZIPファイル内のファイル一覧がWebブラウザーに表示されます。画面左上の[ダウンロード] をクリックすると、ファイルをダウンロードできます。

HINT!

期限やパスワードを設定する

手順2の画面で［リンクを知っていれば誰でも編集できます］をクリックすると、割り当てる権限の種類を選択できるほか、リンクの有効期限やパスワードを指定できます。パスワードが設定されていると、正しいパスワードを入力しなければアクセスできません。

1 [リンクを知っていれば誰でも編集できます]をクリック

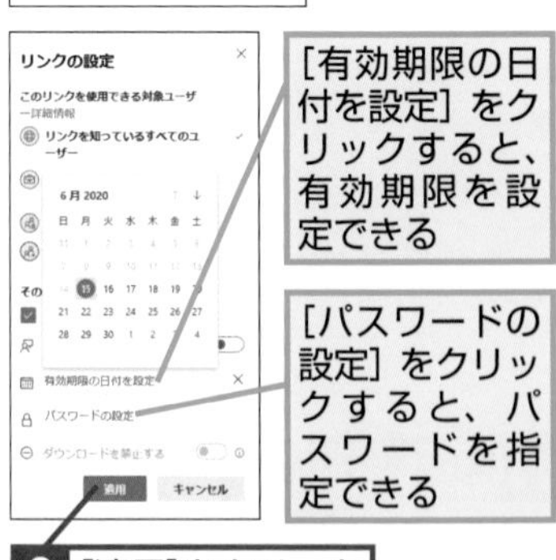

[有効期限の日付を設定] をクリックすると、有効期限を設定できる

[パスワードの設定] をクリックすると、パスワードを指定できる

2 [適用]をクリック

第4章 クラウド上でファイルを管理する

共有されたファイルをダウンロードする

1 ファイルのリンクにアクセスする

Webブラウザーを起動しておく

1 共有相手から受け取ったURLにアクセス

2 [ファイル]タブをクリック

2 ファイルをダウンロードする

ダウンロードのメニューが表示された

1 [形式を指定してダウンロード]をクリック

2 [コピーのダウンロード]をクリック

Webブラウザーの指示に従ってファイルをダウンロードする

HINT!

共有用リンクを無効にするには

作成した共有用リンクを無効にするには、ファイル一覧にある［共有］欄の［共有］をクリックした後、以下のように操作します。

レッスン㉔を参考に、[アクセス許可を管理]の画面を表示しておく

1 共有リンクの[その他のオプション]をクリック

2 [リンクの削除]をクリック

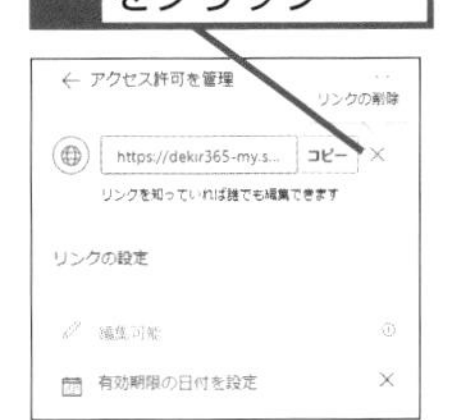

確認画面が表示されるので[リンクの削除]をクリックする

Point

ファイルの共有ではセキュリティに注意

社外の人とファイルを共有する場合、意図しない第三者にファイルが閲覧されることがないように注意しなければなりません。共有用URLをメールで送信するとき、あて先を十分に確認するのはもちろん、有効期限やパスワードの設定も検討しましょう。

レッスン

26 ファイルを以前の内容に戻すには

バージョン履歴

OneDrive for Businessには、間違って編集してしまったファイルの内容を元に戻すことができる「バージョン履歴」の機能が用意されています。

過去のバージョンを参照する

1 バージョン履歴を表示する

レッスン㉑を参考に、OneDrive for Businessを開いておく

1 バージョン履歴を表示するファイルを右クリック

2 過去のバージョンを復元する

当該ファイルのバージョンが表示された

1 復元するバージョンを右クリック

2 [復元]をクリック

HINT! バージョン履歴とは

ファイルの内容が更新された際、以前の内容を履歴として記録する機能がバージョン履歴です。OneDrive for Businessの場合、新規にファイルを作成したり、新しいファイルをアップロードしたりすると、最初のバージョンが作られます。そのファイルを編集する、あるいは同名のファイルをアップロードして上書き保存すると新しいバージョンが作られ、同時に過去の内容が履歴として記録される仕組みです。ファイルを間違って上書き保存した際、バージョン履歴の機能を使って過去のバージョンに戻すことで、以前の内容を復元できます。

③ 過去のバージョンのファイルが復元できた

指定したバージョンの内容が復元され、新しいバージョンとして更新された

テクニック 間違って削除したファイルを復旧する

OneDrive for Businessには「ごみ箱」の機能があり、間違って削除してしまったファイルを元に戻せます。さらに、ごみ箱からファイルを削除してしまった場合でも、[第2段階のごみ箱]に保存されている可能性があります。第2段階のごみ箱は、ごみ箱から削除したファイルが一時的に保存されるごみ箱であり、間違ってごみ箱から削除したファイルを復旧できる場合があります。

[ごみ箱]にあるファイルを選択して[復元]をクリックすると、ファイルを元に戻せる

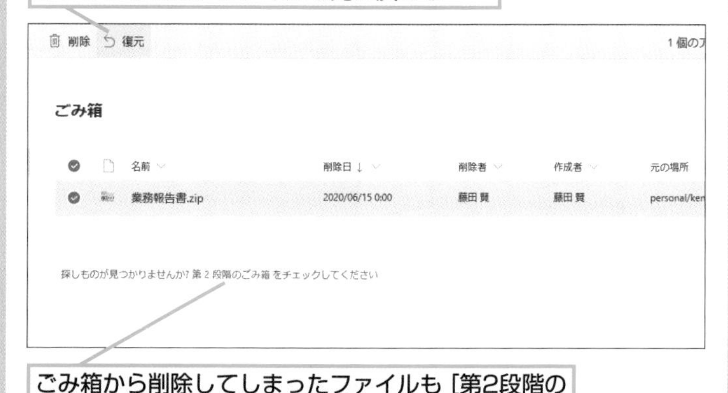

ごみ箱から削除してしまったファイルも[第2段階のごみ箱]に残っている可能性がある

HINT! 以前のバージョンの内容を確認するには

WordやExcel、PowerPointなどのファイルは、過去のバージョンの内容をアプリで開いて確認できます。

バージョン履歴を表示しておく

1 確認したいバージョンの番号をクリック

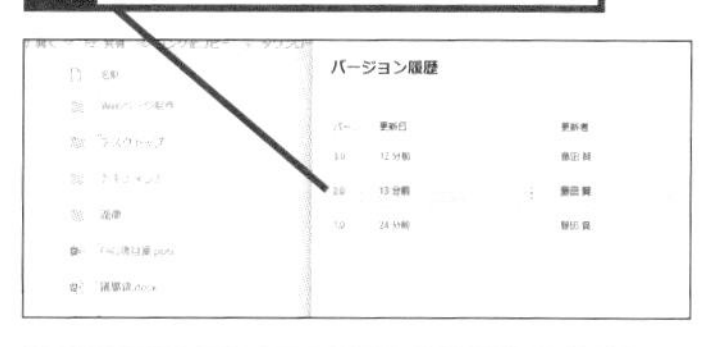

関連付けされているアプリが起動し、内容が表示された

Point 効率的な共同作業を実現するバージョン履歴

複数のユーザーで同じファイルを編集する際、過去の内容を記録として残しておくために、上書き保存せずにファイル名を変えて保存するケースがあります。ただ、似た名前のファイルがいくつも作られることになり、どれが最新のファイルかが分かりにくくなるのが欠点です。バージョン履歴の機能を備えたOneDrive for Businessなら、上書き保存を実行しても過去の内容が履歴として記録されるため、必ずしも別名で保存する必要がありません。また過去に誰がファイルを編集したのかが分かり、以前のファイル内容をすぐに確認できるのも便利です。

レッスン 27

OneDrive for Businessでファイルを編集するには

ファイルの編集

OneDrive for Business上のファイルは、デスクトップアプリか、「Office Online」というWebブラウザー上で利用するアプリで編集できます。

1 ファイルを表示する

レッスン㉑を参考に、OneDrive for Businessを開いておく

1 Office Onlineで開きたいファイルをクリック

2 ファイルを編集する

ファイルが表示された

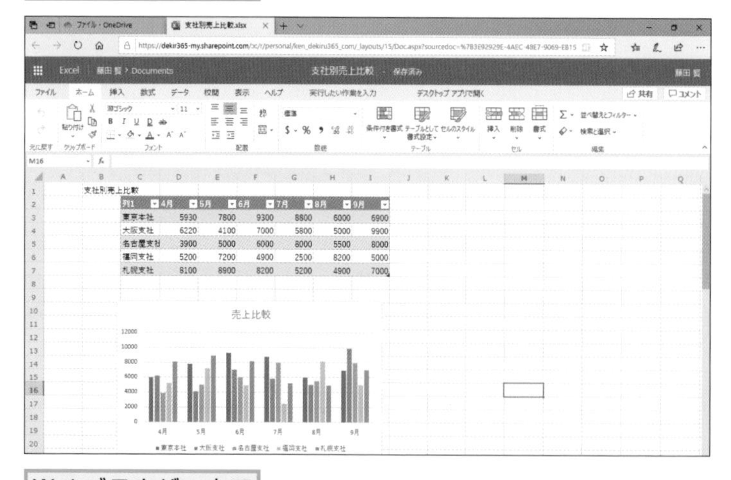

Webブラウザー上でファイルを編集できる

HINT! Office Online って何？

Webブラウザー上で利用するOfficeアプリケーションで、WordやExcel、PowerPoint、OneNoteの各ファイルを編集できます。デスクトップアプリが備えるすべての機能を使えるわけではありませんが、基本的な編集機能は備えられているため、外出先などでファイルを少し編集したいといった場面で便利です。

HINT! どうやってファイルを保存するの？

Office Onlineには上書き保存の機能はなく、内容を編集すると自動的に保存されます。別名で保存するには［ファイル］タブをクリックし、［名前を付けて保存］を選択します。

1 ［ファイル］タブをクリック

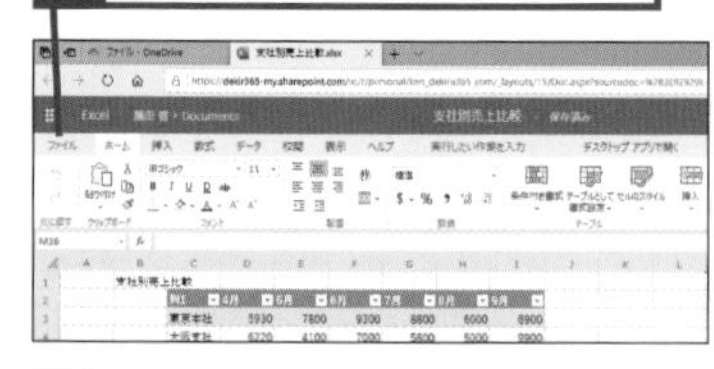

2 ［名前を付けて保存］をクリック

3 ［名前を付けて保存］をクリック

4 ファイル名を入力して保存

第4章 クラウド上でファイルを管理する

3 デスクトップアプリのExcelでファイルを編集する

ここではデスクトップアプリでファイルを開く

1 [デスクトップアプリで開く]をクリック

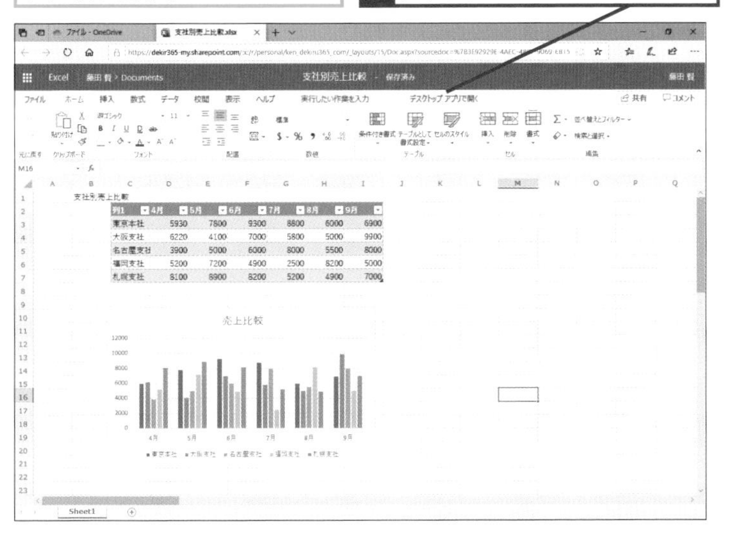

4 ファイルを閉じる

Excelが起動した

1 [閉じる]をクリック

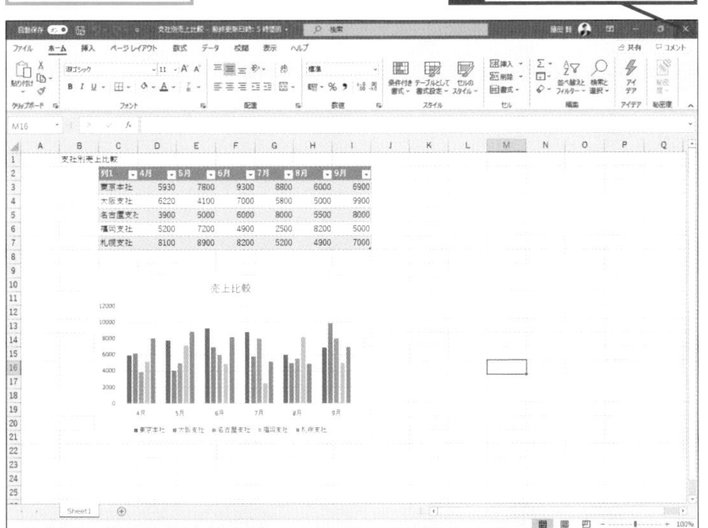

編集したファイルは、直接OneDrive for Businessに保存される

HINT!

ファイルを新規作成するには

Office Onlineを使って、新しいファイルの作成も可能です。

1 [新規]をクリック

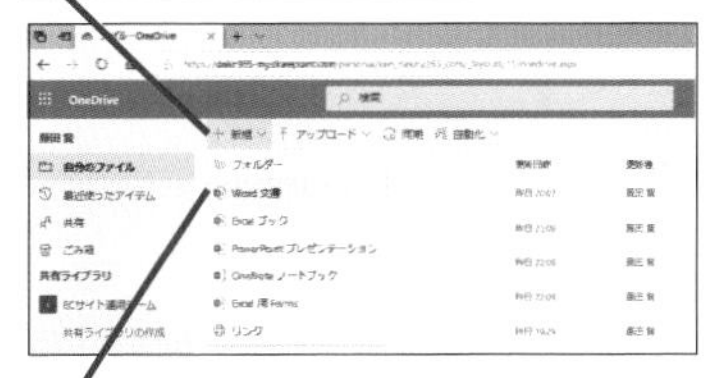

2 作成したいファイルの種類を選択

Office Onlineが起動し、新規ファイルが作成された

ここをクリックすると、ファイル名を変更できる

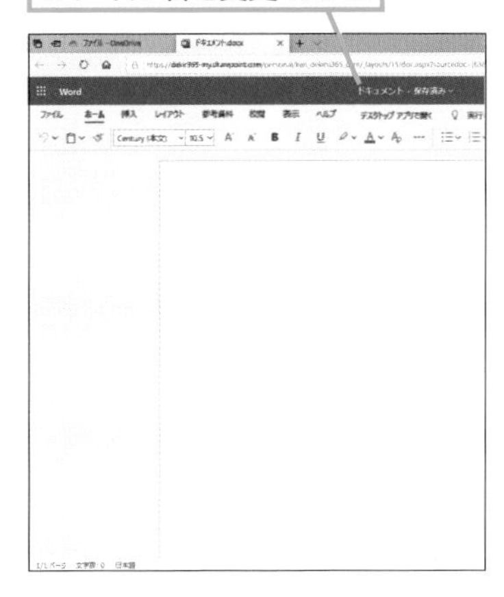

Point

OneDrive for Businessのファイルをすぐに編集できる

Office Onlineは、Officeアプリがインストールされていないパソコンやスマートフォン、タブレットでも使えるので手早くファイルを編集したいときに便利です。高度な機能を使って編集したい場合はデスクトップアプリ、ちょっとした修正ではOffice Onlineなどと使い分けるといいでしょう。

レッスン

28 OneDrive for Businessを使って共同編集するには

共同編集

OneDrive for Businessでは、同じファイルを複数のユーザーで同時に編集可能です。PowerPointのファイルを共有して共同作業をする例を紹介します。

Office Onlineで共同編集する

1 ユーザーを追加する

レッスン㉗を参考に、共同編集するファイルをOffice Onlineで開いておく

1 [共有]をクリック

2 ファイルを共有する

[共有]の画面が表示された

1 共有相手の名前やメールアドレスの一部を入力し、候補から共有相手を選択

2 必要に応じてメッセージを入力

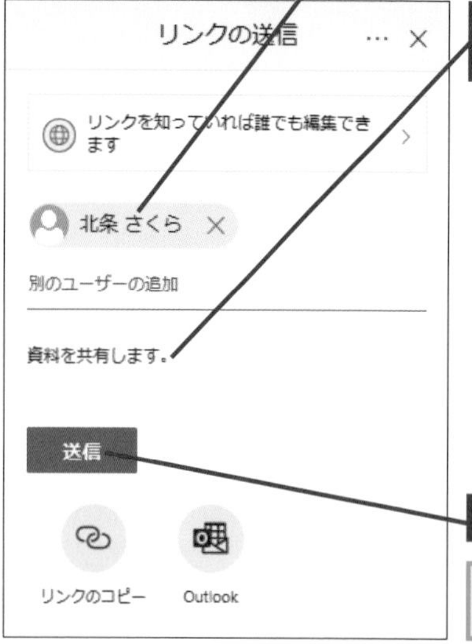

3 [送信]をクリック

送信完了の画面が表示されたら、[×]をクリックしておく

HINT! すでにファイルを共有している場合は

すでに共有しているファイルを共同で編集する場合、Office Onlineやデスクトップアプリで改めてファイルを共有する必要はありません。共有されたファイルを複数のユーザーで同時に開くだけで、共同編集ができます。

HINT! 共有した相手を確認するには

レッスン㉔の方法でファイルを共有した場合と同様に、OneDrive for Business上で当該ファイルの［共有］をクリックすると、共有しているユーザーの一覧を確認できます。権限の変更や共有の停止も同様に設定できます。

HINT! 共有されたファイルを開くには

ファイルまたはフォルダーの共有を知らせるメールの本文で、［開く］をクリックします。また、OneDrive for BusinessのWebサイトの左側にある［自分と共有］をクリックすると、共有されているファイルやフォルダーの一覧が表示されます。

3 共有されたことを確認する

ファイルが共有された

共有相手が編集作業を行っているときは、ここに表示される

デスクトップアプリで共有する

1 デスクトップアプリで共有する

レッスン㉗を参考に、OneDrive for Business上のファイルをデスクトップアプリで開いておく

1 [共有]をクリック

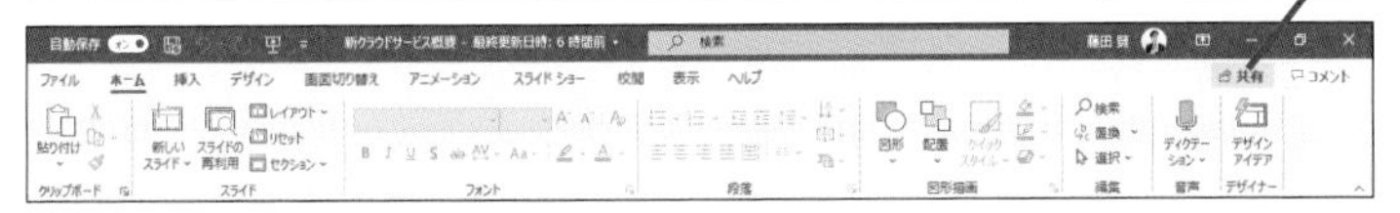

[リンクの送信]の画面が表示された

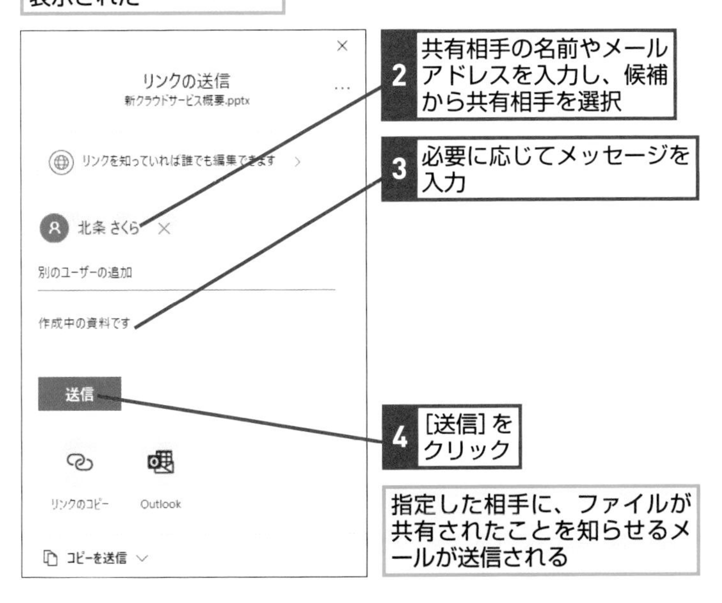

2 共有相手の名前やメールアドレスを入力し、候補から共有相手を選択

3 必要に応じてメッセージを入力

4 [送信]をクリック

指定した相手に、ファイルが共有されたことを知らせるメールが送信される

HINT!

デスクトップアプリで共同編集するとどうなるの？

デスクトップアプリを使って共同編集を行うと、同時に編集している相手のユーザー名がウィンドウ上に表示されます。

ここをクリックすると、共有相手が編集していることを確認できる

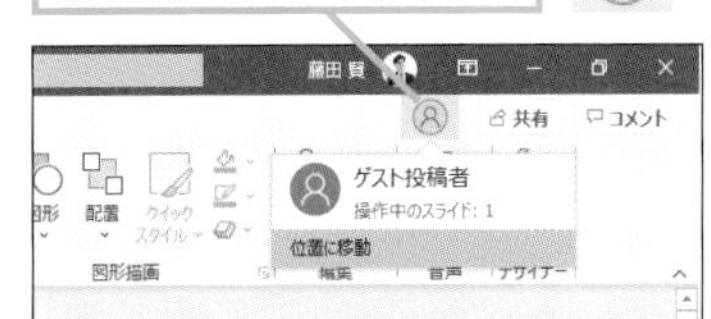

Point

テレワーク時でも共同作業ができる

複数のユーザーで1つの書類を作成する場合、従来であればユーザーごとに担当範囲のファイルを作成し、それを最後に1つのファイルにまとめるのが一般的でした。しかしOneDrive for BusinessとOffice Online、またはデスクトップアプリのOfficeを組み合わせることで、ユーザーごとにファイルを分けずに共同作業が可能になります。最後に1つのファイルにまとめる手間もありません。特にテレワークのように、離れた場所で共同作業を行いたいケースでは非常に便利でしょう。

この章のまとめ

OneDrive for Businessで作業効率を向上

OneDrive for Businessを使う大きなメリットとして、ファイルが保存されている場所を意識する必要がなくなることが挙げられます。例えばオフィスで作成したファイルを別の場所のパソコンで編集したいといった場合、ファイルをOneDrive for Business上に保存しておけば、いちいちUSBメモリーでファイルを持ち歩いたり、自分あてにメールを送信したりする必要はありません。USBメモリーなどによるファイルの持ち運びには、盗難や紛失のリスクがあることを考えると、セキュリティ面でもメリットがあるといえるでしょう。

ほかのユーザーと手軽にファイルを共有できることもOneDrive for Businessの大きな利点です。オフィスの外からでも共有されたファイルにアクセスできるメリットがあるほか、バージョン履歴の機能によって共有したファイルを誰がどのように編集したのかも確認できます。また、メールに添付できないファイルを社外の人に送るときにも便利です。

第5章 チーム内でコミュニケーションする

複数のメンバーでチームを組んで作業するといった場面で、積極的に活用したいのが「Microsoft Teams」です。Microsoft Teamsには、チャットを中心としたコラボレーションのための機能のほか、チーム作業を効率的に行うための工夫が盛り込まれています。メーリングリストに代わる、新たなチームでの情報共有のための手段として有効でしょう。

●この章の内容

レッスン
29 Microsoft Teamsって何？

Microsoft Teams

複数のユーザーでの共同作業に使える、チャットやファイル共有などの機能を備えたコミュニケーションツールが「Microsoft Teams」です。

チームでの共同作業をサポート

「Microsoft Teams」は、複数のユーザーで共同作業を行うためのコラボレーションツールです。チームや特定のユーザーと短いテキストをやりとりするチャット機能により、気軽にコミュニケーションできます。さらにファイルを共有する機能も用意されており、部署やプロジェクトチームで共同作業を進めていくための基盤としても活用できるでしょう。

音声や映像によるリアルタイムコミュニケーションや、複数のユーザーでオンライン会議を行うための機能を備えていることも大きなポイントです。これらの機能を使えば、テレワーク中であっても同僚と会話をしたり会議に参加したりできるため、働き方改革を推進する上でも役立ちます。

テレワークでは、コミュニケーション不足が課題となることが少なくありません。しかし気軽にコミュニケーションが可能なMicrosoft Teamsを使えば、テレワークでも細かく意思疎通を図りながら業務を進められるでしょう。

キーワード

Microsoft Teams	p.215
チャット	p.216

HINT!

Microsoft Teamsとは

チャットや音声／映像によるリアルタイムコミュニケーション、オンライン会議のための機能を備えたコラボレーションツールです。従来はコミュニケーションツールとして「Skype for Business」がありましたが、そこで提供されていた機能はMicrosoft Teamsに統合されました。そのため、今後はMicrosoft TeamsがMicrosoft 365におけるコミュニケーション／コラボレーションの基盤となります。

HINT!

Microsoft Teamsが使えるエディションとは

Microsoft 365 Business Basic ／ Business Standard ／ Microsoft 365 Business Premiumのほか、大企業向けのMicrosoft 365 F3 ／ E3 ／ E5で利用できます。

豊富なチャット機能

Microsoft Teamsのチャット機能は、単にメッセージを送信できるだけでなく、絵文字やGiphyもサポートしています。ユニークなのは「ステッカー」と呼ばれる機能で、スマートフォンのメッセージアプリなどで提供されているスタンプのような画像を送ることができます。また、投稿されたメッセージに対して「いいね！」を送ることもできます。

絵文字を使って感情や気持ちを表現できる

Microsoft Teamsで気軽にオンライン会議

Microsoft Teamsを使えば、複数のユーザーと気軽にオンライン会議を設定できるので、お互いの場所を気にせずに打ち合わせできます。さらに社外の人とのオンライン会議にも利用できます。オンライン会議では映像や音声を使ってコミュニケーションできるのはもちろん、デスクトップやウィンドウの内容を共有することが可能なため、同じ資料を参照しながら会議や打ち合わせを進められます。

デスクトップやウィンドウの画面、PowerPointなどのファイルを共有しながらオンライン会議ができる

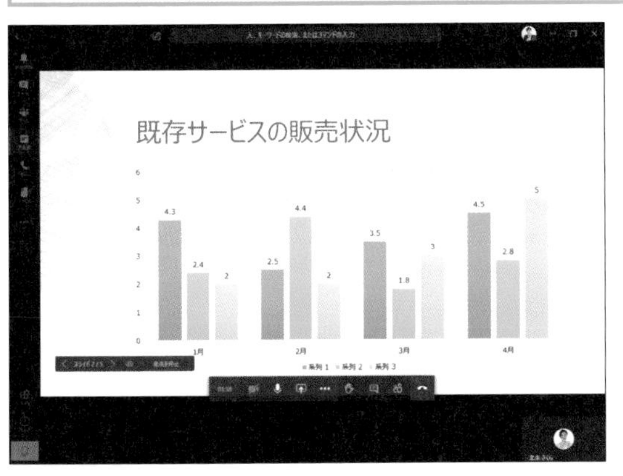

HINT!

Giphyって何？

インターネット上に存在するGIFファイルを検索できるサービスがGiphyです。Microsoft Teamsでは、Giphyを使ってアニメーションGIFなどを検索し、チャットに投稿することができます。

数多くのGIFから好みのものを検索してチャットで送信できる

Point

Microsoft Teamsでコミュニケーションを効率化

短い文章でやりとりを行うMicrosoft Teamsのチャットは、メールのように余計な文章を入力する手間がなく、迅速に意思疎通を図れることが大きなメリットです。すでに多くの企業が社内コミュニケーションツールとしてMicrosoft Teamsを活用しており、今後はビジネスシーンでもチャットが広まる可能性は高いといえるでしょう。また、移動することなくその場で会議や打ち合わせが行えるオンライン会議も、コミュニケーションの効率化に有効です。

レッスン

30 Microsoft Teamsをデスクトップで使うには

デスクトップアプリ

Microsoft TeamsはWebブラウザーでアクセスして利用できるほか、Windowsにインストールして使える専用のデスクトップアプリも提供されています。

デスクトップアプリのインストール

Microsoft 365からデスクトップ版のOfficeアプリをインストールすると、同時にMicrosoft Teamsのデスクトップ版もインストールされます。デスクトップ版のOfficeアプリが付属していないサブスクリプションを利用している場合や、Officeアプリをインストールせずに Microsoft Teamsだけを利用したい場合は、以下の手順でMicrosoft Teamsだけをインストールします。

1 Microsoft Teamsにアクセスする

レッスン❼を参考に、Microsoft 365のポータル画面を表示しておく

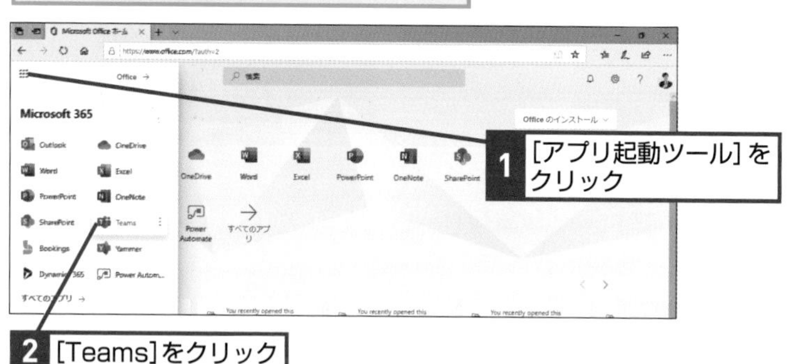

1 [アプリ起動ツール]をクリック

2 [Teams]をクリック

2 デスクトップアプリをダウンロードする

デスクトップアプリの入手画面が表示された

1 [Windowsアプリを入手]をクリック

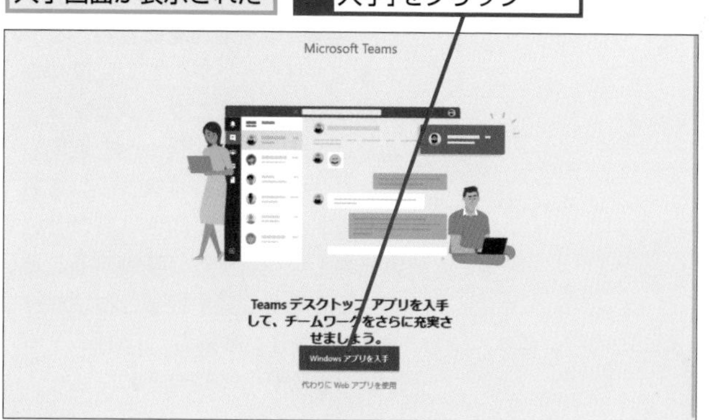

HINT!

自動起動しないように設定するには

Microsoft Teamsのデスクトップアプリは、自動的にバックグラウンドで起動し、アプリを終了してもメッセージが投稿されたことなどを通知するために実行され続けますが、これらは設定で変更が可能です。

1 ここをクリック

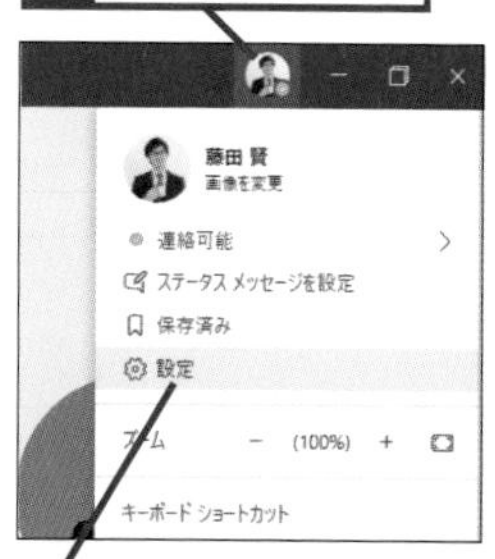

2 [設定]をクリック

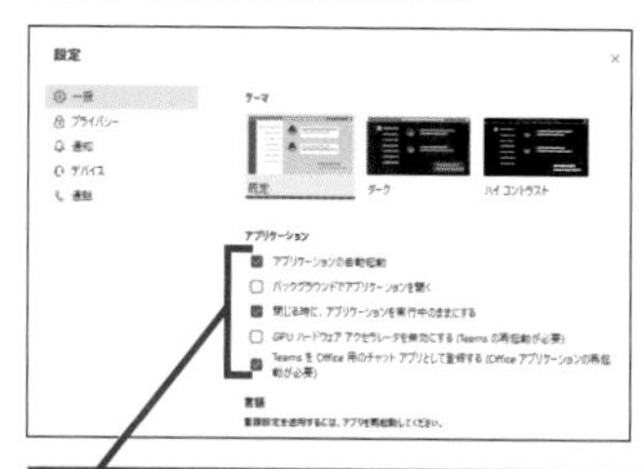

3 それぞれの項目をクリックしてチェックマークをはずす

設定が完了したら[×]をクリックする

第5章 チーム内でコミュニケーションする

③ インストーラーを実行する

インストーラーを実行してアプリをインストールする

1 [実行]をクリック

Teams_windows_x64.exe (93.7 MB) について行う操作を選んでください。
場所: statics.teams.cdn.office.net
実行　保存　キャンセル

④ Microsoft Teamsにサインインする

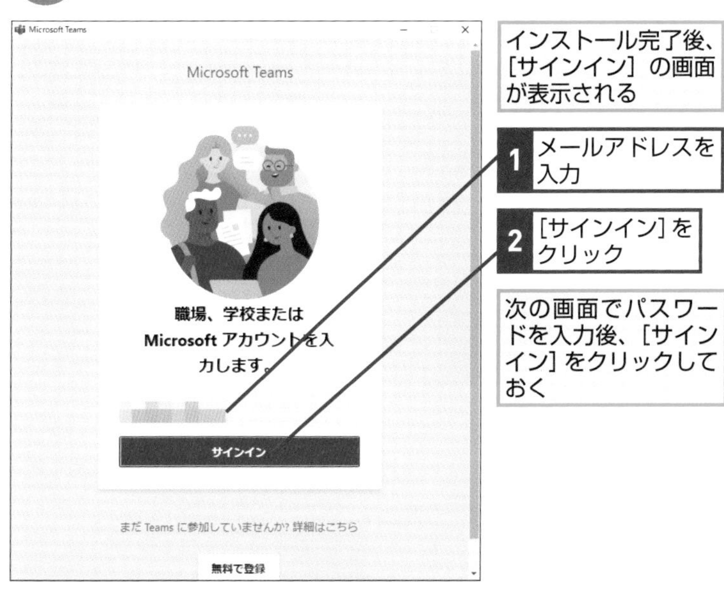

インストール完了後、[サインイン]の画面が表示される

1 メールアドレスを入力

2 [サインイン]をクリック

次の画面でパスワードを入力後、[サインイン]をクリックしておく

[すべてのアプリにサインインしたままにする]の画面が表示されたら[組織がデバイスを管理できるようにする]をクリックしてチェックマークを付け、その後[OK]をクリックするか、[いいえ、このアプリのみにサインインします]をクリックする

⑤ Microsoft Teamsにサインインできた

Microsoft Teamsのデスクトップアプリが表示された

[OfficeでTeamsを設定するためのもう1ステップ]画面が表示されたら[やってみましょう]をクリックし、[ユーザーアカウント制御]ダイアログボックスで[はい]をクリックする

HINT! 通知方法を変更するには

Microsoft Teamsのデスクトップアプリでは、メッセージの種類ごとにユーザーへの通知方法を設定できます。通知方法には、[バナー][フィードにのみ表示][バナーとメール][オフ]のいずれかを選べます。

1 ここをクリック

2 [設定]をクリック

3 [通知]をクリック

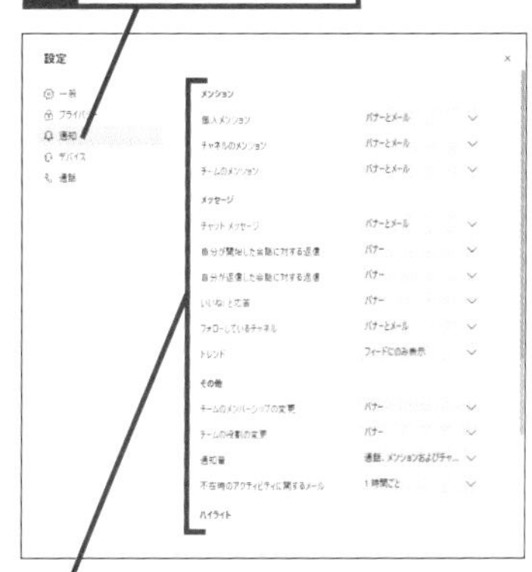

4 メッセージの種類ごとに通知方法を選択

設定が完了したら[×]をクリックする

Point 円滑なやりとりを可能にするデスクトップアプリ

Microsoft Teamsは、Webブラウザーでほとんどの作業ができますが、毎回Webブラウザーでアクセスしなければならないのが難点です。チーム内のコミュニケーションを円滑に進めるためにデスクトップアプリの利用を検討しましょう。

レッスン 31

Microsoft Teamsでワークスペースを作成するには

チームを作成

Microsoft Teamsでは、共同作業するチームごとに「ワークスペース」を作成します。このレッスンでは、ワークスペース（チーム）の作成方法について解説します。

1 Microsoft Teamsを起動する

Windowsの［スタート］メニューからMicrosoft Teamsを起動する

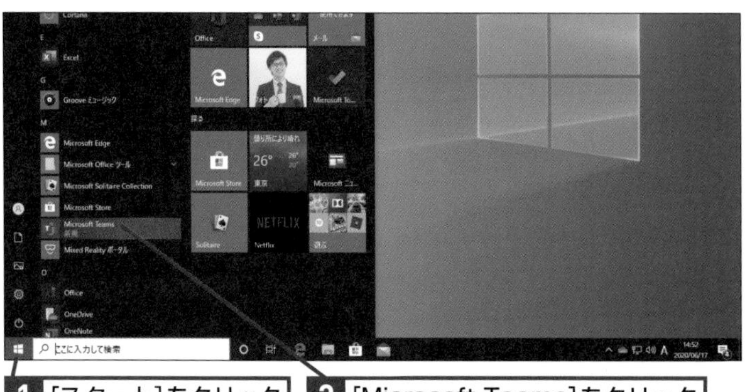

1 ［スタート］をクリック

2 ［Microsoft Teams］をクリック

2 チームの作成画面を表示する

Microsoft Teamsが起動した

ようこそ画面が表示されたときは、［始めましょう！］をクリックする

1 ［チーム］をクリック

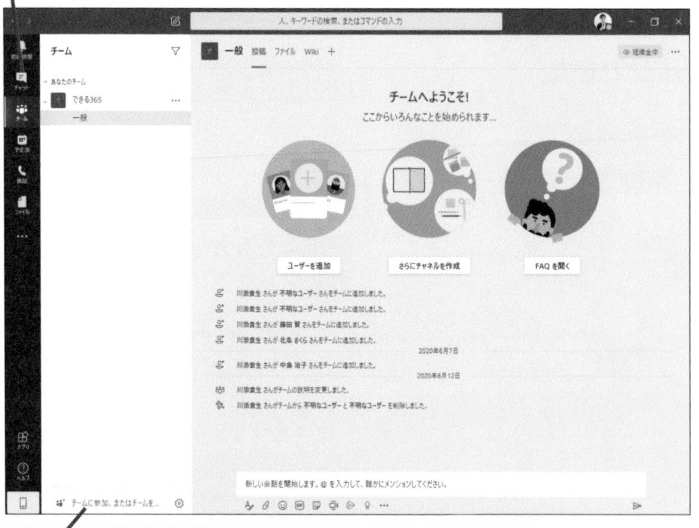

2 ［チームに参加、またはチームを作成］をクリック

HINT! ワークスペースって何？

Microsoft Teamsを使って共同で作業するメンバーごとに作成するのがワークスペースです。通常は企業内の部や課、プロジェクトチーム単位で作成します。

HINT! チームの「コード」とは

以下の手順でチームのコードを発行し、メンバーに参加してもらうこともできます。コードを利用してチームに参加するには、手順3の画面で［コードでチームに参加する］にある［コードを入力］にコードを入力して［チームに参加］をクリックします。

1 ［その他のオプション］をクリック

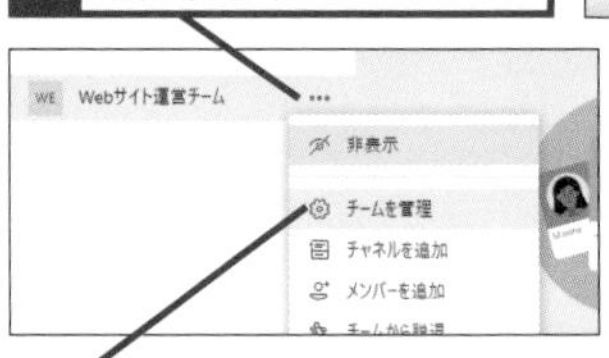

2 ［チームを管理］をクリック

3 ［設定］をクリック

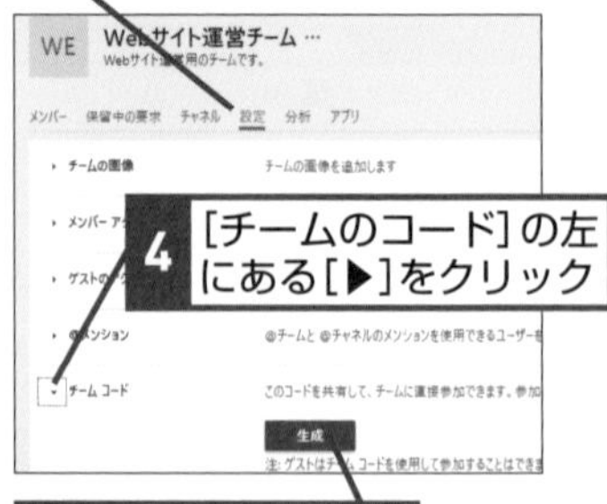

4 ［チームのコード］の左にある［▶］をクリック

5 ［生成］をクリック

表示されたコードをメールなどで配布する

3 新しいチームを作成する

[チームに参加、またはチームを作成]の画面が表示された

1 [チームを作成]をクリック

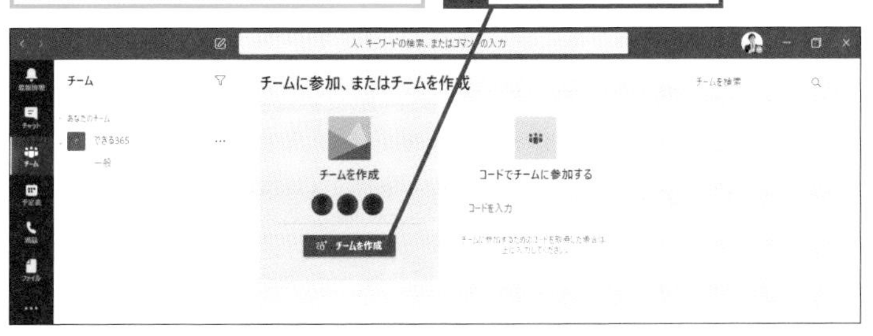

[チームを作成]の画面が表示された

2 [初めからチームを作成する]をクリック

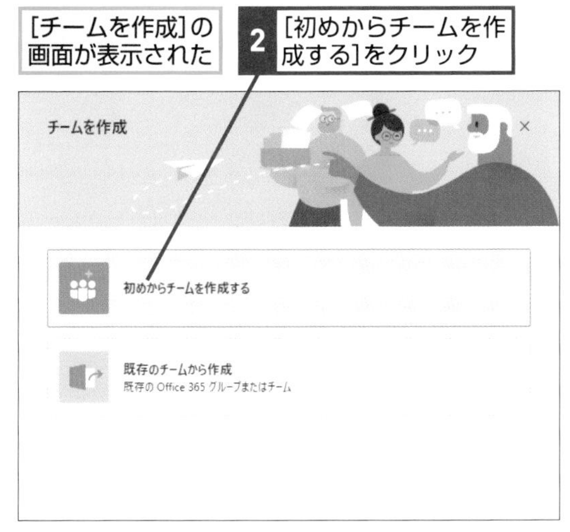

4 チームの種類を選択する

作成するチームの種類を選択する画面が表示された

ここでは[プライベート]のチームを作成する

1 [プライベート]をクリック

HINT!
[既存のチームから作成]をクリックするとどうなるの？

手順3の2つ目の画面で［既存のチームから作成］をクリックすると、すでに作成されているチームの設定を引き継いで新しいチームが作れるほか、レッスン⓳で解説したグループを使ってチームを作成することができます。

HINT!
ワークスペースにはパブリックとプライベートの2種類がある

ワークスペースには、社内のMicrosoft 365ユーザー全員が閲覧できる「パブリック」と、登録したメンバーしか閲覧できない「プライベート」があり、手順4でいずれかを選択します。

次のページに続く

5 チームの名前を設定する

チーム名と説明を入力する画面が表示された

1 チームの名前を入力

2 チームの説明を入力

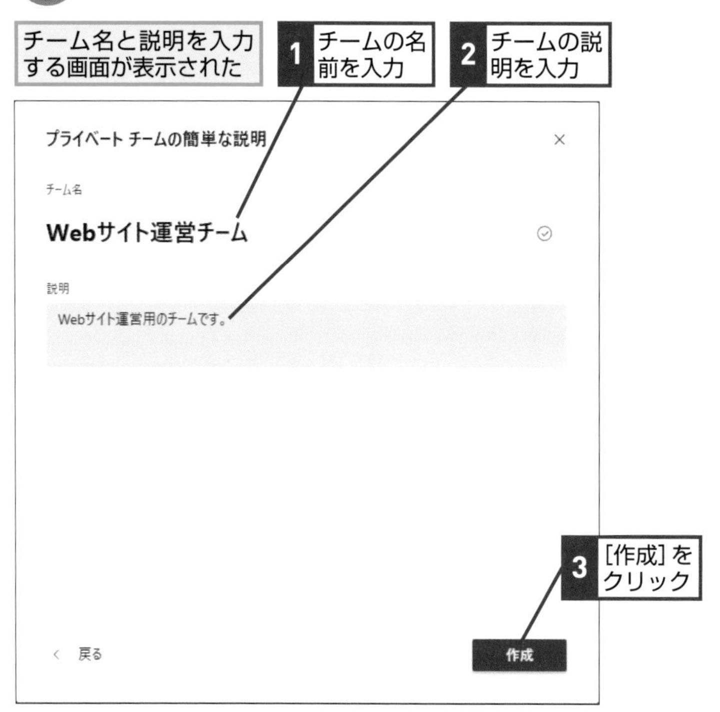

3 [作成]をクリック

6 チームのメンバーを登録する

メンバーの追加画面が表示された

1 チームに登録したいメンバーの名前の一部を入力

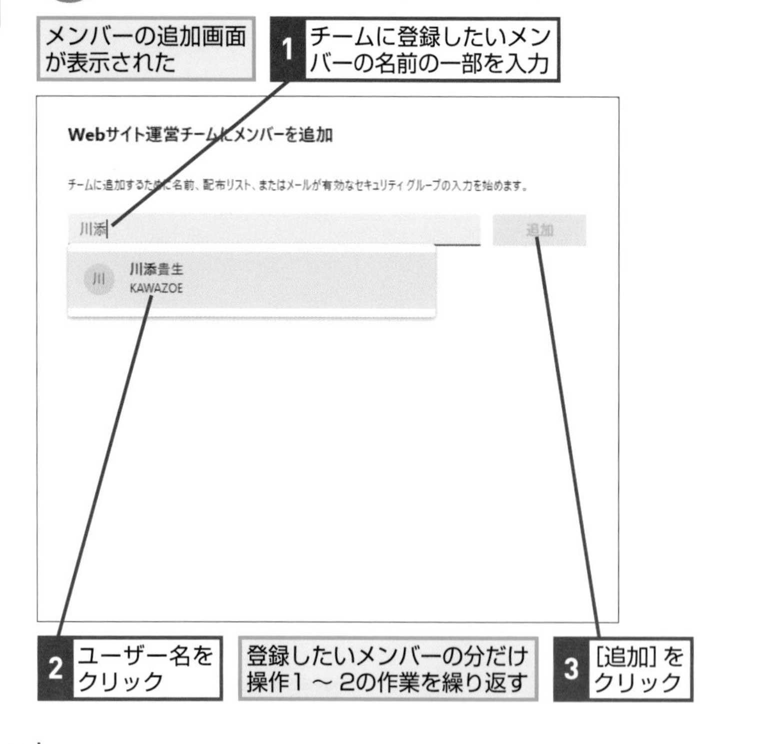

2 ユーザー名をクリック

登録したいメンバーの分だけ操作1～2の作業を繰り返す

3 [追加]をクリック

HINT! ワークスペースにアイコン画像を設定するには

チームの管理画面から、チームのアイコンの画像を登録できます。

1 [その他のオプション]をクリック

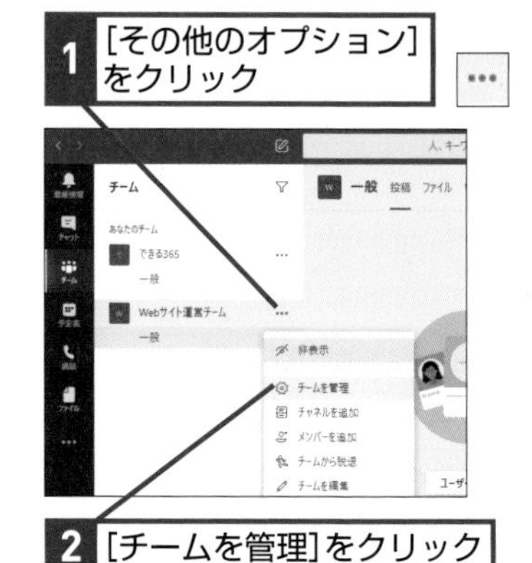

2 [チームを管理]をクリック

管理画面が表示された

3 [チームの画像]の左にある[▾]をクリック

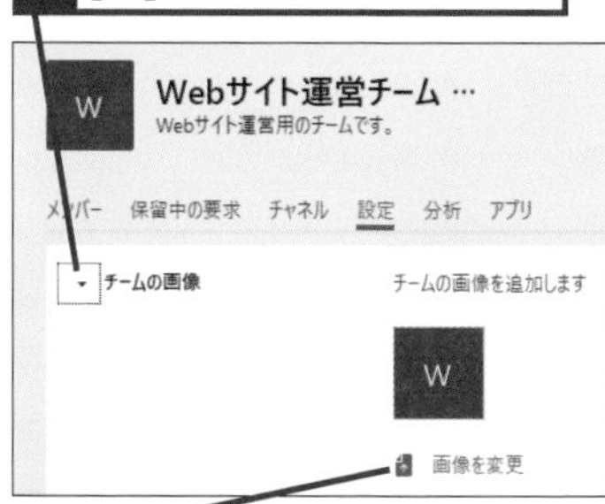

4 [画像を変更]をクリック

[画像を変更]の画面が表示された

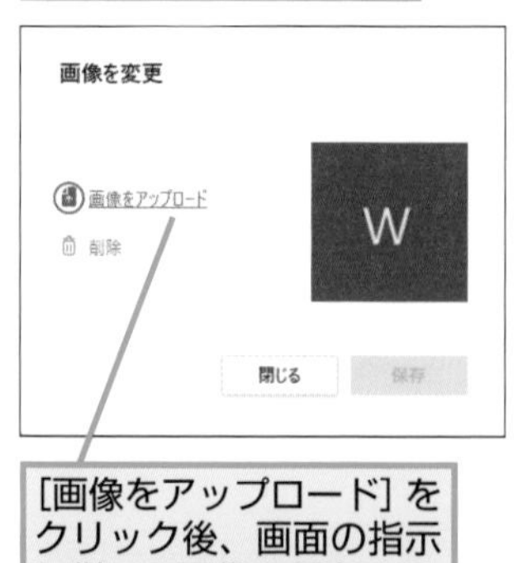

[画像をアップロード]をクリック後、画面の指示に従って画像を保存する

第5章 チーム内でコミュニケーションする

7 追加したメンバーを確認する

メンバーが登録された

1 [閉じる]をクリック

8 ワークスペースが作成された

ワークスペースが作成された

HINT!

メンバーは後から追加できる

手順6ではワークスペースの作成途中でメンバーを登録しています。ワークスペースの作成後でも新たなメンバーを追加できるため、[スキップ]をクリックして操作を進めても構いません。

HINT!

ほかの人が作成したワークスペースに追加されたときは

ほかのユーザーが作成したワークスペースに自分がメンバーとして登録されると、[最新情報]の一覧に通知されます。

メンバーに追加されたことが通知された

Point

プロジェクトチームごとにワークスペースを作ろう

Microsoft Teamsは便利なツールですが、異なる作業を行っているチームが同じワークスペースでチャットをしたりファイルを共有したりすると、チャットの会話が入り乱れたり、作業に必要なファイルを見つけにくくなったりする弊害が生じます。そのため、プロジェクトの作業内容や目的が異なるのであれば、メンバーが同じでも別のワークスペースを作るようにしましょう。

レッスン

32 Microsoft Teamsでチャネルを追加するには

チャネルを追加

Microsoft Teamsのワークスペースでは、「チャネル」と呼ばれる仕組みを利用し、共同作業の内容やディスカッションのテーマごとに整理できます。

チャネルを作成する

1 チャネル作成画面を表示する

レッスン㉛を参考に、Microsoft Teamsを起動しておく

1 [チーム]をクリック

2 チャネルを追加したいワークスペースの[その他のオプション]をクリック

3 [チャネルを追加]をクリック

2 チャネルの詳細を設定する

チャネルの作成画面が表示された

1 チャネルの名前を入力

2 必要に応じてチャネルの説明を入力

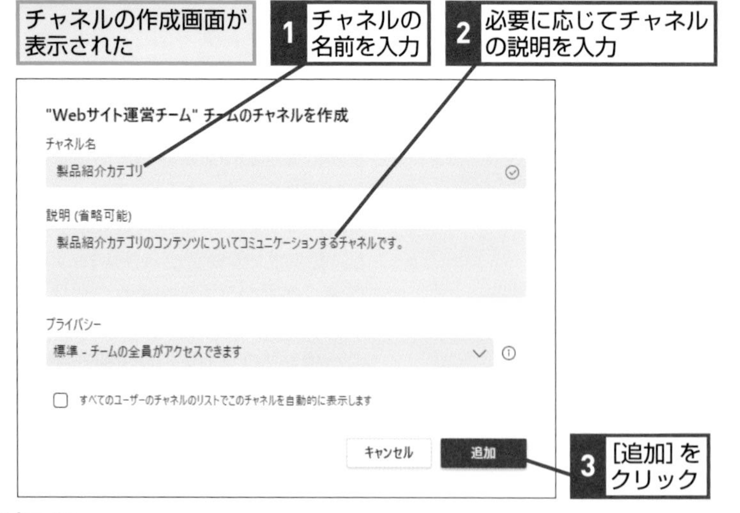

3 [追加]をクリック

HINT! チャネルって何?

チャネルとは、ワークスペース内でチャットの内容や共有ファイルを分類するための仕組みです。ワークスペースを作成すると標準で[一般]というチャネルが作成されますが、ユーザーは自由にチャネルを追加できます。

HINT! チャネルの名称を変更するには

チャネル名の[その他のオプション]をクリックし、[このチャネルを編集]を選択すると、チャネルの名前や説明を変更できます。

1 [その他のオプション]をクリック

2 [このチャネルを編集]をクリック

チャネル名や説明の編集画面が表示された

3 必要に応じてチャネル名や説明の内容を修正

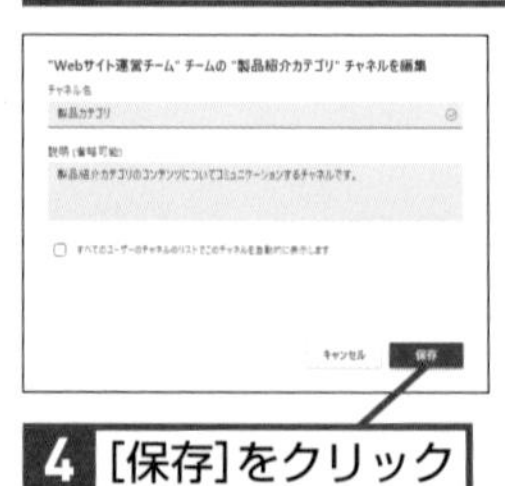

4 [保存]をクリック

③ チャネルの作成が完了した

作成したチャネルが表示された

チャネルを切り替える

① チャネルを切り替える

ワークスペース名をクリックすると、チャネルの表示と非表示を切り替えられる

1 ワークスペース名をクリック

チャネルの一覧が表示された

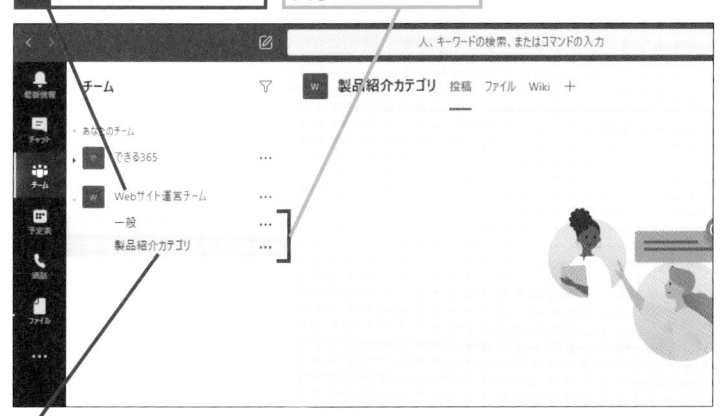

2 切り替えたいチャネルをクリック

チャネルが切り替わる

HINT! チャネルを削除するには

作成したチャネルは、以下の手順で削除できます。ただし、そのチャネルで行われたチャットの内容はすべて削除されるため注意しましょう。

1 削除するチャネルの[その他のオプション]をクリック

2 [このチャネルを削除]をクリック

確認画面が表示された

3 [削除]をクリック

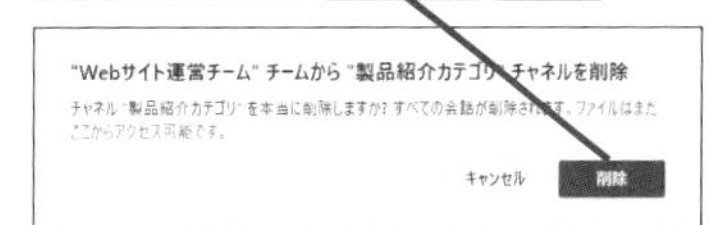

Point チャネルを使って話題を整理する

Microsoft Teamsを使ってメンバー内でチャットを行う際、さまざまな話題を同じ画面で行うと必要なメッセージが見つけられないなど見通しが悪くなりがちです。そこで利用したいのがチャネルです。ディスカッションする内容別にチャネルを分けると、どのようなやりとりが行われているかを把握しやすくなります。

レッスン

33 Microsoft Teamsでメッセージを送るには

メッセージの送受信

メンバー間のコミュニケーションを促進するのが、Microsoft Teamsに用意されているチャットの機能です。メールよりも迅速に意思疎通できるメリットがあります。

メッセージを投稿する

1 入力したメッセージを投稿する

ワークスペースのいずれかのチャネルを表示しておく

1 メッセージボックスをクリック

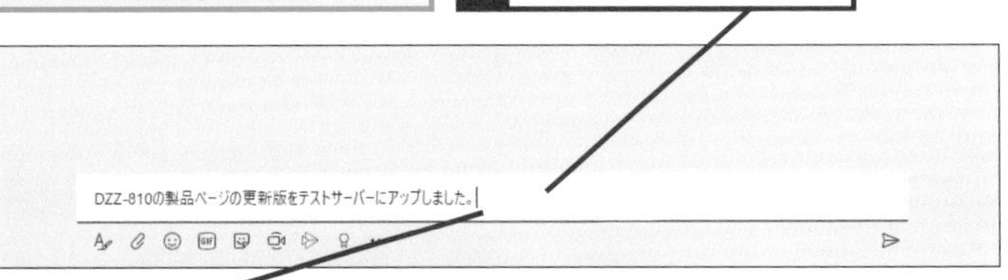

2 メッセージを入力

3 Enter キーを押す

2 メッセージが投稿された

入力したメッセージが投稿された

HINT! 絵文字やGIFアニメーション、ステッカーを投稿するには

メッセージボックスの下にある、[絵文字][Giphy][ステッカー]のいずれかのボタンをクリックすると、絵文字やGIFアニメーション、ステッカーの一覧が表示されます。絵文字の場合、以下のように操作しましょう。

1 [絵文字]をクリック

絵文字の一覧が表示された

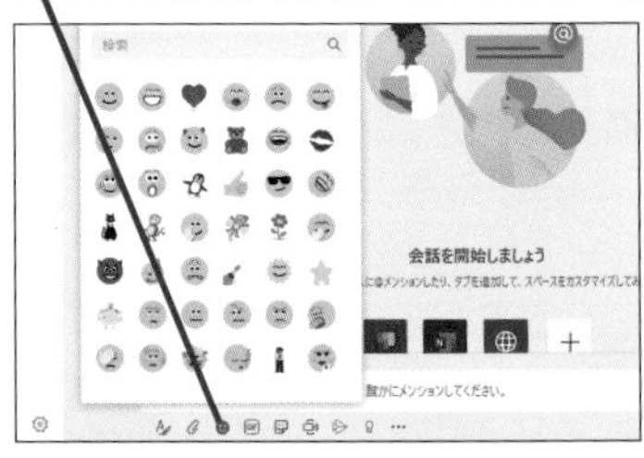

クリックでメッセージボックスに絵文字が挿入される

HINT! 投稿されたメッセージに「いいね！」を送るには

Microsoft Teamsでは、投稿されたメッセージに「いいね」や「ステキ」「笑い」などのアイコンを送れます。

1 「いいね！」を送るメッセージにマウスポインターを合わせる

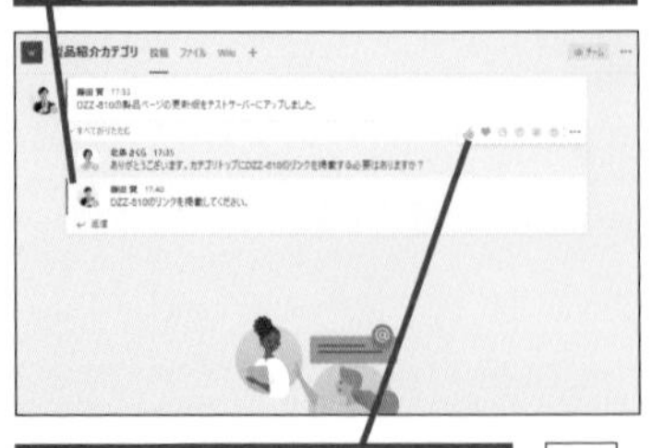

2 [いいね！]をクリック

第5章 チーム内でコミュニケーションする

投稿されたメッセージに返信する

1 返信メッセージを入力する

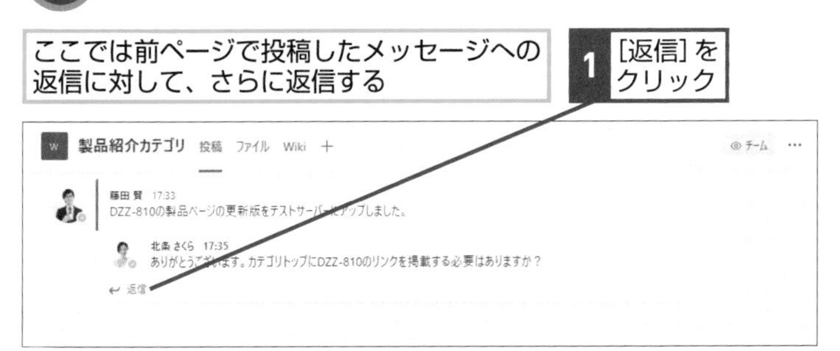

2 返信メッセージを投稿する

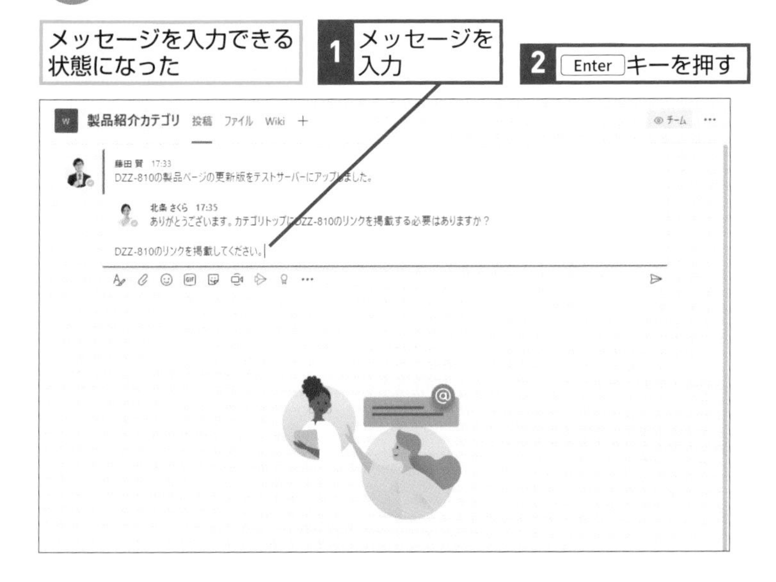

3 返信メッセージが投稿された

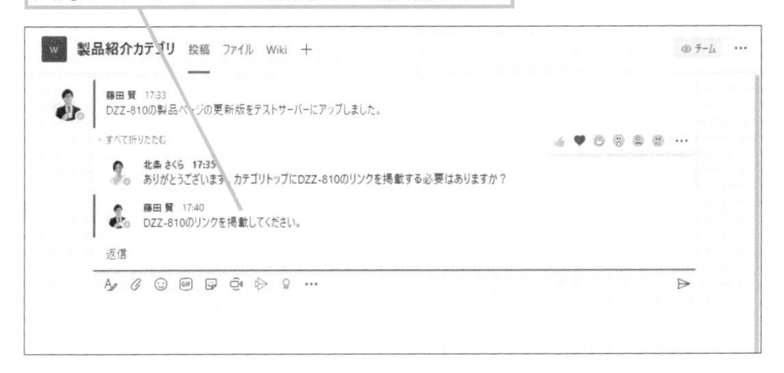

HINT!

メンション付きでメッセージを送る

特定のメンバーに対してメッセージを送るときに利用したいのがメンションの機能です。メンション付きでメッセージを送信すると、誰あてのメッセージかが明確になり、設定に応じて通知されるため、相手が気付きやすくなります。

1 メッセージ欄に［@］を入力し、続けて相手の名前やメールアドレスの一部を入力

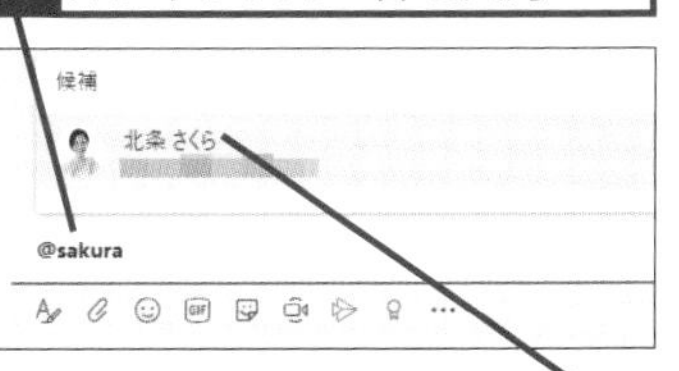

2 候補から相手を選択

メッセージ欄にメンバーの名前が自動で入力された

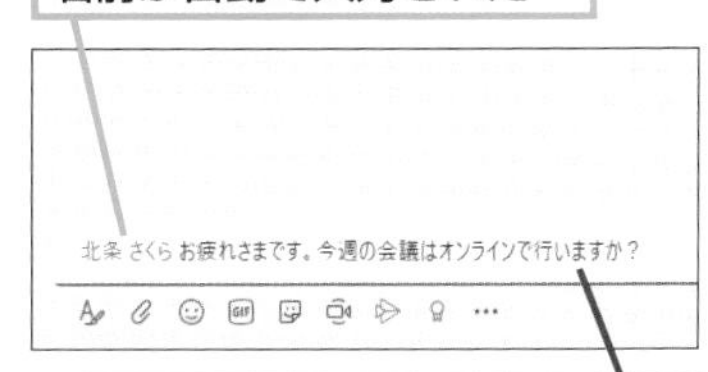

3 名前に続けてメッセージを入力

Point

テレワーク環境に最適なチャットコミュニケーション

チャットはメールよりも短いメッセージでコミュニケーションでき、返信も素早く行えるため、迅速に意思疎通ができます。また送受信したメッセージをメンバー全員で参照できることも利点でしょう。特にテレワーク環境におけるコミュニケーションでは、最適なツールといえます。

レッスン

34 Microsoft Teamsで特定の人とチャットするには

チャット

Microsoft Teamsには、1対1でチャットする機能も用意されています。そのため、ワークグループだけではなく個人間同士の柔軟なコミュニケーションも可能です。

1 チャット画面を開く

レッスン㉛を参考に、Microsoft Teamsを表示しておく

1 [チャット]をクリック

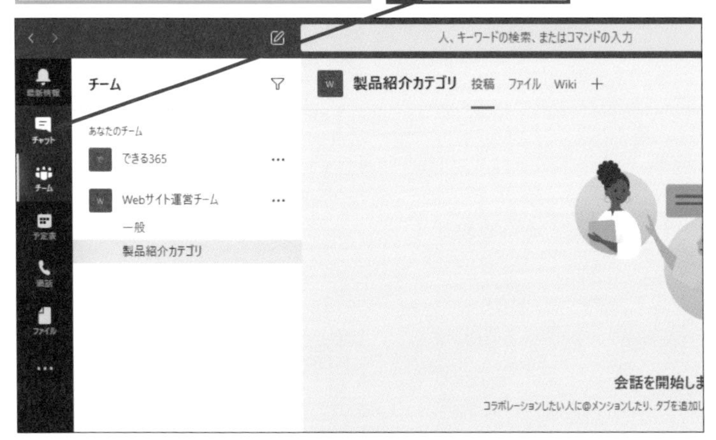

2 指定したメンバーと会話を始める

[チャット] の画面が表示された

1 追加したいメンバーの名前やメールアドレスの一部を入力

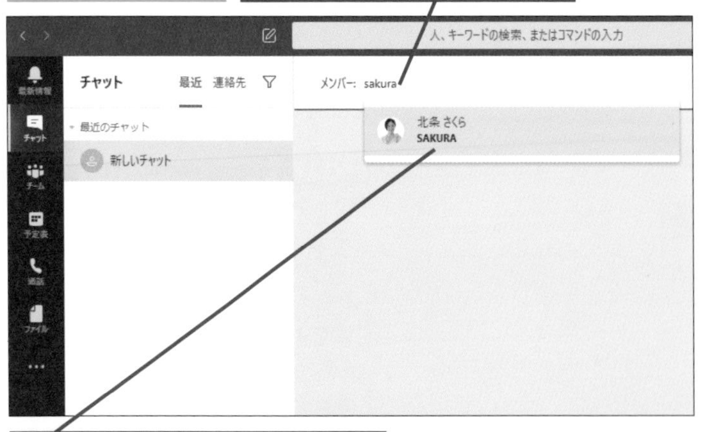

2 表示された候補から、メンバーに追加したいユーザーをクリック

キーワード

HINT! 自分あてのメッセージを受信したときは

1対1のチャットでメッセージを受信すると、画面の右下にメッセージの概要が表示されます。また画面左上の［チャット］には、未読メッセージ数が表示されます。

●個人間チャットの表示

メッセージの概要が表示される

●未読数の表示

受信済みの未読メッセージ数が表示される

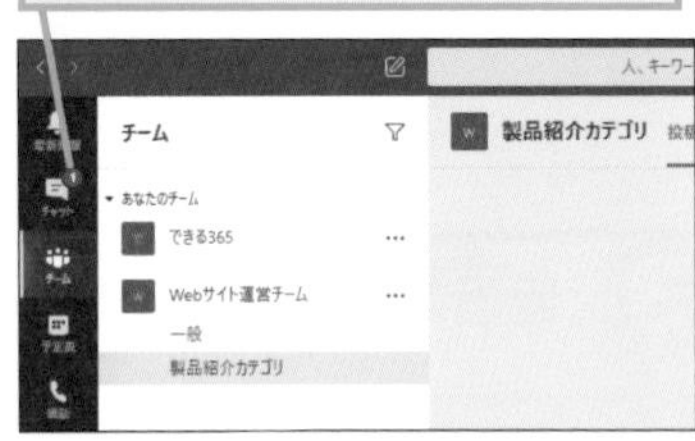

第5章 チーム内でコミュニケーションする

❸ メッセージを送信する

メンバーが追加された

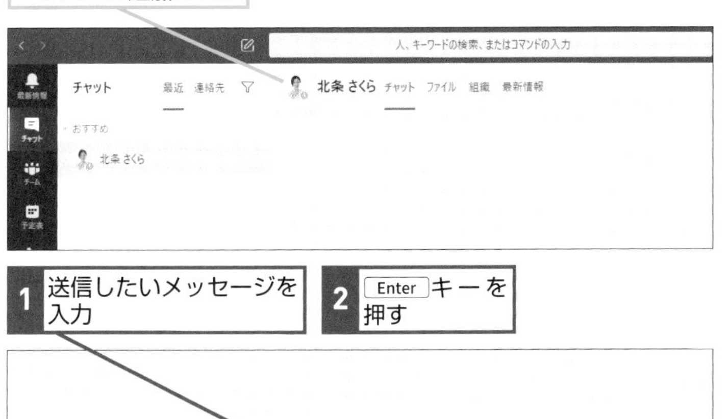

1 送信したいメッセージを入力

2 Enter キーを押す

明日の午後、打ち合わせをお願いできますか。

❹ 送信を確認する

メッセージが送信された

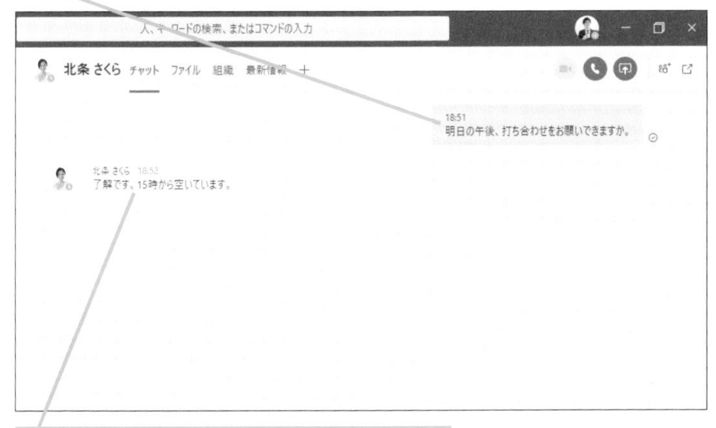

相手から返信があると、ここに表示される

HINT!

チャット画面を別ウィンドウにするには

チャットを行う際、Microsoft Teamsのメインウィンドウとは別に、ポップアップウィンドウを立ち上げ、ウィンドウ内でやりとりできます。

1 [チャットをポップアップ表示する]をクリック

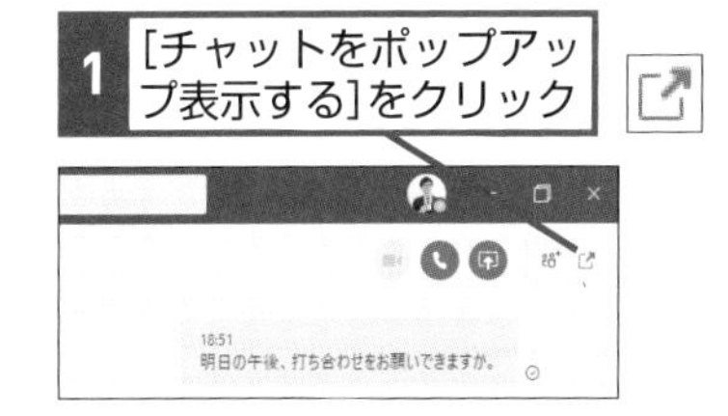

HINT!

複数人でのチャットもできる

ワークグループを作成するほどではないが、共同作業のために何人かでチャットしたいときは、以下のように操作します。

1 [ユーザーの追加]をクリック

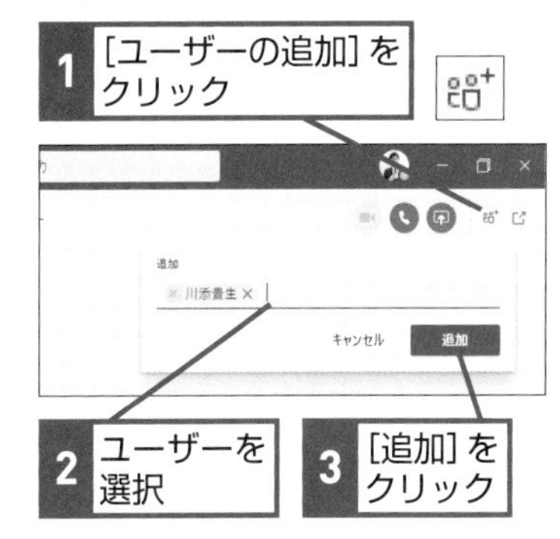

2 ユーザーを選択

3 [追加]をクリック

Point

手軽に使えるチャットスペース

1対1のチャットは、ワークスペース内では話しづらい、あるいはわざわざワークスペースを作るほどではないやりとりをするときに便利です。複数人でのチャットでやりとりが煩雑になる場合はワークスペースを作成し、レッスン㉜を参考にチャネルで整理するといったことも検討しましょう。

レッスン

35 Microsoft Teamsでファイルを共有するには

ファイルの送受信

Microsoft Teamsにはファイルを共有するための仕組みも用意されています。メンバー間で1つのファイルを共同で利用するといった場面で便利です。

1 アップロードするファイルを選択する

レッスン㉜で作成したチャネルを表示しておく

1 [添付]をクリック

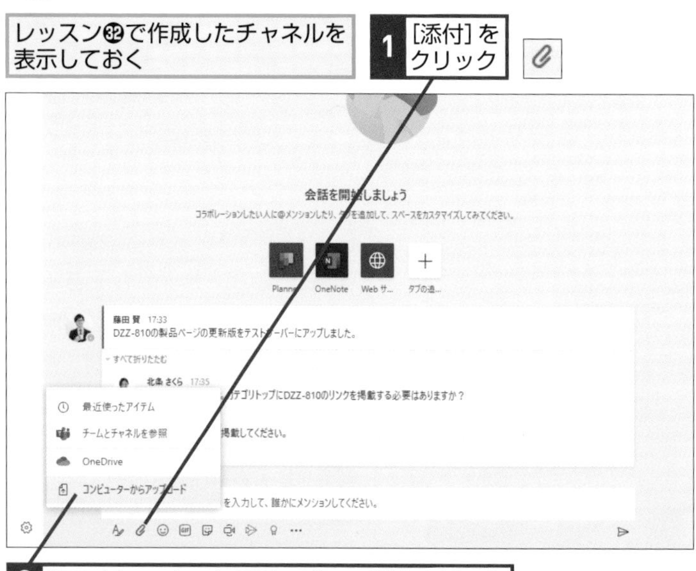

2 [コンピューターからアップロード]をクリック

2 ファイルをアップロードする

[開く]ダイアログボックスが表示された

1 アップロードするファイルをクリック

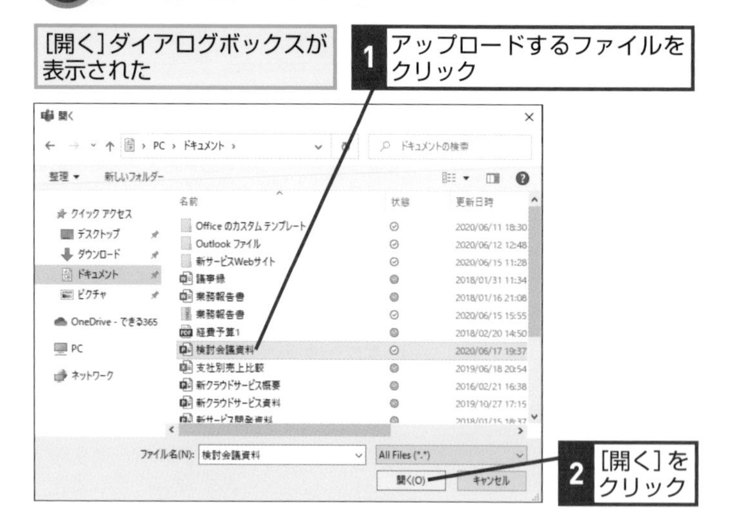

2 [開く]をクリック

キーワード

HINT!

投稿したファイルは[ファイル]タブで管理される

チャット画面でファイルを投稿すると、チャネルの［ファイル］タブで確認できます。

1 [ファイル]タブをクリック

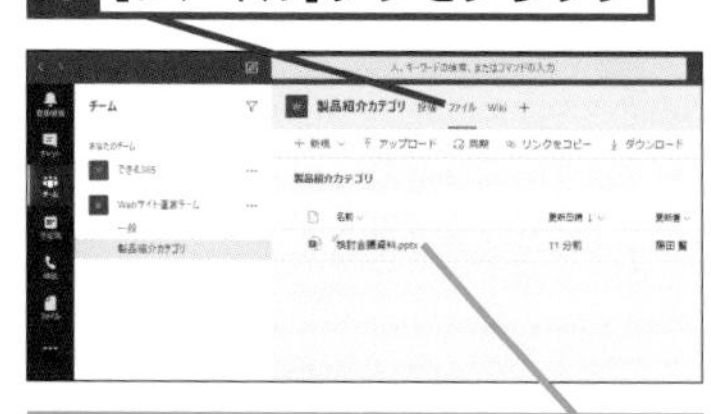

チャットで投稿されたファイルが表示された

HINT!

アップロード済みのファイルやOneDriveにあるファイルの投稿も可能

手順1の操作2で［チームとチャネルを参照］をクリックすると、Microsoft Teamsにアップロード済みのファイルを投稿できます。また［OneDrive］を選択すると、OneDrive for Businessにアップロードしているファイルの投稿が可能です。

3 メッセージを入力する

ファイルがアップロードされた

1 メッセージを入力　2 Enter キーを押す

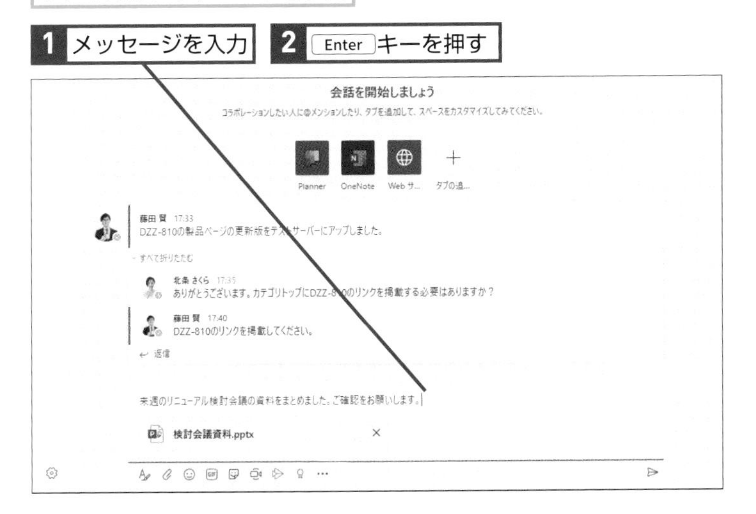

4 ファイルが投稿された

入力されたメッセージとともに、
ファイルが投稿された

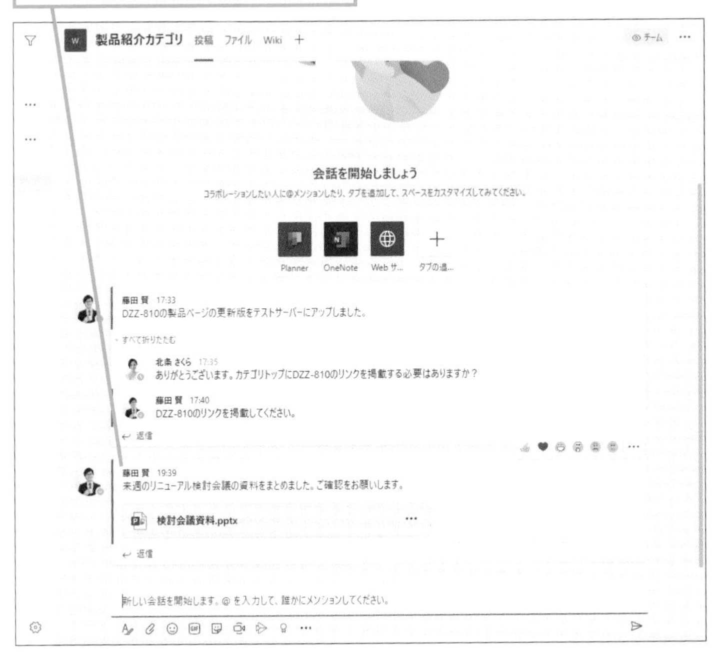

HINT!

投稿されたファイルを開いたりダウンロードしたりするには

投稿したファイルの右横にある［その他の添付ファイルオプション］をクリックすると、ファイルを開いたりダウンロードしたりするためのメニューが表示されます。ファイルをクリックすると、Microsoft Teams上でファイルを編集できます。

1 ［その他の添付ファイルオプション］をクリック ･･･

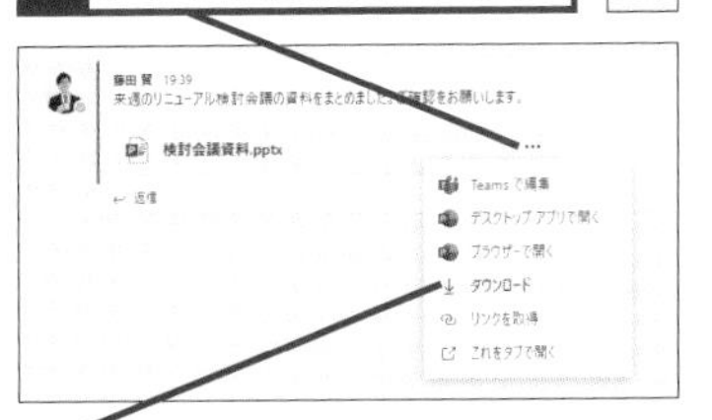

2 ［ダウンロード］をクリック

ファイルがダウンロードされる

Point

プロジェクトに必要なファイルをまとめて保存する

チームで作業を行う際、必要なファイルが1つの場所にまとまって保存されていれば、どこにあるのか探し回ったり、ファイルの場所を誰かに聞いたりする手間を省けるでしょう。Microsoft Teamsであれば、チャネルごとに共有ファイルを保存するスペースが用意されるため、必要なファイルを集約して作業効率を高められます。チームでの作業に必要なファイルは、積極的にMicrosoft Teamsにアップロードするようにしましょう。

レッスン

36 Microsoft Teamsでオンライン会議を行うには

オンライン会議

Microsoft Teamsのデスクトップアプリを使えば、メンバーを招待して手軽にオンライン会議を開催できます。チーム内のコミュニケーションに役立てましょう。

会議を設定する

1 会議を予約する

レッスン㉛を参考に、Microsoft Teamsを起動しておく

1 [予定表]をクリック

2 [新しい会議]をクリック

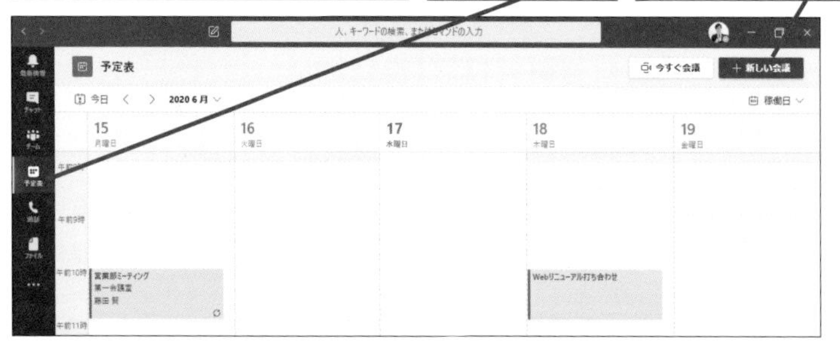

2 会議の内容を設定する

[新しい会議]の画面が表示された

1 会議のタイトルを入力

2 参加ユーザーを指定

3 会議の開始時間と終了時間を入力

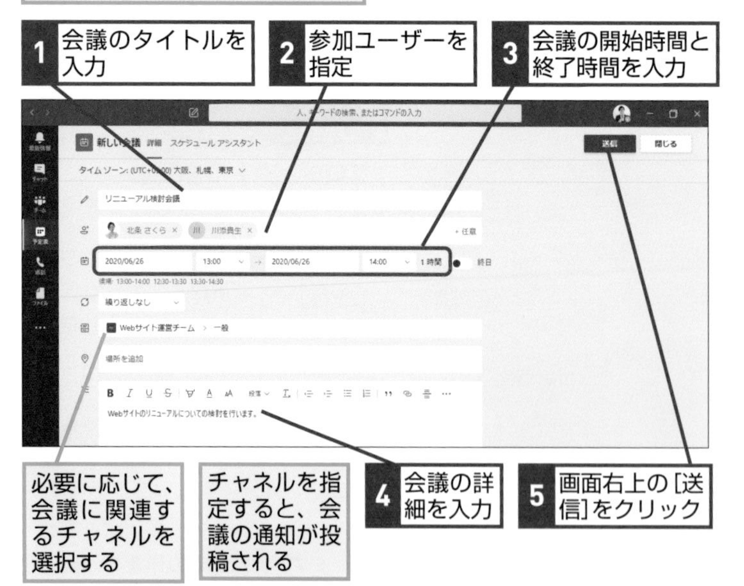

必要に応じて、会議に関連するチャネルを選択する

チャネルを指定すると、会議の通知が投稿される

4 会議の詳細を入力

5 画面右上の[送信]をクリック

キーワード

Microsoft Teams	p.215
オンライン会議	p.216
チャット	p.216
デスクトップアプリ	p.217

HINT!

会議にはほかの企業の人も参加者として指定できる

Microsoft Teamsのオンライン会議では、ほかの企業の人も招待できます。手順2にある参加者を追加する欄に、参加者のメールアドレスを入力します。

HINT!

会議をキャンセルするには

登録した会議は以下の手順でキャンセルできます。

1 画面左端の[予定表]をクリック

2 キャンセルする会議を右クリック

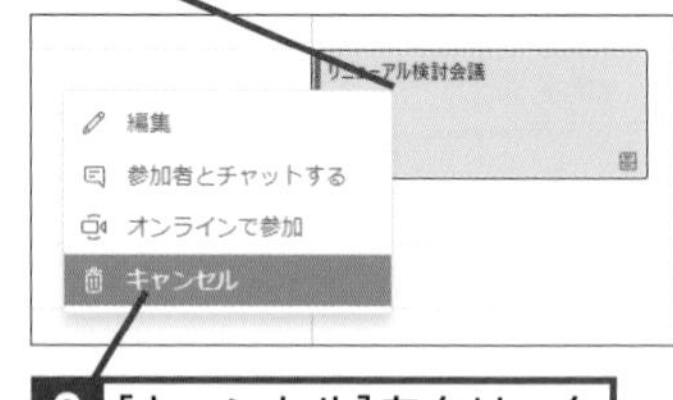

3 [キャンセル]をクリック

3 スケジュールを確認する

設定した会議が予定表に表示された

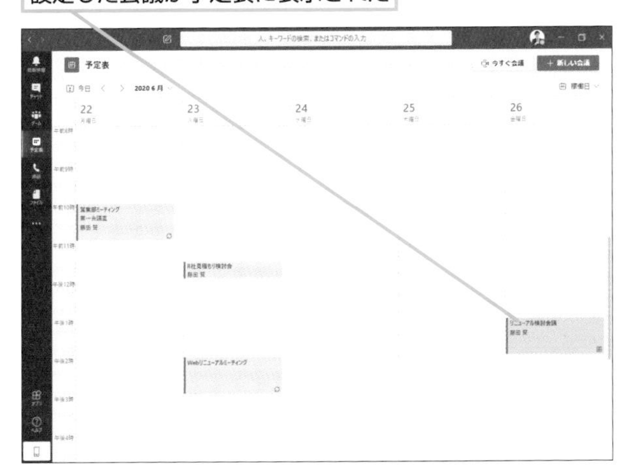

オンライン会議を行う

1 会議に参加する

Microsoft Teamsを起動して[予定表]で参加する会議をクリックし、詳細画面を表示しておく

1 [参加]をクリック

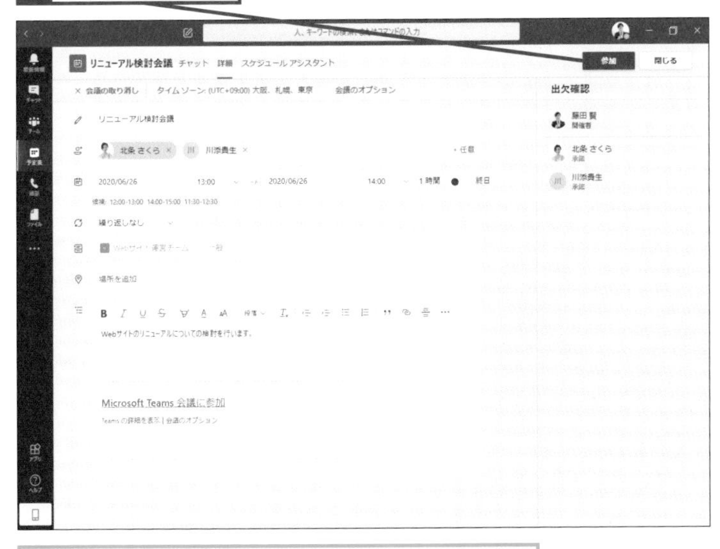

マイクとカメラの利用に関する画面が表示されたときは、[はい]をクリックしておく

HINT!

会議の時間を変更するには

登録した会議の時間を変更したり、会議のタイトルなどを修正したりもできます。

会議名をダブルクリックし、詳細画面を表示しておく

1 会議の内容を修正

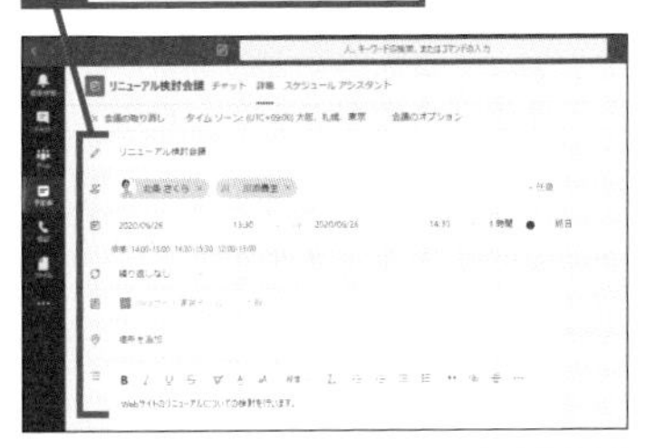

2 [変更内容を送信]をクリック

参加者に会議の変更内容が通知される

HINT!

会議に招待されたら参加の可否を伝えよう

オンライン会議に招待されると、参加依頼メールが届き、[承諾]や[辞退]を開催者や出席者に通知できます。またMicrosoft Teamsの会議の詳細画面でも、参加可否の回答が可能です。

出欠を通知したい会議をダブルクリックし、詳細画面を表示しておく

必要に応じてメッセージを入力する

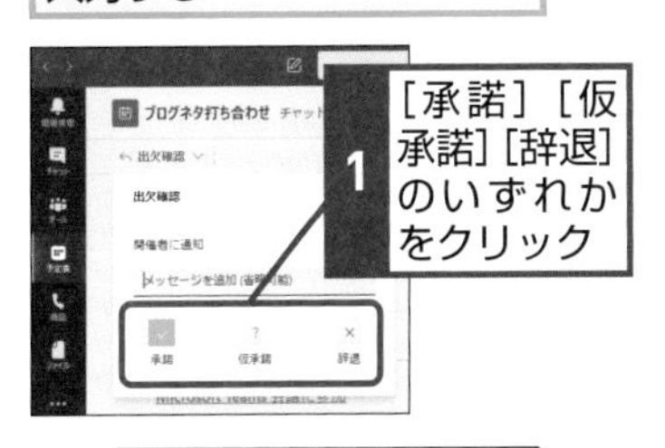

1 [承諾][仮承諾][辞退]のいずれかをクリック

次のページに続く

2 マイクとスピーカーを使って会話する

会議の画面に切り替わった

1 [今すぐ参加]をクリック

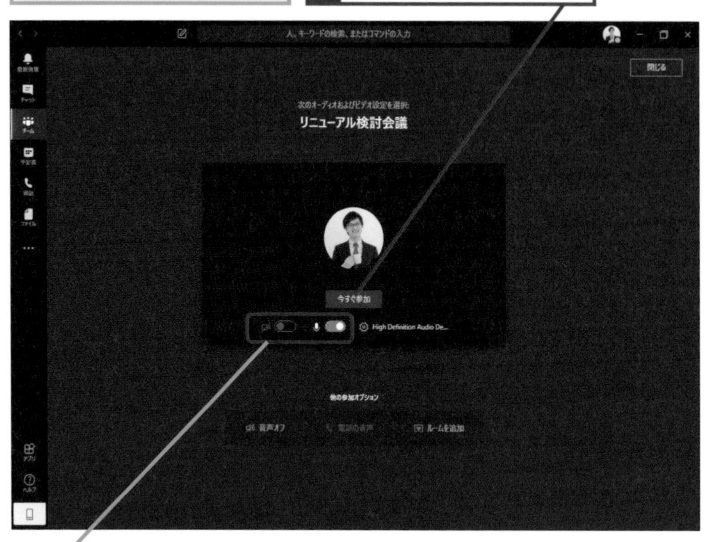

ここをクリックしてビデオや音声のオン／オフを切り替える

3 デスクトップを共有する

会議の参加者が表示された

続けて、デスクトップ画面を共有する

1 [共有]をクリック

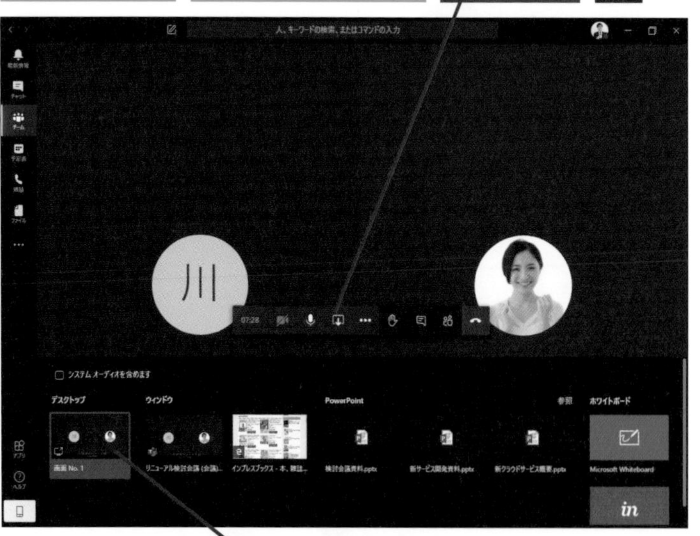

共有できる項目の一覧が表示された

2 [デスクトップ]をクリック

3 デスクトップ上で共有したいウィンドウを表示

HINT!

カメラも利用できる

Microsoft Teamsのオンライン会議では、パソコンにカメラが接続されている場合、そのカメラを使ってお互いの顔を見ながらミーティングできます。カメラを有効にするには、手順2の画面でカメラをオンにします。この際、以下の方法で［背景の設定］から好きな背景を選択できます。ただしパソコンによっては、背景を利用できません。

1 [カメラをオンにする]をクリックしてオンに設定

2 ここをクリックしてオンに設定

画面右に[背景の設定]の一覧が表示される

[＋新規追加]をクリックすると、好きな画像を追加できる

3 好みの画像をクリック

第5章 チーム内でコミュニケーションする

デスクトップの共有を停止する

自分のデスクトップが共有された

会議のほかの参加者にも同じデスクトップ画面が表示されている

1 [共有を停止]をクリック

5 会議を終了する

デスクトップの共有が終了し、会議の画面に戻った

1 [切断]をクリック

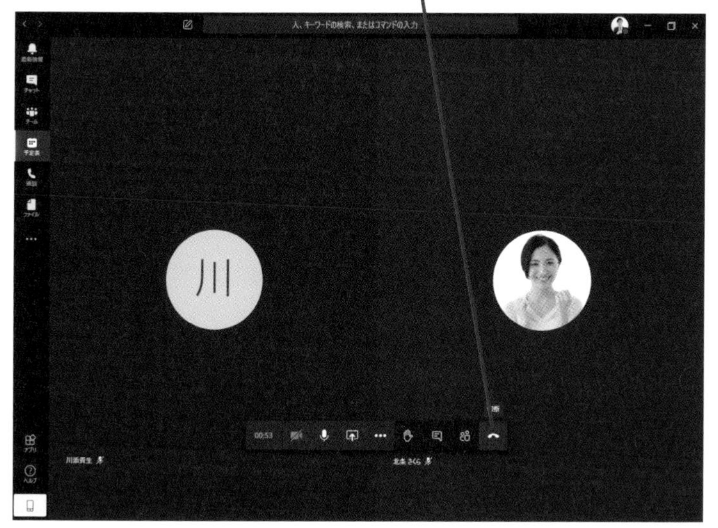

HINT!

参加者を確認するには

[ユーザーの追加画面]で参加者を確認できるほか、参加していないユーザーに参加を依頼するための通知を送付できます。

1 [参加者を表示]をクリック

会議に参加しているユーザーが表示された

2 [他の人を招待]に表示されたユーザー名の[その他のオプション]をクリック

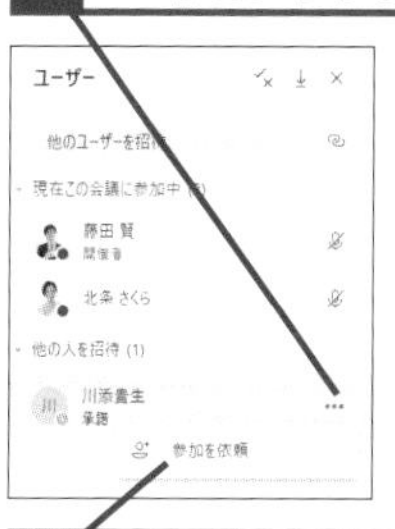

3 [参加を依頼]をクリック

参加依頼が通知される

Point

テレワークで不足しがちなコミュニケーションを補う

物理的に離れた場所で業務を進めるテレワークにおいて、会議や打ち合わせをどう行うかは大きな課題でしょう。しかしMicrosoft Teamsを使えば、離れた場所にいるメンバーと気軽に会議や打ち合わせができます。この機能を積極的に活用すれば、テレワークにおけるコミュニケーション不足の問題を解決できます。

レッスン

37 Outlookでオンラインミーティングを予約するには

オンラインミーティングの予約

Microsoft Teamsからではなく、Outlookでオンラインミーティングの予約も可能です。ここでは、デスクトップ版Outlookでミーティングを予約する手順を紹介します。

キーワード

Microsoft Teams	p.215
Outlook	p.215
PowerPoint	p.215
URL	p.216
オンライン会議	p.216

オンラインミーティングを設定する

1 開催日時を決める

レッスン⑮を参考に、Outlookで予定表を表示しておく

1 オンラインミーティングを開催する時間帯を選択

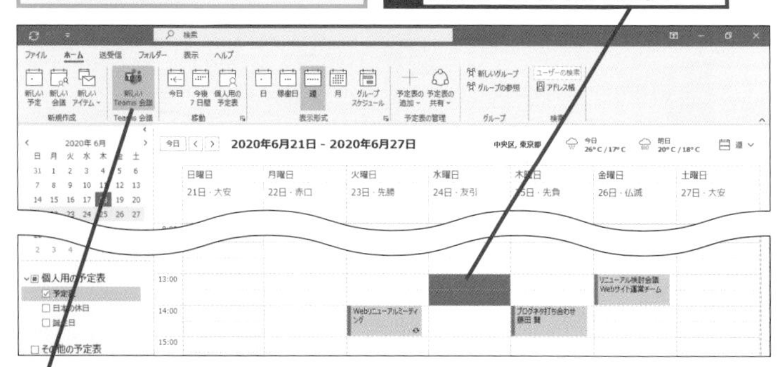

2 ［新しいTeams会議］をクリック

2 出席者を指定する

出席依頼メールの作成画面が表示された

1 ミーティングのタイトルを入力

2 ［必須］または［任意］に参加者を追加

3 必要に応じて会議の詳細を入力

4 ［送信］をクリック

会議の出席依頼が送信された

HINT!

ほかの参加者の予定を見ながら会議の時間を設定するには

手順2の画面で参加者を追加した後、［スケジュール アシスタント］タブをクリックすると、ほかの参加者の予定を参照しながら会議の時間を選択できます。

1 ［スケジュール アシスタント］タブをクリック

ほかの参加者の予定を確認できる

2 会議を開催する時間をドラッグ

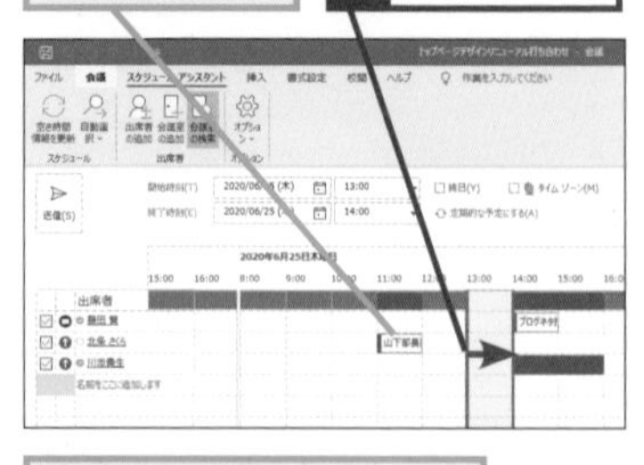

会議の時間が設定された

［会議］タブをクリックすると、元の画面に戻る

予定されたオンラインミーティングに参加する

① OutlookからTeams会議に参加する

レッスン⑮を参考に、Outlookで予定表を表示しておく

1 予定表に登録されているオンラインミーティングの予定をクリック

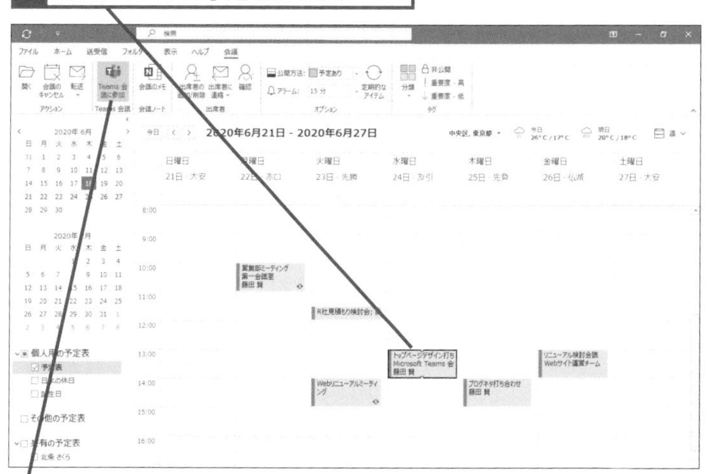

2 ［Teams会議に参加］をクリック

② Microsoft Teamsを使ってミーティングに参加する

Microsoft Teamsが起動し、会議中の画面に切り替わった

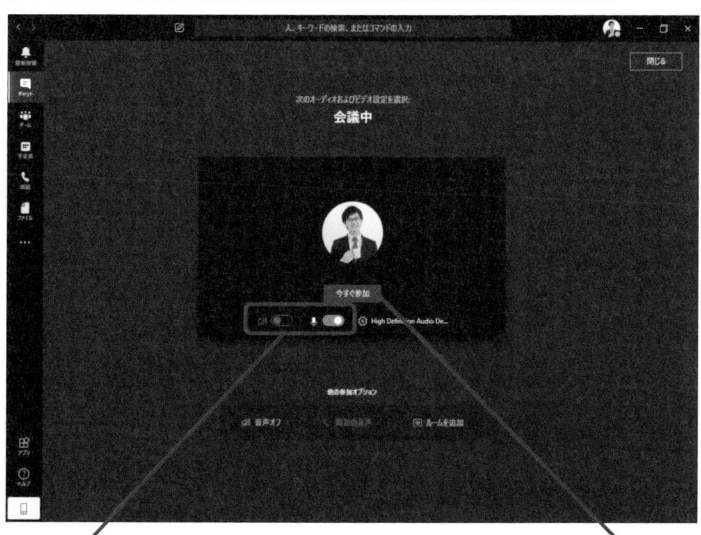

1 ビデオと音声のオン／オフを必要に応じて切り替える

2 ［今すぐ参加］をクリック

会議に参加できた

HINT!

会議の内容を変更するには

予定表の画面で内容を変更したい会議をダブルクリックすると、会議の詳細画面が表示されます。ここで必要な項目を修正して［変更内容を送信］をクリックすると、変更した内容が改めて参加者に通知されます。

HINT!

参加者による会議出席依頼のメールの転送を禁止するには

会議の参加者に送られる通知メールは、標準ではほかのユーザーに転送可能です。この転送を禁止するには、会議の作成画面で次のように操作します。

1 ［返信のオプション］をクリック

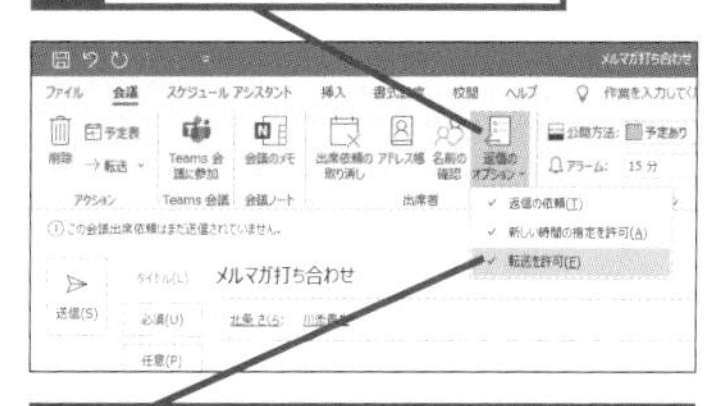

2 ［転送を許可］をクリックしてチェックマークをはずす

通知メールをほかのユーザーへ転送できなくなる

Point

オンライン会議を活用したコミュニケーションの効率化

オフィスの自分の席や自宅、あるいは出張先などからでも参加できるオンライン会議は、参加者が集まる必要がないことが大きなメリットです。参加者の移動時間も少なくなり、コミュニケーションの効率化が図れます。また遠方のオフィスなどとの会議や打ち合わせにオンライン会議を利用すれば、出張費の抑制にもつながるでしょう。

レッスン 38

Webブラウザーでオンラインミーティングに参加するには

Microsoft Edgeでの会議への参加

普段Microsoft Teamsを利用していない社外の人でも、Webブラウザーを使って簡単にオンラインミーティングに参加できます。その方法を解説していきます。

1 オンラインミーティングのリンクを開く

オンラインミーティングの通知メールを表示しておく

1 [Microsoft Teams会議に参加]をクリック

2 Webブラウザーで会議に参加する

Microsoft Teamsのデスクトップアプリがインストールされていない場合、この画面が表示される

1 [このブラウザー上で続行しますか?]をクリック

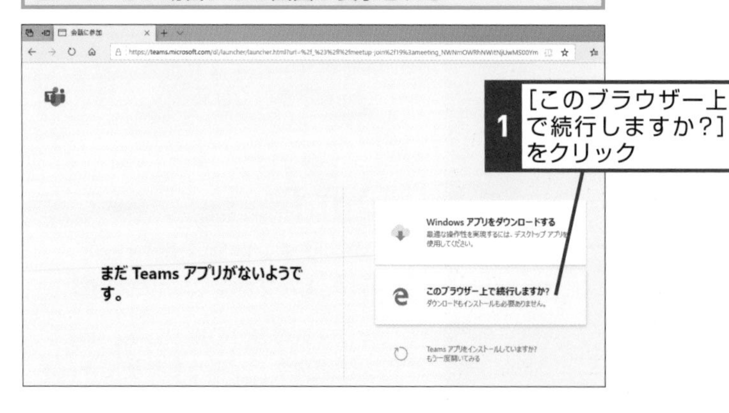

3 デバイスの利用を許可する

アプリでWebカメラとマイクが利用できるようにする

1 [はい]をクリック

teams.microsoft.com が Web カメラとマイクを使うことを許可しますか?　はい　いいえ

キーワード

HINT!

社内のMicrosoft 365ユーザーがWebブラウザーで参加するには

WebブラウザーでMicrosoft Teamsにアクセスし、[予定表]からオンラインミーティングに参加します。なおMicrosoft Teamsにサインインしていれば、ロビーで待機する必要はありません。

WebブラウザーでMicrosoft Teamsにアクセスしておく

1 [予定表]をクリック

2 参加する会議を右クリック

3 [オンラインで参加]をクリック

アプリでWebカメラとマイクが利用できるようにする

4 [はい]をクリック

4 会議に参加する

会議の参加オプションを選択する画面が表示された

必要に応じて、カメラやマイクのオン／オフを切り替える

1 自分の名前を入力

2 ［今すぐ参加］をクリック

ロビーでほかの参加者に招待されるのを待つ

5 オンラインミーティングに参加できた

オンラインミーティングに接続された

［切断］をクリックすると、オンラインミーティングから退出できる

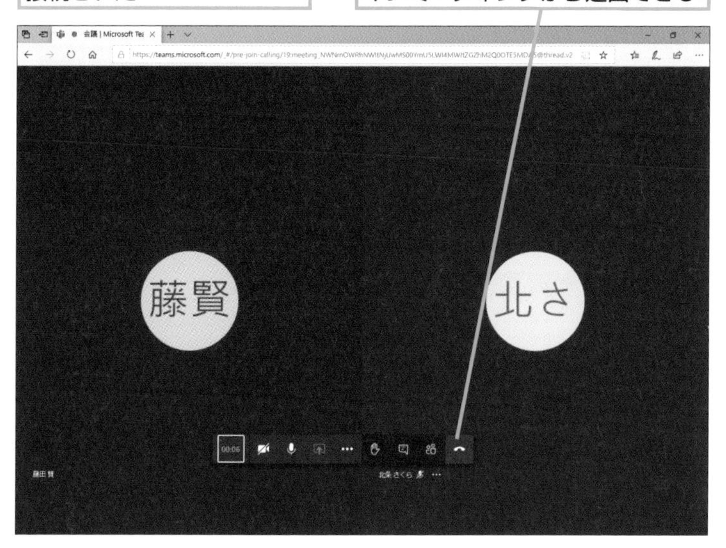

HINT! ロビーって何？

WebブラウザーでMicrosoft Teamsのオンラインミーティングに参加する場合、まずロビーという場所で待たされることになり、別の参加者が許可するまで入室ができません。ロビーで待っている人の参加を許可するには、次のように操作します。

1 ［参加許可］をクリック

会議室への入室が許可される

Point 社外の人とのコミュニケーションにもMicrosoft Teamsを活用

Microsoft Teamsを使えば、社外の人とも気軽にオンラインミーティングができます。またWebブラウザーでオンラインミーティングに参加できるので、相手にわざわざデスクトップアプリをインストールしてもらう必要もありません。社内だけでなく社外の人とのコミュニケーションの活性化、あるいは効率化にもMicrosoft Teamsは有効です。

レッスン

39 連絡先を追加するには

グループ

Microsoft Teamsを使ってよくやりとりする相手を連絡先に追加しておきましょう。相手の部署や課ごとにグループを作成すれば、連絡先を整理するときに役立ちます。

グループを作成する

1 新しいグループを作成する

レッスン㉛を参考に、Microsoft Teamsを起動しておく

1 [通話]をクリック

2 [新しいグループ]をクリック

2 グループの名前を入力する

[新しい連絡先グループを作成]の画面が表示された

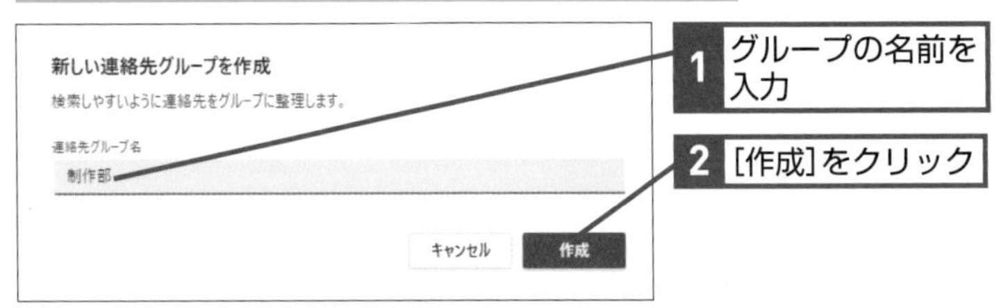

1 グループの名前を入力

2 [作成]をクリック

3 グループを確認する

グループが追加された

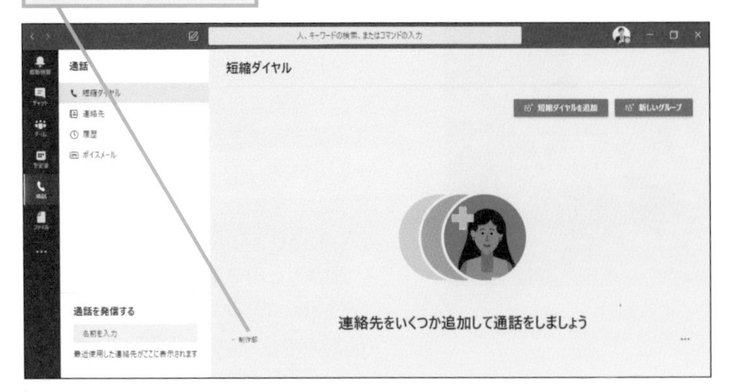

HINT! プレゼンスって何？

Microsoft Teamsをはじめとする Microsoft 365の各サービスでは、ユーザーのそのときの状態がプレゼンスとして表示されます。Microsoft Teamsでプレゼンスを変更することも可能です。

1 ここをクリック

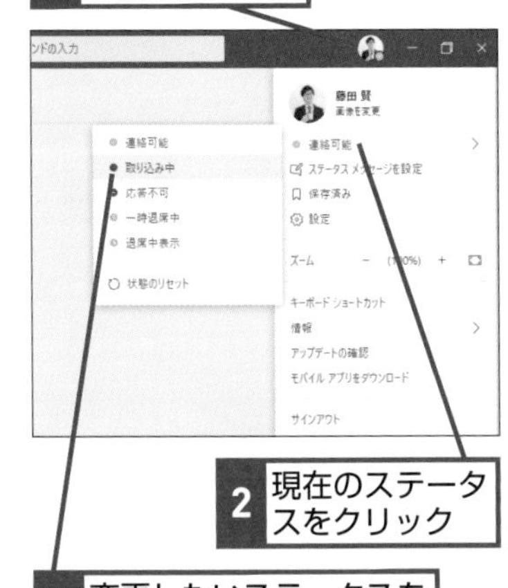

2 現在のステータスをクリック

3 変更したいステータスをクリック

ステータスが変更される

HINT! グループの名前を変更するには

グループ名の右横にある［その他のオプション］をクリックし、［このグループの名前を変更する］をクリックします。［このグループの名前を変更する］の画面が表示されるので、新しい名前を入力して［保存］をクリックします。

グループにユーザーを追加する

1 ユーザーを追加する

前ページで作成したグループにユーザーを追加する

1 [その他のオプション]をクリック

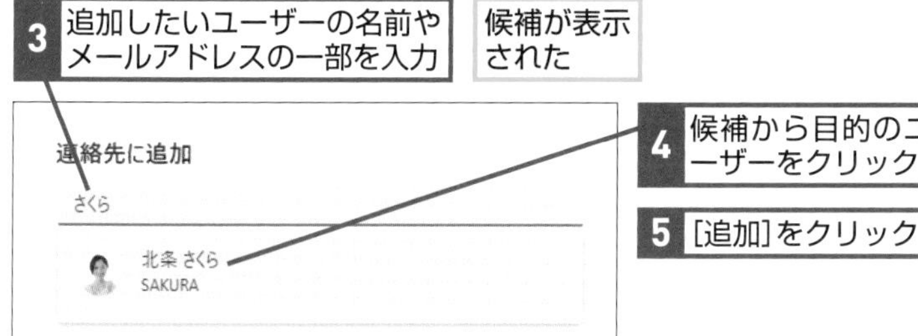

2 [このグループに連絡先を追加する]をクリック

[連絡先に追加]の画面が表示された

3 追加したいユーザーの名前やメールアドレスの一部を入力

候補が表示された

連絡先に追加
さくら
北条 さくら
SAKURA

4 候補から目的のユーザーをクリック

5 [追加]をクリック

2 ユーザーが追加された

追加したユーザーが表示された

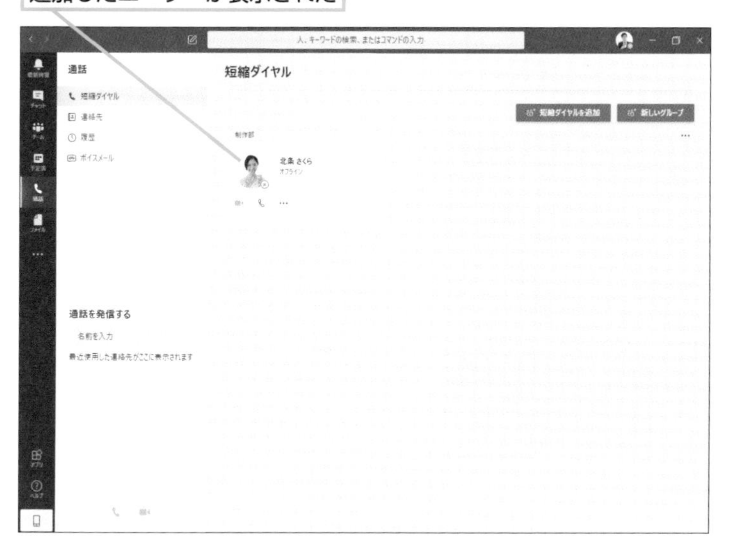

HINT!

ユーザーを削除するには

削除したいユーザーの領域にある[その他のオプション]をクリックし、[ユーザーをこのグループから削除]をクリックします。

1 [その他のオプション]をクリック

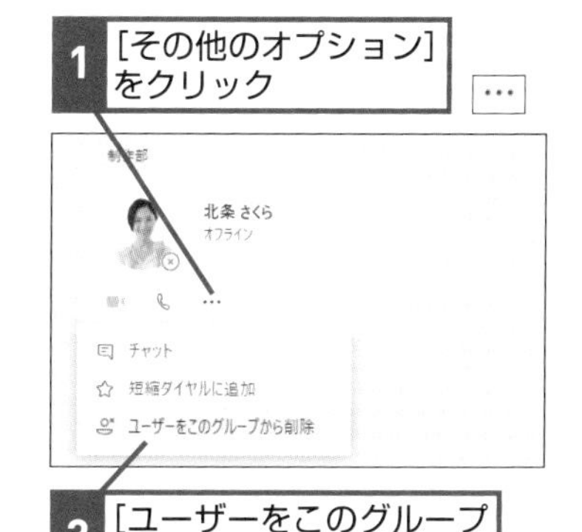

2 [ユーザーをこのグループから削除]をクリック

Point

グループで連絡先を整理してプレゼンスも分かりやすく

部署やプロジェクトメンバーをまとめておき、必要なときに連絡したい相手をすぐに探せるのがグループならではのメリットです。さらに便利な使い方がプレゼンスの一斉確認です。Microsoft Teamsでは、連絡先のリストでユーザーごとのプレゼンス情報を確認できますが、連絡先をグループで整理しておけば、グループ全員の現在の状況などを簡単に見渡せます。部署ごとや案件ごとなどに整理しておけば、今すぐ関係者を集めてちょっとミーティングをしたい、といった場合などに素早く対応できます。

レッスン

40 内線電話として利用するには

通話

Microsoft Teamsでは、1対1で通話することも可能です。マイクやヘッドセットなどをパソコンに接続すれば、簡単にMicrosoft Teamsを使った内線電話を実現できます。

発信する相手を指定する

1 Microsoft Teamsで発信する

レッスン㉛を参考に、Microsoft Teamsを起動しておく

1 [通話]をクリック

2 [短縮ダイヤル]をクリック

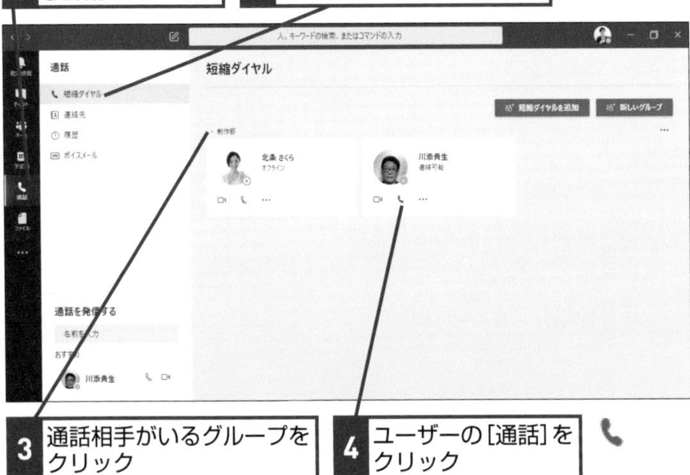

3 通話相手がいるグループをクリック

4 ユーザーの[通話]をクリック

2 相手の応答を待つ

呼び出しが開始された

1 相手が通話を承認するのを待つ

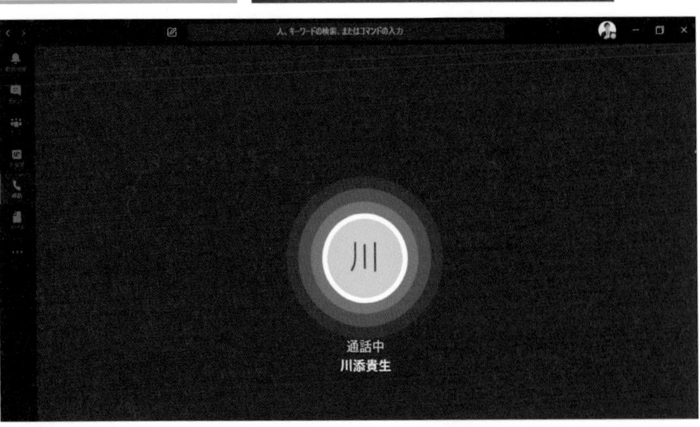

相手がオフラインか通話に応じられないときはボイスメールを送るためのガイダンスが流れる

HINT!

マイクとイヤフォンやヘッドセットを選択するには

Microsoft Teamsで利用する、マイクとスピーカー、カメラを選択するには、以下のように操作します。

1 ここをクリック

2 [設定]をクリック

[設定]の画面が表示された

3 [デバイス]をクリック

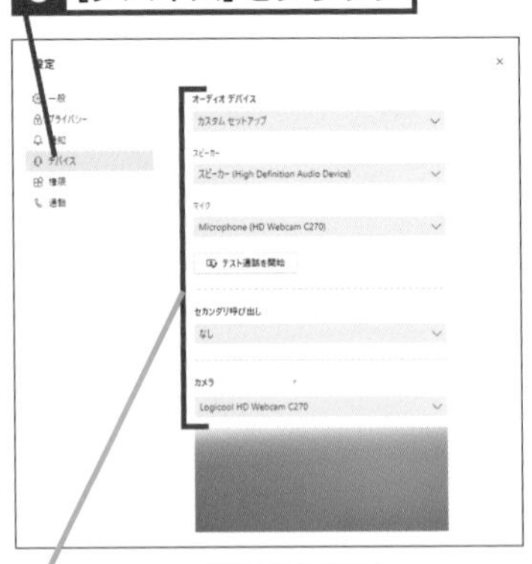

必要に応じて使用するデバイスを選択する

第5章 チーム内でコミュニケーションする

3 相手と通話する

相手が承認すると通話が開始される

経過時間が表示される

ここをクリックすると、音声通話からビデオ通話に切り替えられる

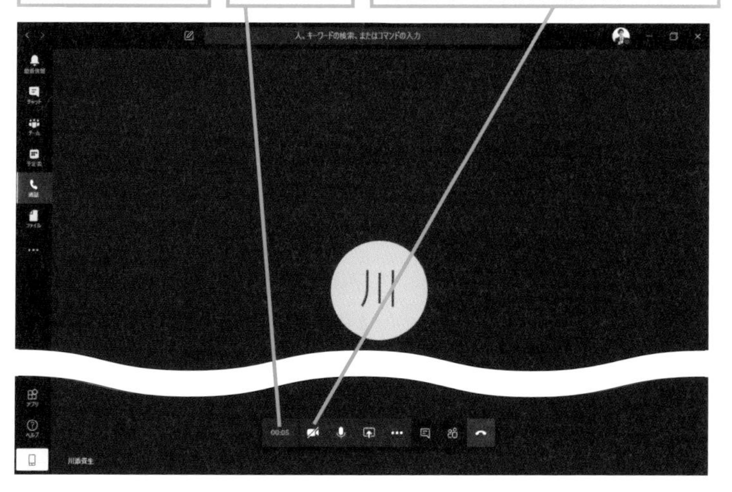

HINT!
通話相手と画面を共有するには

オンライン会議と同様、1対1で通話している場合でもデスクトップやウィンドウ、PowerPointのファイルを共有できます。

1 [共有]をクリック

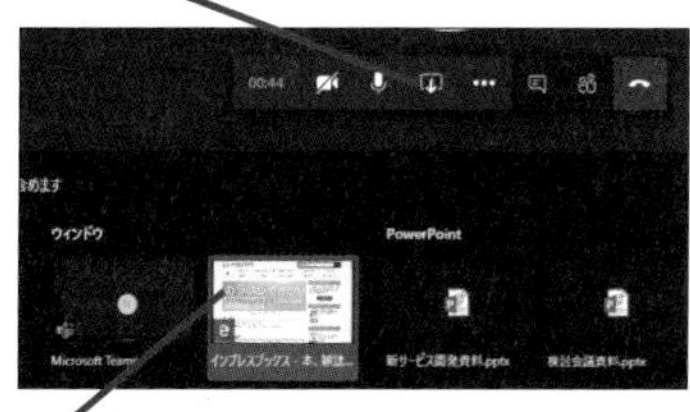

2 相手と共有する画面をクリック

共有した内容が相手の画面に表示される

4 通話を終了する

要件が終了したら通話を終了する

1 [切断]をクリック

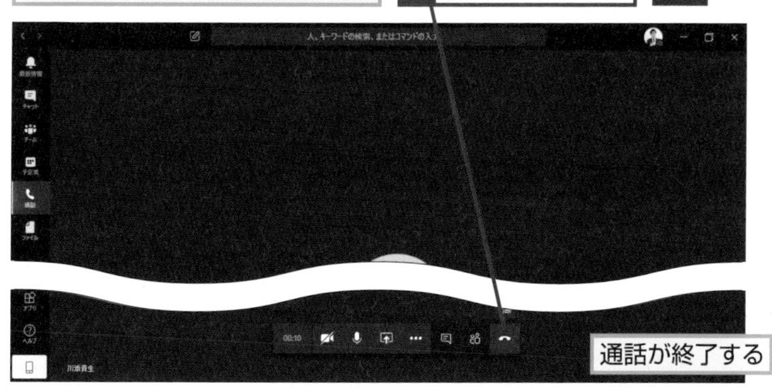

通話が終了する

HINT!
通話を保留するには

以下のように操作すると、一時的に通話を保留できます。

1 [その他の操作]をクリック

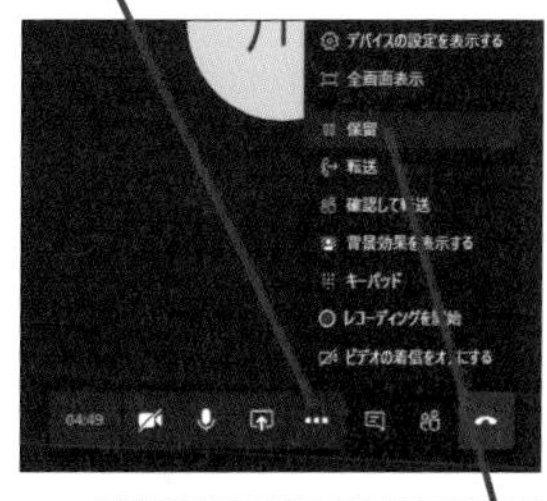

2 [保留]をクリック

通話が保留状態になった

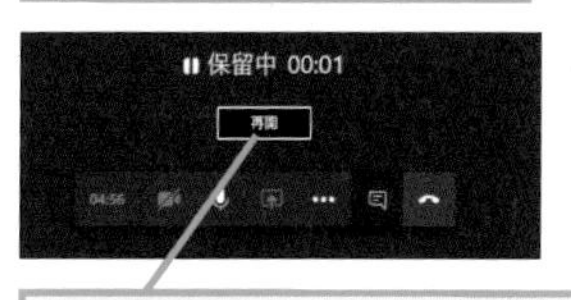

保留を解除するには[再開]をクリックする

通話の着信に応答する

1 着信を承認する

着信を通知する画面がデスクトップ画面上に表示される

1 [音声で受ける]をクリック

通話が始まったら発信時と同様に会話し、終了したら切断する

次のページに続く

ボイスメールを送信する

1 メッセージを録音する

相手が着信しなかった場合、ボイスメールに転送される

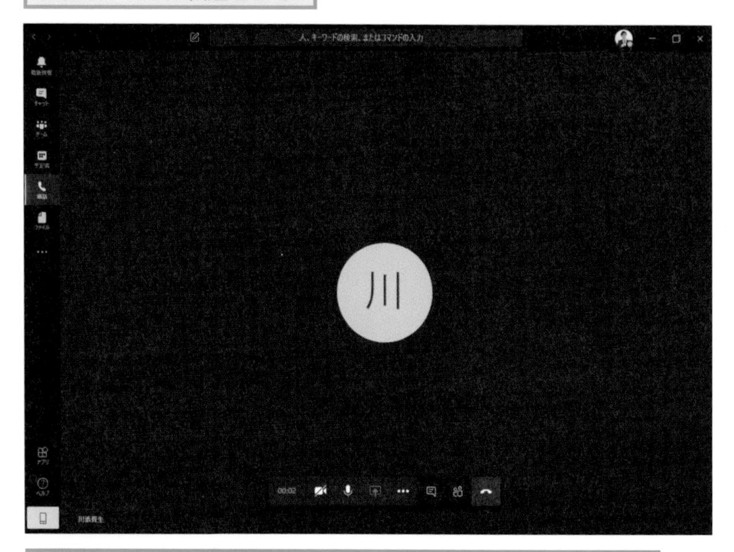

「(名前) さんは現在連絡不可です。発信音の後にメッセージを残してください。終了したら、電話を切るか、#キーを押してその他のオプションを表示します」というガイダンスが流れる

2 通話を切断する

1 マイクでボイスメールとして送信する内容を話す

2 [切断] をクリック

ボイスメールが送信された

HINT!

ボイスメール送信時にオプションを利用するには

ボイスメールでメッセージを録音した後、ダイヤルパッドの [#] キーをクリックするとオプションが利用できます。オプションには、録音した内容の再生、録音のやり直し、録音を続ける、送信のキャンセルなどがあります。

1 [その他の操作] をクリック

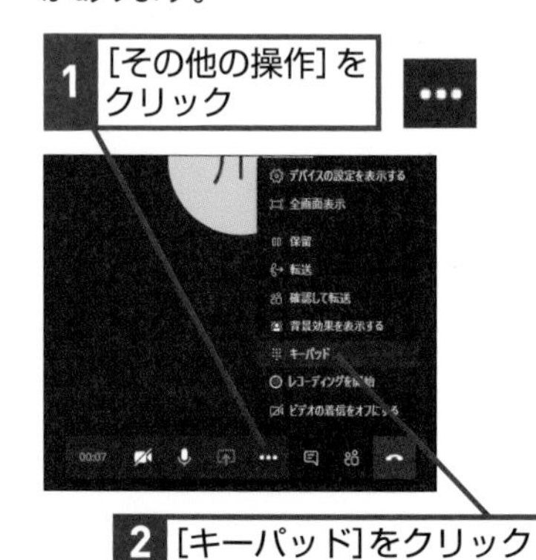

2 [キーパッド] をクリック

キーパッドが表示された

オプションを利用するには、録音後に[#]を押す

第5章 チーム内でコミュニケーションする

受信したボイスメールを再生する

1 ボイスメールの一覧画面を開く

受信したボイスメールを再生する

1 [通話]をクリック

2 [ボイスメール]をクリック

3 再生したいボイスメールをクリック

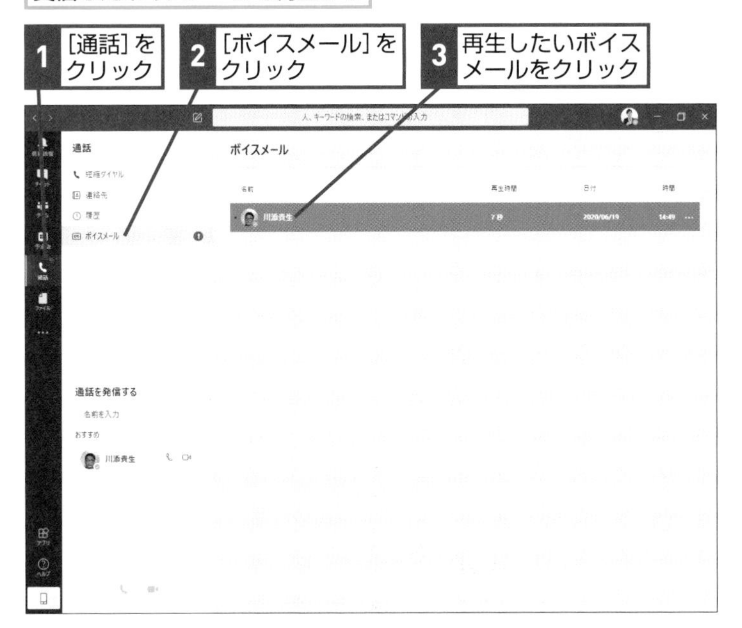

2 ボイスメールを再生する

ボイスメールの詳細が表示された

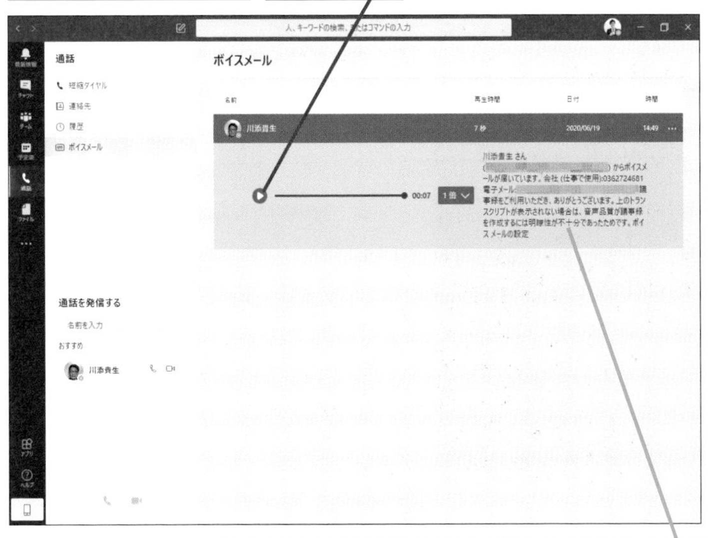

ボイスメールの内容は、テキストで表示される

HINT!

ボイスメールの再生速度は変られる

ボイスメールの再生時、再生速度を変更できます。再生速度を速めれば、録音時間が長い場合でも、短時間で内容を確認できます。

1 [1倍]をクリック

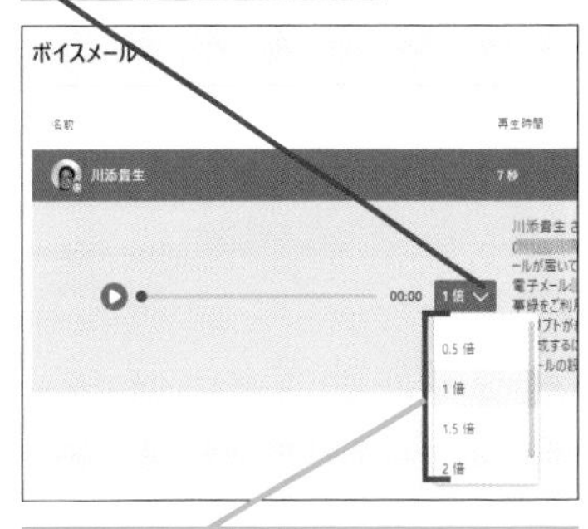

0.5倍から2倍の間で再生速度を変更できる

Point

音声＋αの機能を備えたMicrosoft Teamsの通話機能

Microsoft Teamsは、文字や音声などのリアルタイムなやりとりのほか、プレゼンテーションを実施したりアプリの画面を共有したりする便利なコミュニケーション機能を多数備えています。例えば離れた席にいる人に資料を説明したいといった場合でも、Microsoft Teamsを使えば、まるで現地に赴いてプレゼンをしているように、資料を見せつつ会話しながら説明する、といったことが自席にいながらにして実現できます。

レッスン

41 ビデオ通話を利用するには

ビデオ通話

パソコンにWebカメラを接続したり、あるいはノートパソコンが備えているカメラを利用すれば、Microsoft Teamsを使ってビデオ通話を行うことができます。

1 ビデオ通話の発信を開始する

レッスン㉛を参考に、Microsoft Teamsを起動しておく

1 [通話]をクリック

2 [短縮ダイヤル]をクリック

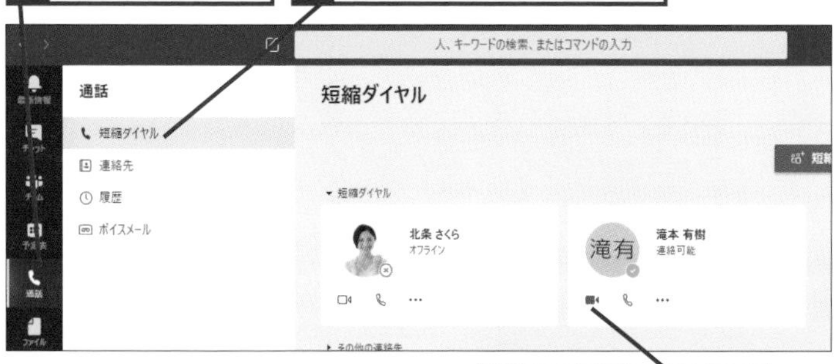

3 ユーザーの［ビデオ通話］をクリック

2 相手の応答を待つ

呼び出しが開始された

1 相手が通話を承認するのを待つ

相手がオフラインか通話に応じられないときは、ボイスメールを送るためのガイダンスが流れる

キーワード

Microsoft Teams	p.215

HINT!

背景画像を設定するには

ビデオ通話でも、オンライン会議と同様に背景画像が設定できます。通話中に背景画像を設定するには、次のように操作します。

1 [その他の操作]をクリック

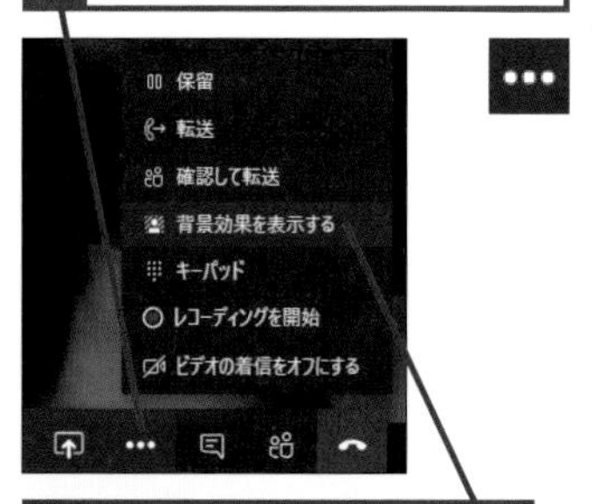

2 [背景効果を表示する]をクリック

[背景の設定] の画面が表示された

3 設定したい背景をクリック

プレビューをクリックすると、設定前に確認できる

4 [適用]をクリック

3 相手とビデオ通話する

相手が承認すると、ビデオ通話が開始される

経過時間が表示される

ここをクリックすると、ビデオ通話から音声通話に切り替えられる

4 ビデオ通話を終了する

用件が済んだらビデオ通話を終了する

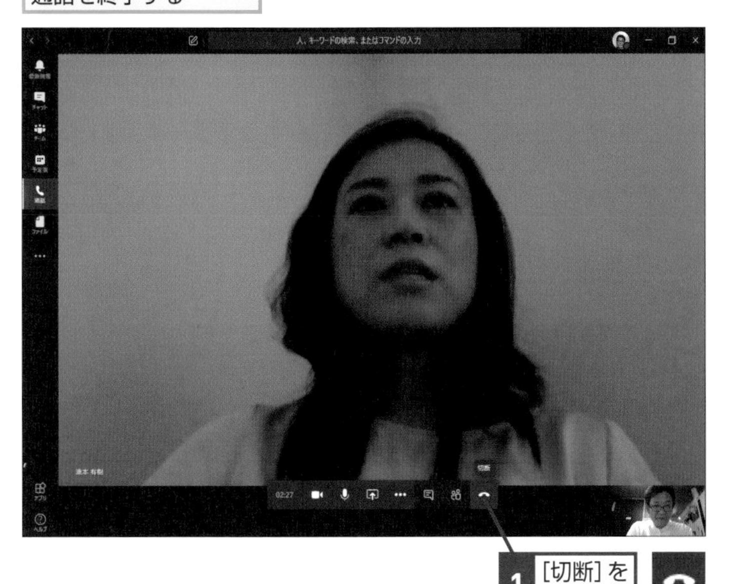

1 [切断]をクリック

HINT!

ビデオ通話中に映像の送信を止めるには

ビデオ通話中にビデオの送信を停止したい場合は、次のように操作します。なお、停止した場合でも相手からの映像は表示され続けます。

1 [カメラをオフにする]をクリック

映像の送信が停止された

[カメラをオンにする]をクリックすると、ビデオの通話を再開できる

Point

ビデオ通話でテレワーク時の意思疎通をスムーズに

物理的に離れた場所で業務を行うテレワークでは、なかなか相手の顔を見てコミュニケーションできません。そこで活用したいのがビデオ通話です。特に細かな調整を必要とするなど、慎重にコミュニケーションする必要がある場面で積極的に利用しましょう。

レッスン

42 チームでタスクを管理するには

Microsoft Planner

Microsoft Plannerはチームのタスクを管理するためのツールであり、プロジェクトの作業内容の管理や進行状況の可視化が可能になります。

高機能なタスク管理ツール

個人のタスクではなく、複数のメンバーから構成されるチームのタスクを管理するための機能として、Microsoft 365で提供されているのがMicrosoft Plannerです。作業すべき事柄をタスクとして登録し、期限やタスクの状態（開始前／進行中／完了）を設定できるだけでなく、そのタスクの担当者を割り当てたり、バケットと呼ばれる仕組みを使ってタスクを分類したりすることもできる、高機能なタスク管理ツールです。

◆ボード画面
タスクの新規作成や編集はここから行う

タスクを細かく管理できる

タスクの詳細画面では、担当者の割り当てや進行状況の登録、作業開始日と期限の設定などが可能です。またファイルを添付できるほか、タスクに対してコメントを投稿するといった機能も備えています。

◆タスクの詳細画面
進行状況の変更や開始日、期限の設定が可能

キーワード

Microsoft Planner	p.215
Microsoft Teams	p.215
Outlook	p.215

HINT!

Microsoft Plannerとは

Microsoft Plannerは、Microsoft 365に含まれるタスク管理ツールです。Outlookのタスク管理機能は個人のタスク管理に主眼が置かれているのに対し、Microsoft Plannerはチームのタスク管理を目的としている点が異なります。

HINT!

タスクの進行状況が履歴として記録される

Microsoft Plannerでは、登録された個々のタスクに対し、「開始日」を登録できるほか、「開始前」「処理中」「完了済み」といった進行状況も登録可能です。これにより、それぞれのタスクがどのような状況にあるのかを把握できます。

バケットでタスクを分類可能

タスクを分類するための仕組みが「バケット」で、作成したタスクをそれぞれのバケットにドラッグして簡単に分類できます。また担当者や進行状況ごとにタスクをグループ化して表示可能です。

◆タスクの分類
バケットを使ってタスクを分類できるほか、タスクのドラッグアンドドロップでバケットを移動可能

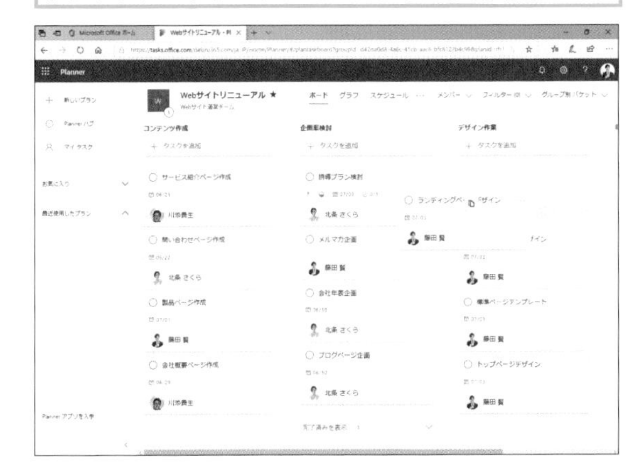

進行状況をグラフで可視化

プロジェクトチームで作業を進める際、誰がどのような作業を行っているかを可視化するのも重要です。Microsoft Plannerでは、それぞれのタスクを誰が担当しているのかをすぐにチェックできるのはもちろん、グラフ画面で全体の進み具合のほか、担当者ごとのタスク量も把握できます。

◆グラフ画面
タスクの状況やバケットごとの進み具合などを見られる

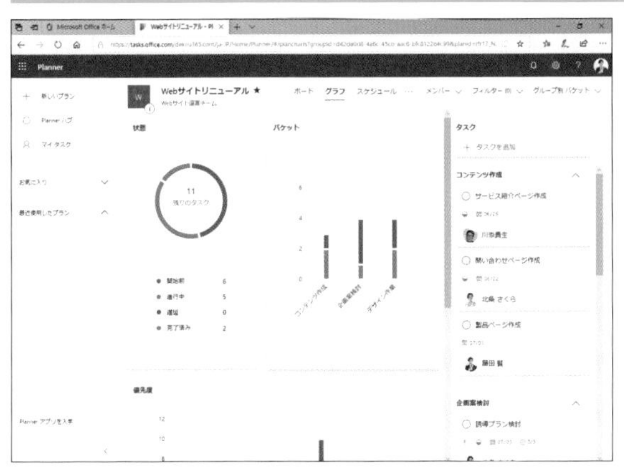

HINT!

Microsoft Teams内でPlannerを利用する

Microsoft Teamsでは、アプリの1つとしてPlannerがあり、これを追加すればMicrosoft Teamsのデスクトップアプリでplannerが利用できます。

レッスン㉛を参考に、Microsoft Teamsを起動しておく

1 [アプリ]をクリック

2 [Planner]をクリック

3 アプリの詳細画面で[追加]をクリック

[Planner]アプリが追加された

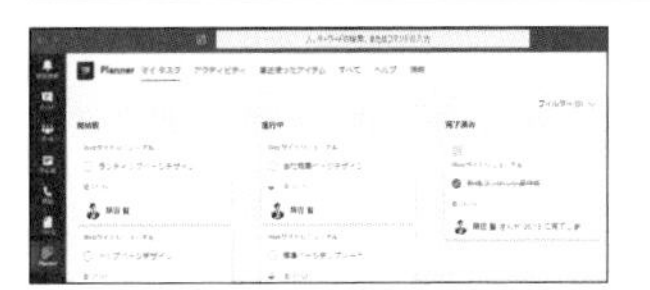

自分に割り当てられたタスクの確認や内容の編集、タスクの追加などが行える

Point

プロジェクトを円滑に進めるMicrosoft Planner

プロジェクト管理を行う上で、作業の進行状況を把握することは欠かせません。Microsoft Plannerを使えば、どのようなタスクがあるのかを一覧で表示することが可能になるほか、プロジェクト全体での進行状況や、メンバーの負荷も簡単に把握することが可能になります。特に「プロジェクトでタスク管理は行っているが、全体像をつかみづらい」と感じているのであれば、ぜひMicrosoft Plannerを試してみましょう。

レッスン

43 Microsoft Plannerでタスクを管理するには

タスクの管理

このレッスンでは、Microsoft Plannerの利用方法を紹介します。チーム全体でタスクを管理できるほか、それぞれのタスクの進行状況を簡単に把握できます。

タスクを追加する

1 Microsoft Plannerを表示する

レッスン❼を参考に、Microsoft 365のポータル画面を表示しておく

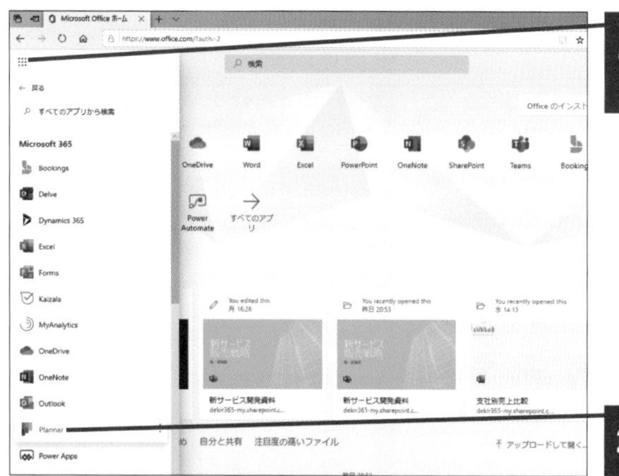

1 [アプリ起動ツール]をクリック

2 [Planner]をクリック

[Planner] が表示されていない場合は[すべてのアプリ]をクリックする

2 プランを作成する

[Planner] の画面が表示された

ここでは作成済みのグループを利用してプランを作成する

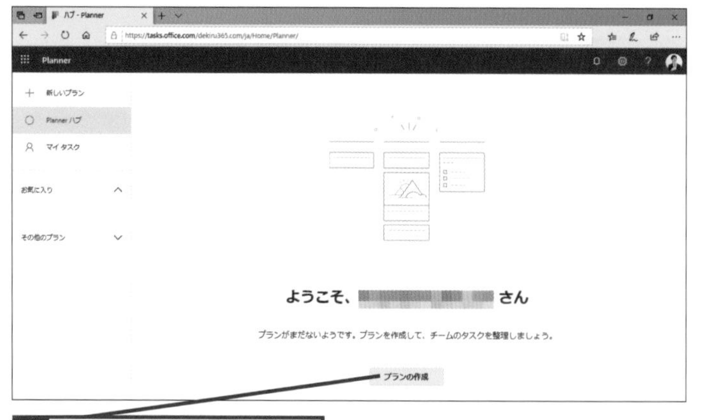

1 [プランの作成]をクリック

HINT!

別のプランを表示するには

表示するプランを切り替えるには、[Plannerハブ] に移動します。

1 [Plannerハブ]をクリック

[Plannerハブ]が表示された

[すべてのプラン] タブをクリックすると、自分が参照できるすべてのプランが表示される

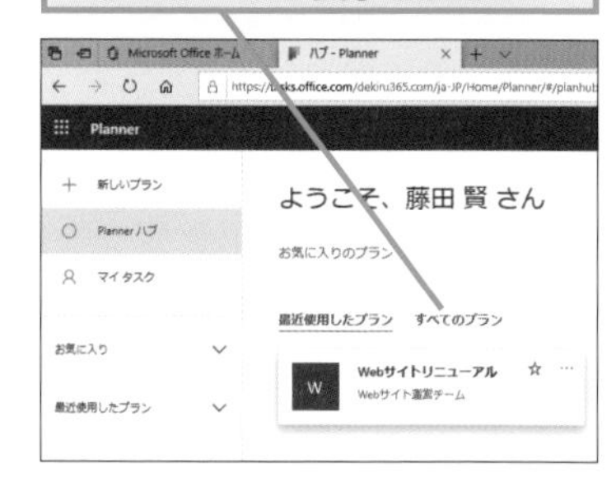

3 プランの詳細を設定する

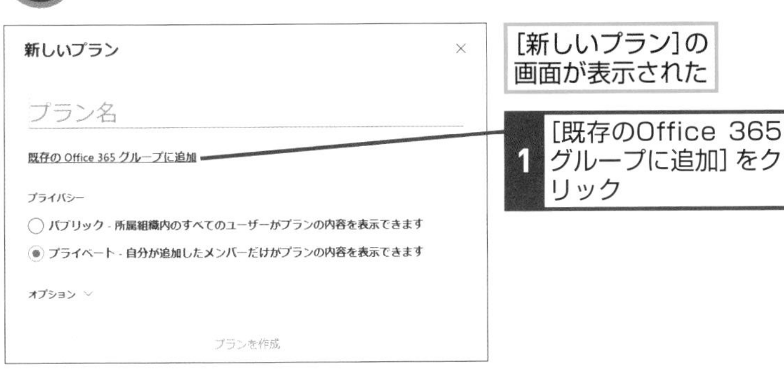

[新しいプラン]の画面が表示された

1 [既存のOffice 365 グループに追加] をクリック

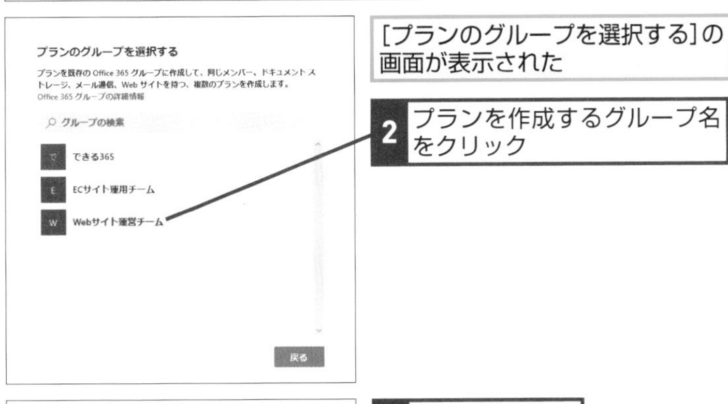

[プランのグループを選択する]の画面が表示された

2 プランを作成するグループ名をクリック

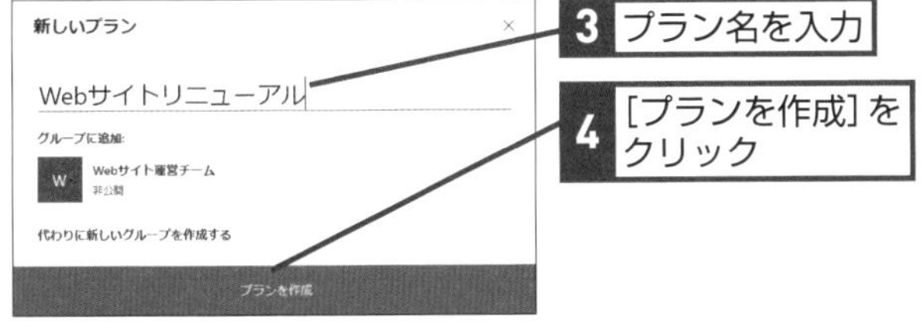

3 プラン名を入力

4 [プランを作成] をクリック

4 タスクを作成する

作成したプランに新規タスクを登録する

1 [タスクを追加] をクリック

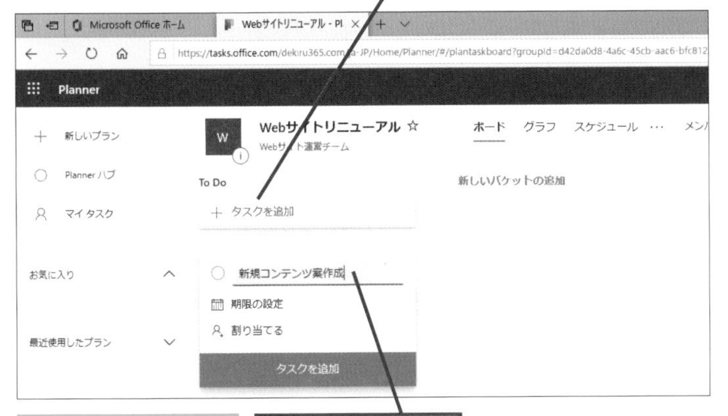

タスクが作成された

2 タスク名を入力

HINT! よくアクセスするプランをお気に入りに登録するには

プランをお気に入りとして登録すると、素早く表示できるようになります。

1 [お気に入りに追加] をクリック

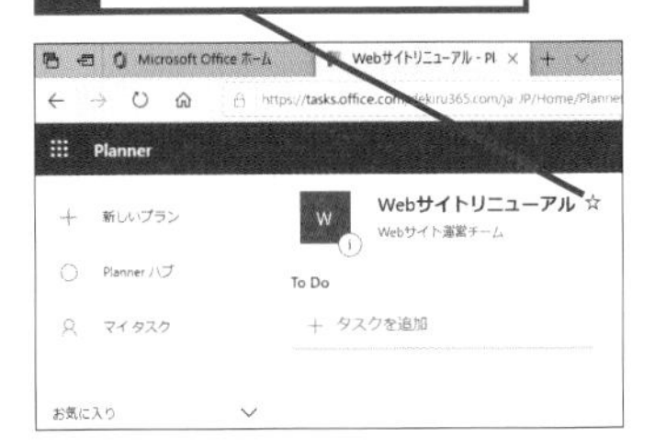

サイドメニューの [お気に入り] に追加される

HINT! プランの詳細を編集するには

[プランの設定] 画面では、プランの名前や削除を行うことができます。

1 [その他。このプランに関連する他のページに移動します]をクリック

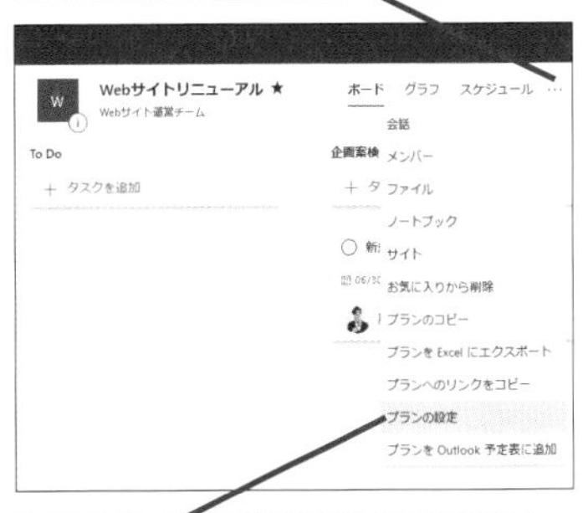

2 [プランの設定]をクリック

[プランの設定]の画面が表示された

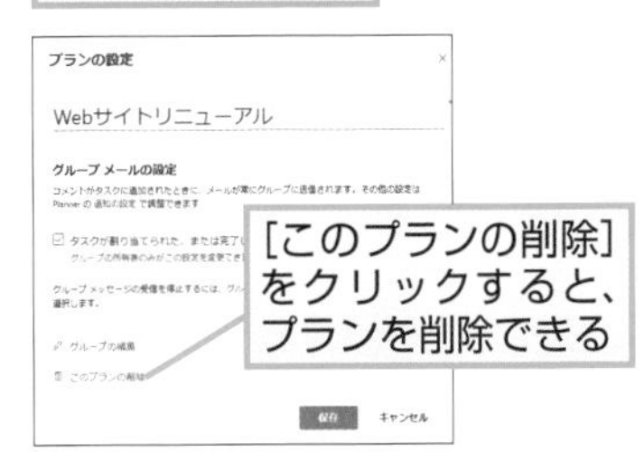

[このプランの削除]をクリックすると、プランを削除できる

次のページに続く

5 有効期限を設定する

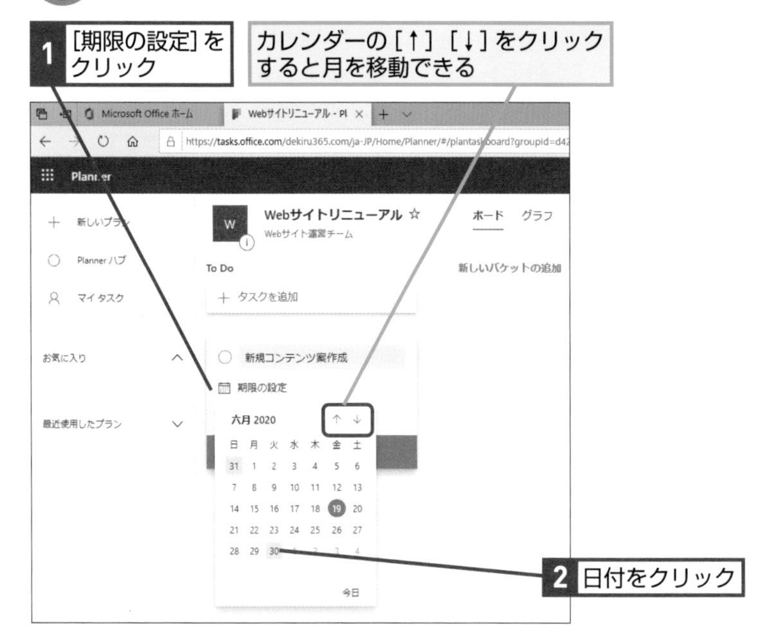

6 担当者を指定する

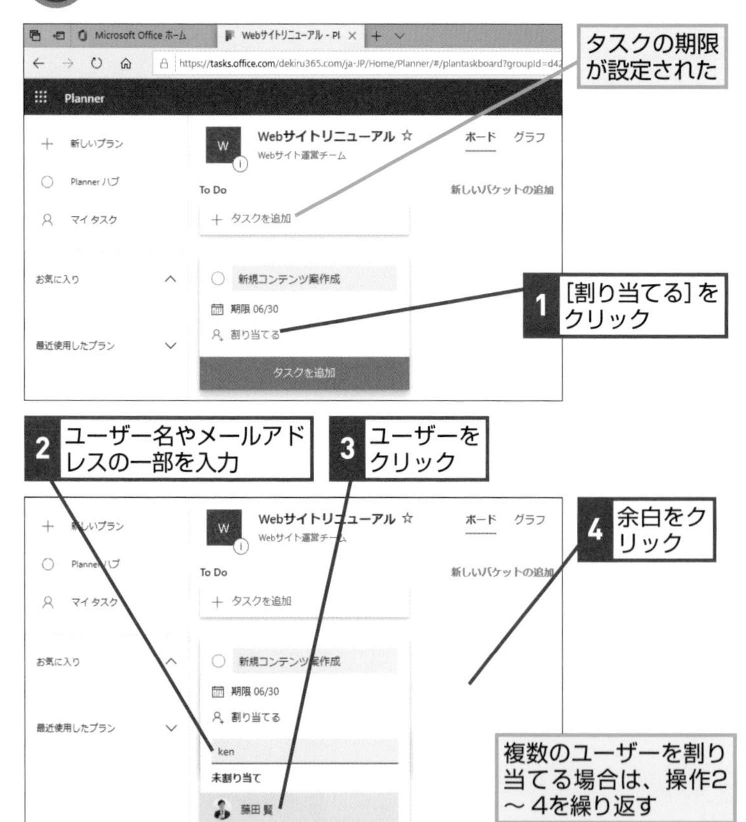

HINT!

タスクの内容を編集するには

作成したタスクをクリックすると、詳細画面が表示されます。ここでタスク名や担当者、期限が修正できるほか、進行状況や優先度の設定、メモの登録、添付ファイルの追加などが可能です。

タスクの詳細画面が表示され、さまざまな項目を編集できる

HINT!

タスクのリンクを取得するには

それぞれのタスクには独自のリンクが割り当てられています。このリンクをコピーし、メールなどに貼り付けて送信すると、ほかのユーザーに素早くそのタスクの詳細画面を見てもらうことが可能です。

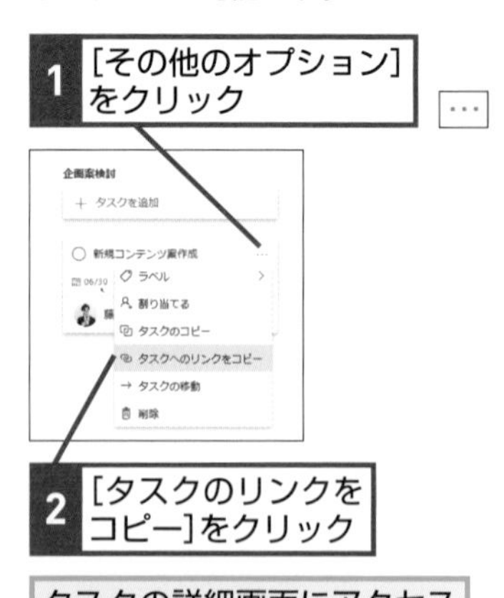

タスクの詳細画面にアクセスするためのリンクがクリップボードにコピーされた

7 タスクを追加する

タスクがユーザーに割り振られた

1 [タスクを追加]をクリック

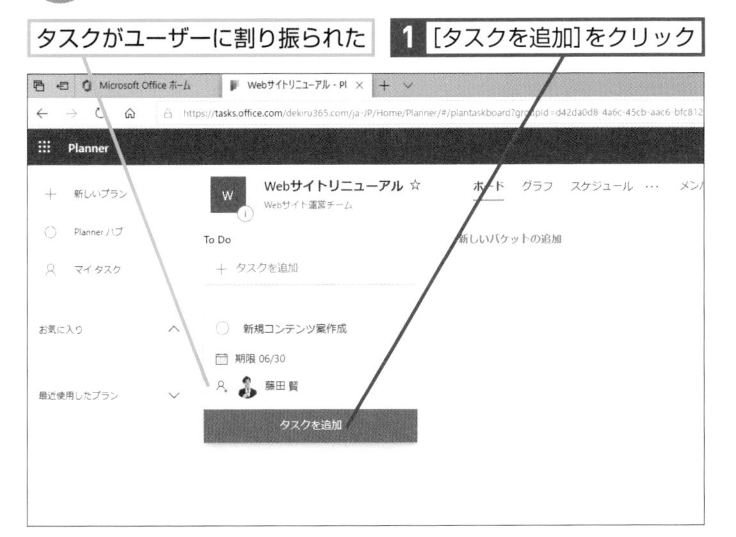

タスクが追加される

バケットにタスクを登録する

1 バケットを作成する

新しいバケットを作成し、登録済みのタスクを移動する

1 [新しいバケットの追加]をクリック

2 バケット名を入力

HINT! タスクにラベルを割り当てる

Plannerで登録したタスクには、ラベルを割り当てて見やすく整理することが可能です。また複数のラベルを割り当てることもできます。

1 [その他のオプション]をクリック

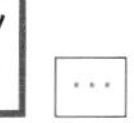

2 [ラベル]をクリック

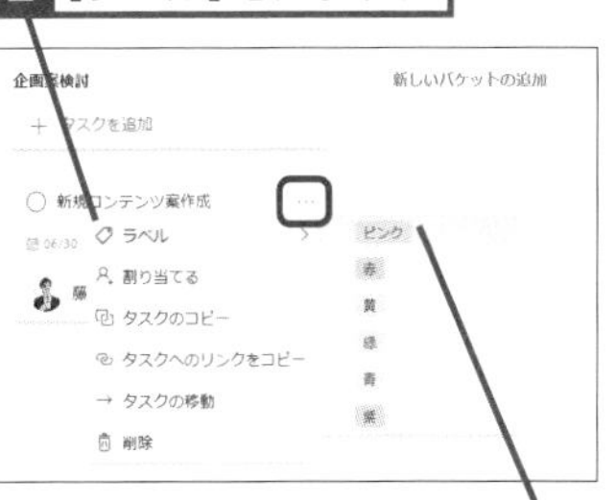

3 割り当てたいラベルをクリック

ラベルが割り当てられた

再度ラベルを割り当てれば、複数のラベルを設定できる

HINT! バケットの名前を変更するには

バケット名の部分をクリックすると、名前が修正できます。

1 バケット名をクリック

バケット名を編集できる状態になった

次のページに続く

2 作成したバケットにタスクを移動する

バケットが作成された

1 タスクにマウスポインターを合わせる

2 作成したバケットにドラッグ

タスクが移動した

タスクを完了にする

1 タスクを完了させる

完了となったタスクを表示しておく

1 [タスクを完了済みとしてマークする]をクリックしてチェックマークを付ける

タスクが完了済みとして設定される

HINT! バケットの位置を変更するには

バケットを作成した後、並び順を変更できます。メンバーにとって使いやすいように位置を調整しましょう。

1 [その他のオプション]をクリック

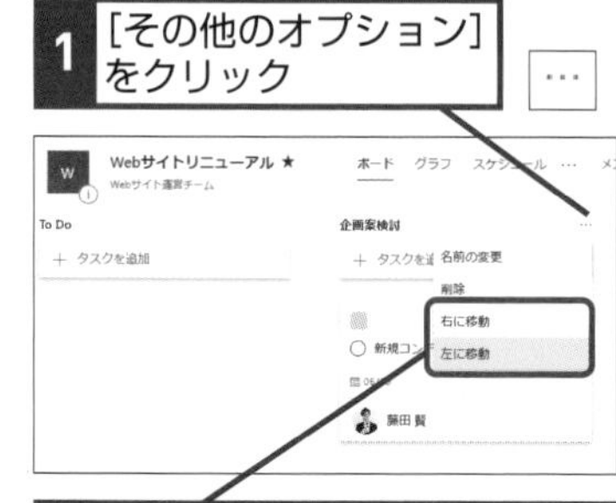

2 [右に移動]または[左に移動]をクリック

バケットの位置が変更された

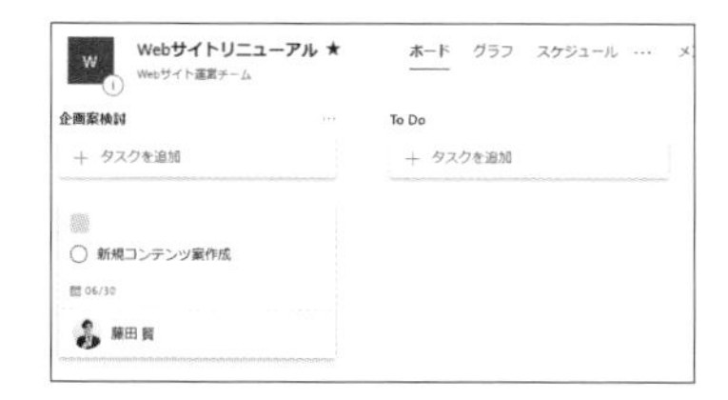

第5章 チーム内でコミュニケーションする

2 完了したタスクを表示する

完了したタスクを確認する

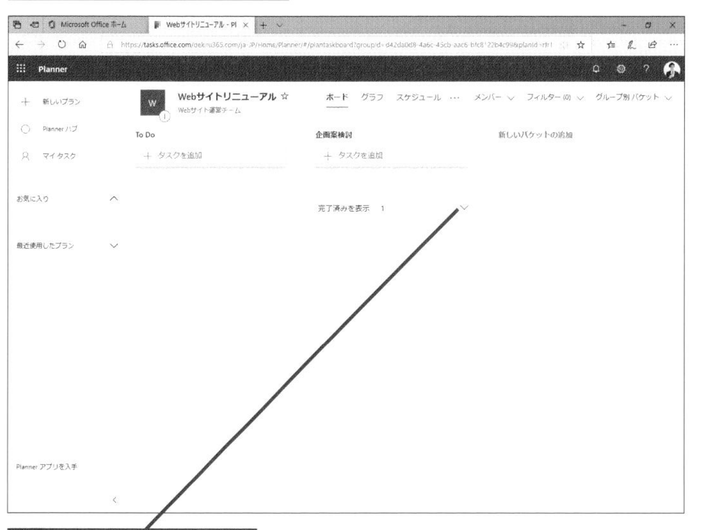

1 [完了済みを表示] の ここをクリック

3 完了済みのタスクが表示された

完了済みのタスクが表示された

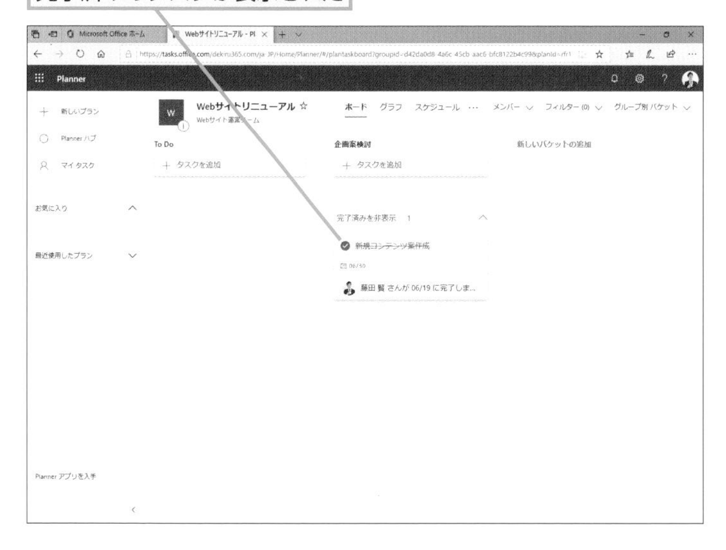

HINT!

タスクのグラフを表示するには

Plannerでは、残りタスクの数やそれぞれのタスクの進行状況、バケットごとのタスクの数などをグラフで表示する仕組みが用意されています。これを利用すれば、プロジェクトの進捗状況を素早く把握できるでしょう。

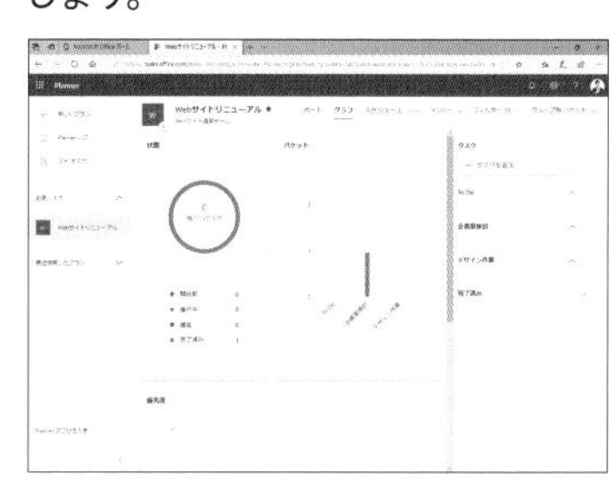

Point

テレワークでもチームの進捗状況を素早く把握

ほかのメンバーと離れた場所で作業していると、それぞれのメンバーの作業内容や進捗状況を気軽に尋ねることができません。Plannerを活用すれば、プロジェクト全体のタスクを可視化できるほか、細かく進捗状況を登録することにより、ほかのメンバーが今何をしているのかを把握できます。こうした仕組みは、特にテレワークでは有効でしょう。

この章のまとめ

チーム作業を効率化するMicrosoft Teams

ビジネスコミュニケーションの手段として、メッセージが長くなりがちでやりとりの手間も多いメールから、迅速に意思疎通が図れて手軽に使えるチャットに乗り換えるケースが増えています。チャットであれば本題だけを伝えればよく、メールのように無駄な文章を入力する必要はありません。特に1日に何十通もメールをやりとりする人にとっては、この違いは大きいでしょう。また、手軽に使うことができることからメッセージをやりとりする頻度が高まり、コミュニケーションの密度が高まることも期待できます。

Microsoft 365で提供されるMicrosoft Teamsは、チャットに加えて音声による通話、そしてWeb会議のための機能まで備えた統合コミュニケーションツールであり、幅広いシーンで活用することが可能です。また、ファイルや情報を共有するための機能も備えているため、チーム作業を効率的に進める上で大いに役立つツールとなっています。積極的に活用しましょう。

チャットでコミュニケーション

チャットだけでなくファイル共有も可能で、情報を集約できる

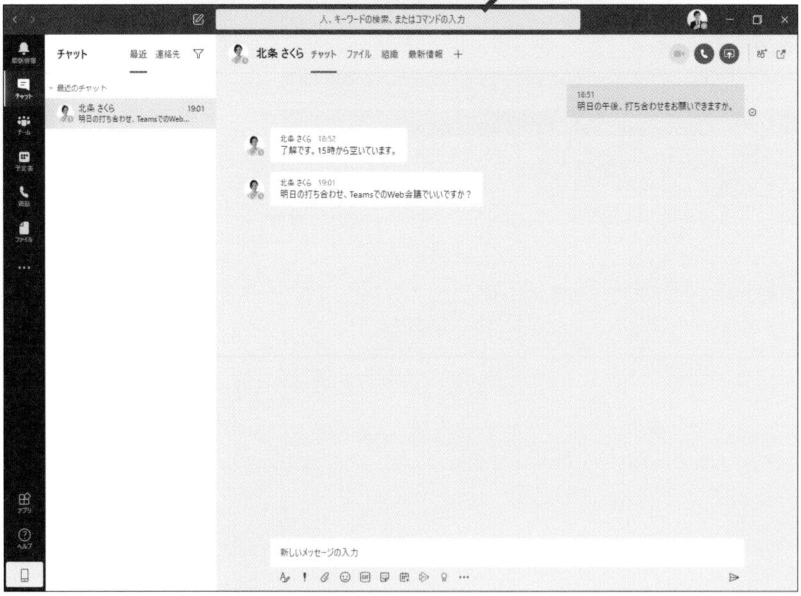

第6章 繰り返しの作業を自動化する

メールの添付ファイルをOneDrive for Businessに保存するなど、手順の決まった作業を自動的に実行する仕組みとしてMicrosoft 365で提供されているのが「Microsoft Power Automate」です。さまざまな作業を自動化でき、業務効率の向上に有効です。またプログラミングの知識が不要で、気軽に使えるのも大きなポイントでしょう。

●この章の内容

レッスン 44

作業を自動化しよう

Microsoft Power Automate

Microsoft 365の各アプリ、あるいは外部のサービスなどと連携し、さまざまな処理を自動化するためのツールとして用意されているのが「Microsoft Power Automate」です。

作業の効率化に有効なMicrosoft Power Automate

メールに添付されたファイルをOneDrive for Businessに保存する、あるいは重要なメールをMicrosoft Plannerにタスクとして登録するなど、日々繰り返している作業を自動化できるツールとして、Microsoft 365では「Microsoft Power Automate」が提供されています。添付ファイルを含むメールが届いたとき、自動でOneDrive for Businessに添付ファイルを保存できるようになり、手作業で処理する手間を省けます。
プログラミングの知識も不要で、すぐに自動化が可能になる多くのテンプレートがあらかじめ用意されているほか、それらのテンプレートをカスタマイズして使用できます。最初から作る場合も、難しいプログラミングを行う必要はありません。業務効率向上のために、積極的に活用してみましょう。

HINT!

テンプレートって何？

Microsoft Power Automateでは、特定の処理を自動化するための仕組みを「テンプレート」と呼びます。最初はあらかじめ用意された豊富なテンプレートを使って、どのような処理を自動化できるのかを試してみましょう。

HINT!

Microsoft Power Automateのプラン

Microsoft 365には、Microsoft Power Automateのライセンスである「Flow for Office 365」が付属しています。ただ、「Premiumコネクタ」と呼ばれる一部のコネクタが利用できないほか、Microsoft Power Automateを利用した1時間あたりの処理回数が2,000回までといった制約があります。

Microsoft Power Automateで実現できること

Microsoft Power Automateはオンラインワークフローサービスと呼ばれているものの1つであり、アプリやサービス間で行われる処理を自動化できます。例えば上司からのメールを受信した際にプッシュ通知するといったフローであれば、「Exchange Onlineに届くメールをチェックする」「受信したメールの送信元が上司かどうかを判断する」「上司であればスマートフォンに対してプッシュ通知を行う」といった処理を自動的に行います。

自動化の対象にできるサービスが豊富なのも大きな特徴で、自動化する対象のサービスを「コネクタ」と呼びます。Microsoft 365のExchange OnlineやSharePoint Online、OneDrive for Businessといった各サービスのほか、GoogleカレンダーやTwitter、Slackといった外部サービスのコネクタも用意されています。これにより、Exchange Onlineに追加した予定をGoogleカレンダーにも登録するというフローを作成可能です。

承認のための仕組みもあり、SharePoint Onlineにアイテムを追加したとき、承認を申請し、上司が許可すればアイテムが投稿されるといったフローも作成できます。

Microsoft Power Automateでは、さまざまなアプリやサービスと連携し、作業を自動化できる

HINT! 分かりやすい画面で処理の自動化が可能

Microsoft Power Automateではいろいろな処理を自動化できますが、それらの設計はすべてWebブラウザー上のグラフィカルな画面で行うことができます。

HINT! モバイルアプリを用いた通知が可能

AndroidやiOS（iPadOS）向けに提供されているモバイルアプリ「Power Automate」を利用すれば、作成したフローの中でモバイルデバイスに向けて通知を行うことができます。この仕組みを利用すれば、特定のユーザーからメールを受け取った際にモバイルデバイスに通知するという処理を実現できます。

Point RPAツールとしてさまざまな業務の自動化に活用可能

パソコン上で行う処理を自動化する「RPA」（Robotic Process Automation）を活用した、業務効率の向上を図るための取り組みが多くの企業で進められています。Microsoft Power AutomateもRPA実現のためのツールであり、これを利用することでさまざまな業務を自動化し、人の負担を大幅に削減できます。作業の自動化や負担の軽減が図れる業務はないか、あらためて自身の業務を見直してみましょう。

レッスン

45 テンプレートを使うには

テンプレートを使った自動化

Microsoft Power Automateには、数多くのテンプレートが用意されています。まず、これらのテンプレートがどのように使えるかを試してみましょう。

1 Microsoft Power Automateにアクセスする

レッスン❼を参考に、Microsoft 365のポータル画面を表示しておく

1 [アプリ起動ツール]をクリック

2 [Power Automate]をクリック

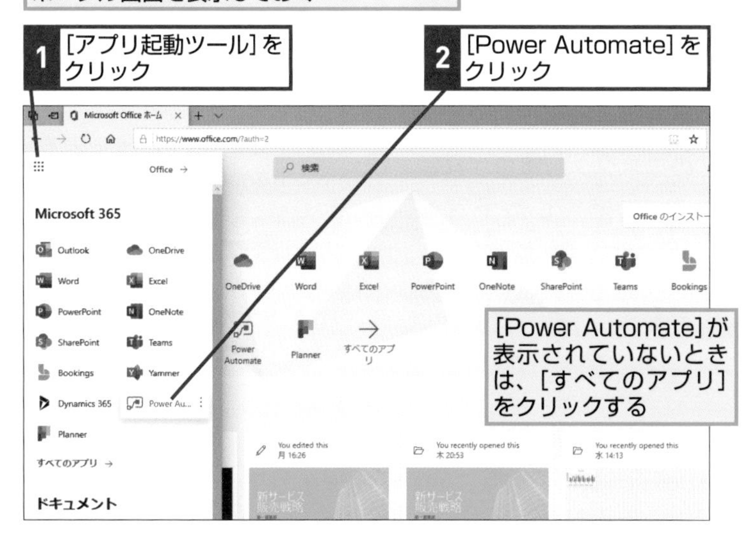

[Power Automate]が表示されていないときは、[すべてのアプリ]をクリックする

2 テンプレートを選択する

Microsoft Power Automateの画面が表示された

ようこそ画面が表示されたときは、[開始する]をクリックする

1 [テンプレート]をクリック

2 [すべてのフロー]をクリック

3 [Office 365のメールの添付ファイルをOneDrive for Businessに保存する]をクリック

キーワード

OneDrive for Business p.215
テンプレート p.217

HINT! 添付ファイルはどこに保存されるの？

このレッスンでは、[Office 365のメールの添付ファイルをOneDrive for Businessに保存する] のテンプレートでフローを作成します。フローが有効の場合、添付ファイルはOneDrive for Businessの [Email attachments from Flow] フォルダーに保存されます。

HINT! フローの実行を確認するには

[マイ フロー] 画面のフローをクリックすると、詳細画面が表示されます。詳細画面では、フローの実行履歴を確認できます。

フローの実行履歴が表示される

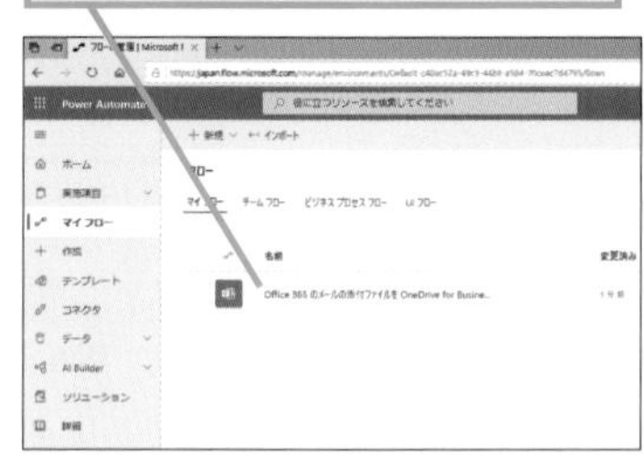

3 フローを作成する

フローの詳細が表示された

1 ここを下にドラッグしてスクロール

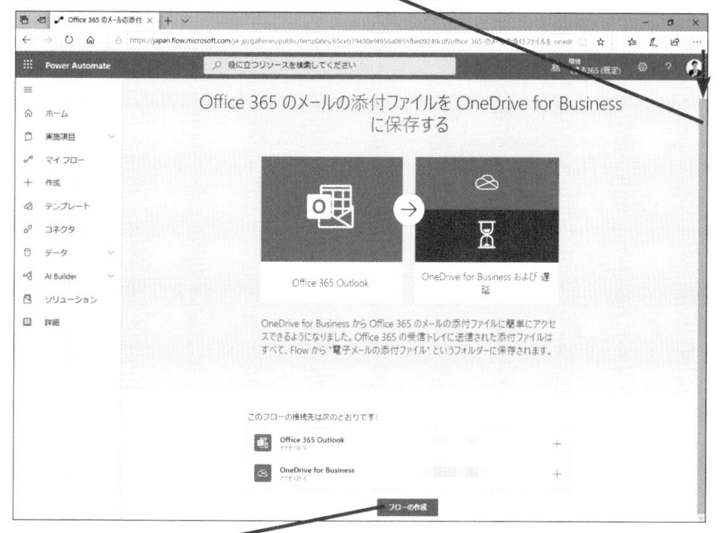

2 [フローの作成]をクリック

4 フローが登録された

フローの登録が完了した

Exchange Onlineで添付ファイル付きのメールを受け取ると、OneDrive for Businessに保存される

HINT!

フローを無効にするには

無効にしたいフローの詳細画面を表示し、画面上部にある［オフにする］をクリックします。また［削除］をクリックすると、登録したフローを削除できます。

[マイ フロー]をクリックして、フローの詳細画面を表示しておく

1 [オフにする]をクリック

[削除]をクリックすると、フローを削除できる

Point

豊富なテンプレートを業務に活用する

Microsoft Power Automateにはさまざまなテンプレートがあり、業務でそのまま使えるものも少なくありません。例えば「Plannerで新しいタスクが作成されたらMicrosoft Teamsにメッセージを投稿する」というテンプレートを使えば、Microsoft Plannerに登録されたタスクの見逃しを防げるでしょう。こうしたテンプレートを活用するためにも、まずはMicrosoft Power Automateにどのようなテンプレートが用意されているのかを確認するところから始めましょう。

レッスン

46 新しくフローを作成するには

フローの新規作成

Microsoft Power Automateでは、用意されたテンプレートを利用するだけでなく、フローを一から作成できます。実際にフローを作成してみましょう。

Microsoft Power Automateによるフロー作成の流れ

ここでは、重要度が［高］のメールを受信したとき、自動でOneNoteのQuick Notesにメール本文を保存するという内容例で、フロー作成の手順を解説します。

1 フローの新規作成画面を表示する

レッスン㊺を参考に、Microsoft Power Automateを表示しておく

1 ［作成］をクリック

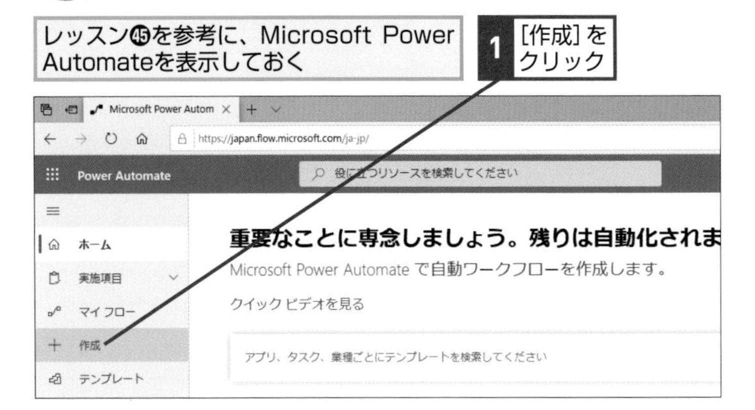

2 フローの作成を開始する

フローの作成画面が表示された

ここでは［空白から開始］で作成する

1 ［自動フロー］をクリック

キーワード

OneNote	p.215
サービス	p.216
テンプレート	p.217

HINT!

トリガーとアクションって何？

トリガーとは、「フローを実行するきっかけとなる条件」を指します。このレッスンで作成するフローの例では、「新着メールの受信」がトリガーとなります。トリガーの条件を満たすと、「指定した処理」が行われます。この処理をアクションと呼びます。

HINT!

トリガーにはどんな種類があるの？

Microsoft Power Automateでは、さまざまな条件をトリガーとして利用できます。Microsoft 365のアプリであれば、Outlookに登録されている予定の時間が近付いたときや、OneDrive for Businessにファイルが保存・更新されたときなどがトリガーとして用意されています。手動、あるいはスケジュールしたタイミングでもフローを実行できます。

3 トリガーを選択する

[自動フローの作成]の画面が表示された

1 [フロー名]にフロー名を入力

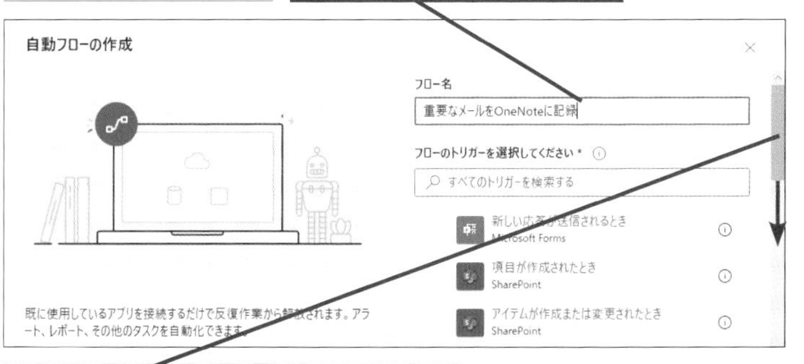

2 ここを下にドラッグしてスクロール

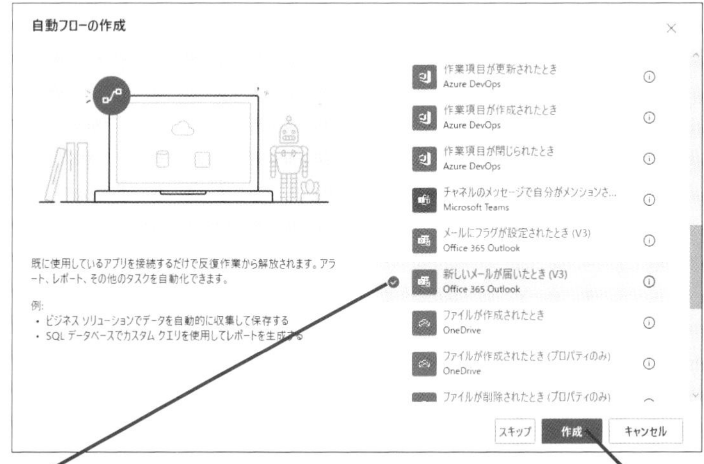

3 [新しいメールが届いたとき]をクリック

4 [作成]をクリック

4 条件の設定画面を表示する

[新しいメールが届いたとき]のトリガーが表示された

1 [詳細オプションを表示する]をクリック

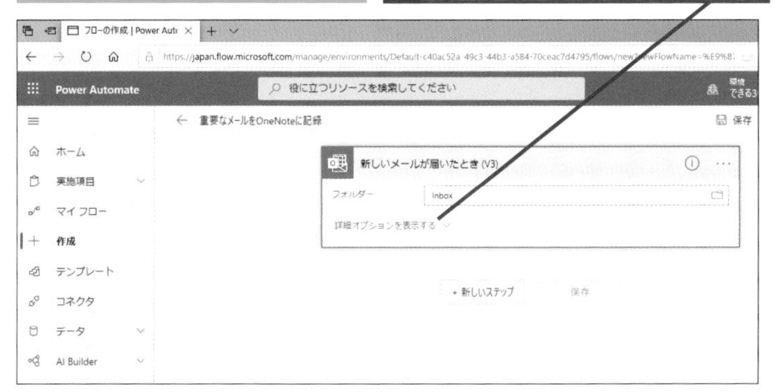

HINT!

フローを実行する条件を変更するには

このレッスンでは、重要度が［高］のメールを受信したときにアクションを実行するように設定していますが、それ以外の条件も設定可能です。例えば［宛先］に自分のメールアドレスを入力し、自分あてに届いたメールのみ、あるいは［件名フィルター］欄に入力した文字がメールの件名に含まれたときのみアクションを実行することもできます。

HINT!

条件に応じて処理を変更するには

Microsoft Power Automateには、アクションの条件を指定して処理を変更できる「条件」と呼ばれるコントロールがあります。また複数の項目を個別に処理できる「Apply to each」や、条件が満たされるまで繰り返し処理を行う「Do until」なども用意されています。

● ［条件］コントロールを使った処理の分岐

条件の内容を設定する

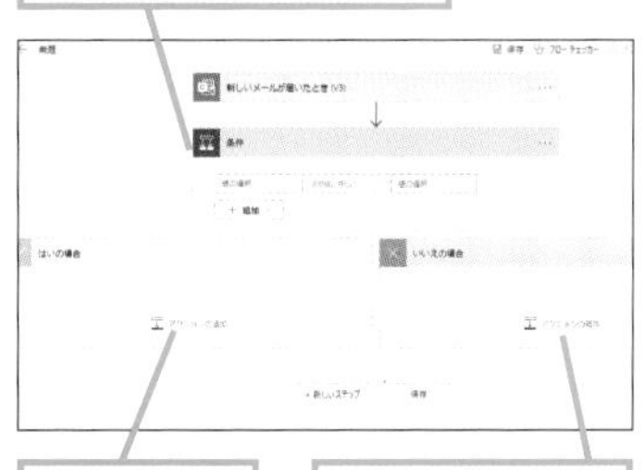

条件に合致した場合のアクションを登録する

条件に合致しなかった場合のアクションを登録する

次のページに続く

5 新着メールの条件を設定する

ここでは、重要度が[高]であることを条件として指定する

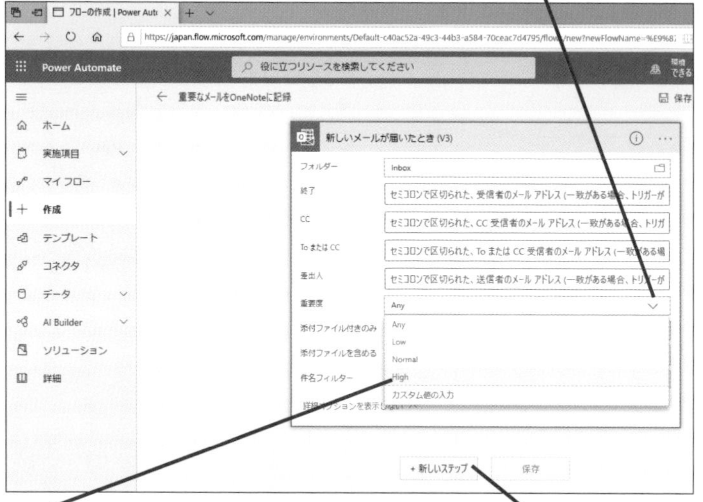

6 アクションを追加する

ここでは、OneNoteのアクションを表示する

1 「OneNote」と入力

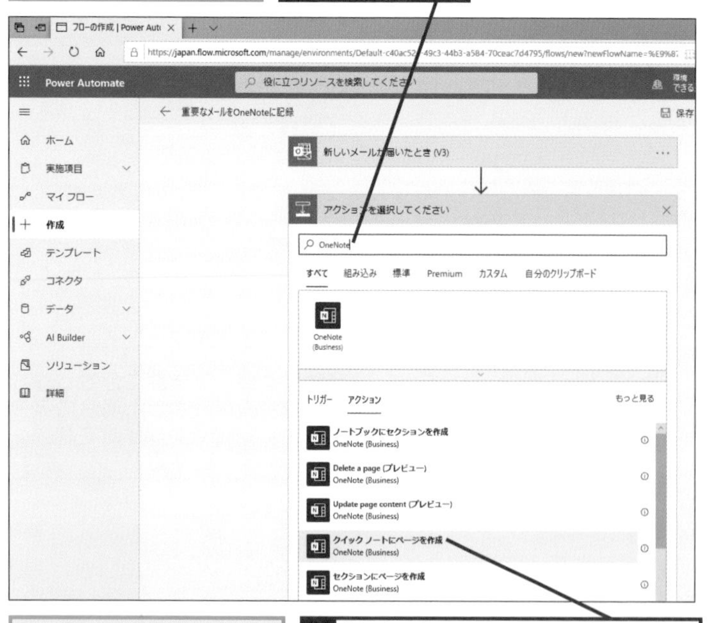

OneNoteのアクションが表示された

2 [クイックノートにページを作成] をクリック

HINT! OneNoteでどのセクションに保存されるの?

手順6で［クイックノートにページを作成］を選択すると、OneDrive for Businessの［ノートブック］フォルダー内に作られる［(ユーザーの名)@（会社名)］というノートブックの［クイックノート］セクションにメールの本文が保存されます。

HINT! Microsoft Power Automateにはモバイル版もある

Microsoft Power Automateは、AndroidやiOS（iPadOS）向けにもアプリが提供されています。モバイルデバイスに通知を送るために利用できるほか、フローの管理や作成も可能です。

7 アクションを設定する

アクションが追加された

1 [動的なコンテンツの追加]をクリック

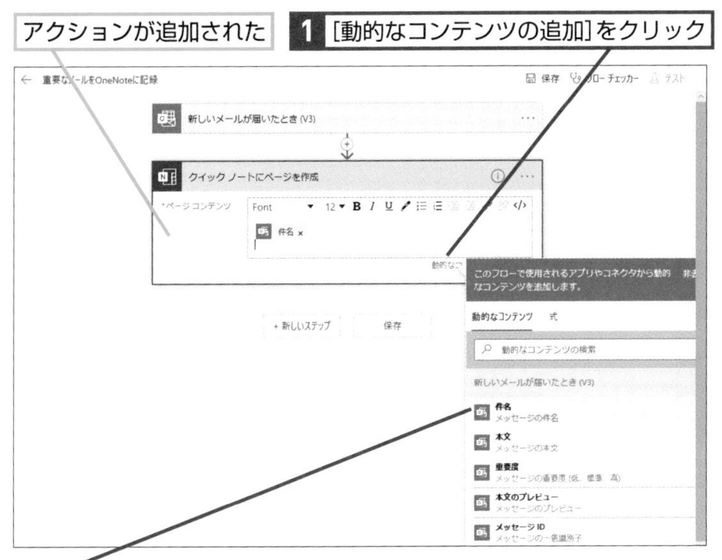

2 [件名]をクリック

3 Enter キーを押す

8 作成したフローを保存する

[件名]が追加された

1 [本文]をクリック

2 [保存]をクリック

3 画面左上の[前のページに戻る]をクリック

[マイ フロー]の画面に作成したフローが表示される

条件に合致したメールを受信すると、OneNoteに本文が記録される

HINT!

フローを再編集するには

[マイ フロー]の各フローの詳細画面を表示し、[編集]をクリックするとフローを編集できます。なお、テンプレートを用いて作成したフローでも、同様に編集可能です。

1 [編集]をクリック

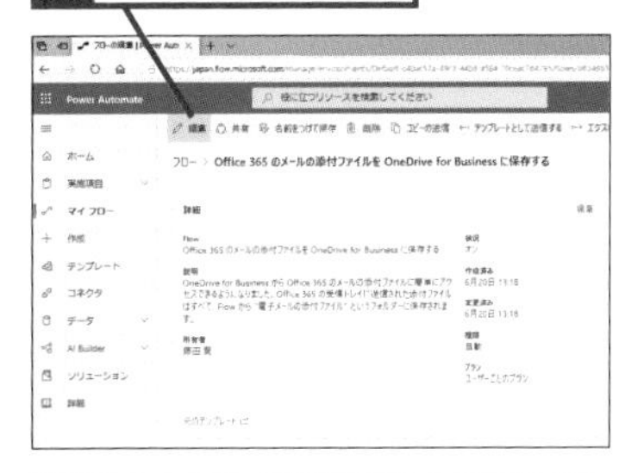

フローの編集画面が表示される

Point

アイデア次第でさまざまな作業を自動化できる

Microsoft Power Automateは柔軟性の高いツールであり、さまざまな処理を自動化できます。このレッスンで作成したフローはごくシンプルなものですが、差出人に合わせて処理を変えたり、あるいは別の処理を追加したりするなど、より高度な処理も設定可能です。実際にMicrosoft Power Automateを実際に使ってみて、どういった業務に適用できるのか考えてみましょう。

この章のまとめ

さまざまな処理を自動化できる多機能なツール

設定した条件に応じて処理を変える、あるいは承認を得た上で処理を実行するなど、Microsoft Power Automateは高度なフローを作成できるため、幅広い用途に応用が可能です。プログラミングの知識を必要としないこともMicrosoft Power Automateの大きな特徴で、誰でも簡単にオリジナルのフローを作成できます。テンプレートが数多く用意されていて、それらをカスタマイズするだけでも多くの処理が自動化できるでしょう。Microsoft 365以外のサービスを利用できることもポイントで、GoogleカレンダーやgoogleドライブなどといったGoogleのサービス、あるいはTwitterやFacebookといったSNSもサポートしています。このため、Googleカレンダーに登録した予定を自動的にMicrosoft 365のアカウントに取り込む、あるいは特定のハッシュタグが付いたTwitterの投稿をExcelで記録するといったフローも作成できます。業務効率向上のために、積極的に使いこなしましょう。

第7章 Microsoft 365でビデオを共有する

「Microsoft Stream」は、Microsoft 365上で動画ファイルを共有するための機能です。例えば作業内容を分かりやすく説明したいといったとき、その作業を映像で記録して見てもらう、あるいは会議やセミナーの様子を録画して共有するなど、さまざまな使い方が考えられます。新しい情報共有手段の1つとして活用できるでしょう。

●この章の内容

レッスン

47 動画を共有するには

動画のアップロード

Microsoft Streamでは、アップロードする動画を選択し、簡単な設定を行うだけですぐに動画をアップロードできます。ここでアップロード方法を見てみましょう。

1 Microsoft Streamにアクセスする

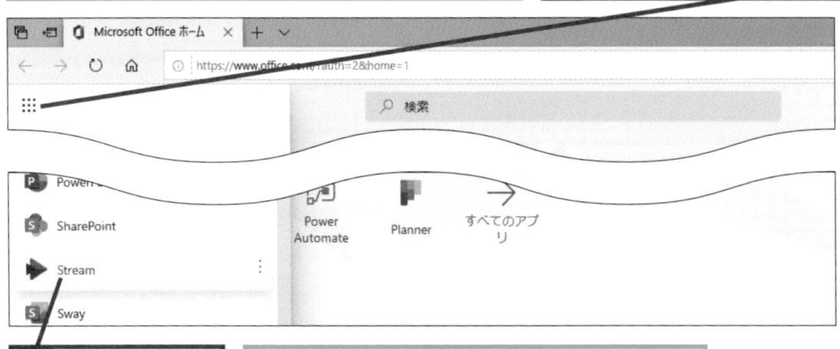

2 動画のアップロード画面を表示する

3 アップロードする動画を選択する

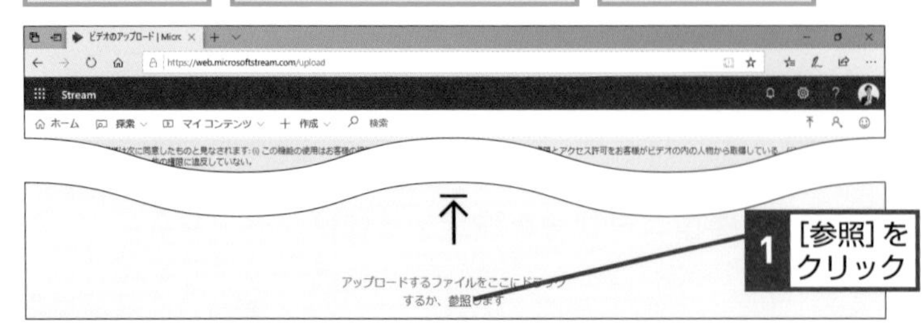

HINT! 企業での動画共有に最適なMicrosoft Stream

YouTubeなど一般的な動画共有サービスとの違いに、Microsoft Streamはきめ細かくアクセス制御が行えることが挙げられます。特定のユーザーのみが視聴できるように権限を設定できるほか、複数のユーザーをまとめた「グループ」に対して権限を割り当てられます。企業の動画共有プラットフォームに最適といえます。

HINT! アップロードできる動画の種類

Microsoft Streamがサポートする動画は、以下を参照してください。

▼Microsoft Stream 形式とコーデック
https://docs.microsoft.com/ja-jp/stream/input-audio-video-formats-codecs

HINT! Microsoft Streamのストレージ容量

Microsoft Streamは1テナントあたり500GBのストレージ容量が割り当てられるほか、ライセンスを持つユーザーごとに0.5GBの容量が追加されます。またストレージ容量は追加購入が可能です。

ファイルを選択する

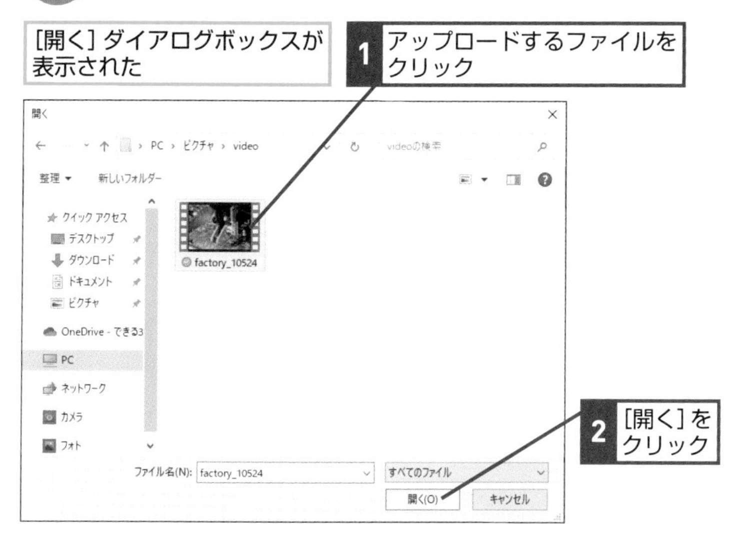

[動画の既定の言語の設定] 画面が表示された場合は、[日本語]を選択して[保存]をクリックする

5 動画を発行する

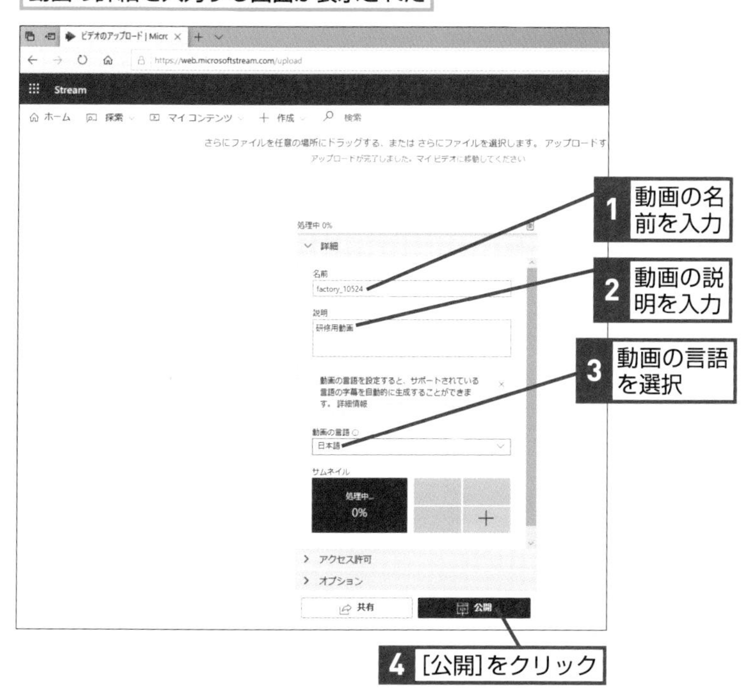

動画が発行される

画面上部の [マイ コンテンツ] で [ビデオ] を選択すると、アップロードした動画を確認できる

HINT!

動画にハッシュタグを追加できる

手順5の画面で[説明]を入力する際、[#] に続けてキーワードを入力すると、ハッシュタグとして登録されます。例えば「#meeting」と入力すれば、「meeting」というキーワードで一連の動画をすぐに探し出せるので便利です。

HINT!

動画を視聴できるユーザーを限定するには

レッスン㊾で解説するグループを作成し、アクセス許可の中でグループを指定すると、特定のグループに所属するメンバーしか動画を視聴できないように設定できます。

HINT!

Microsoft Streamのインテリジェンス機能

Microsoft Streamでは、動画内の音声を認識して自動で字幕を生成する機能が搭載されています。また、動画に写っている人の顔を識別し、その人が写っているシーンだけを再生することも可能です。

Point

さまざまな動画をMicrosoft Streamで共有しよう

動画で共有すると便利なコンテンツは数多くあります。例えば、ミーティングやセミナーの様子を動画として記録し、それをMicrosoft Streamで共有するような使い方です。動画であれば、そのときの状況を容易に把握でき、内容を漏らさずに伝えることができます。

レッスン

48 動画を再生するには

動画の視聴

Microsoft Streamでは、YouTubeなどのインターネット上の動画共有サイトなどと同様に、アップロードされた動画を再生して視聴することができます。

1 動画の一覧ページを表示する

レッスン㊼を参考に、Microsoft Streamにアクセスしておく

1 [探索]をクリック

2 [ビデオ]をクリック

2 再生する動画を選択する

動画の一覧が表示された

1 再生する動画をクリック

HINT!

特定のユーザーがアップロードした動画を確認するには

動画の一覧画面で、[アップロード者] の名前をクリックすると、そのユーザーがアップロードした動画だけが表示されます。

1 名前をクリック

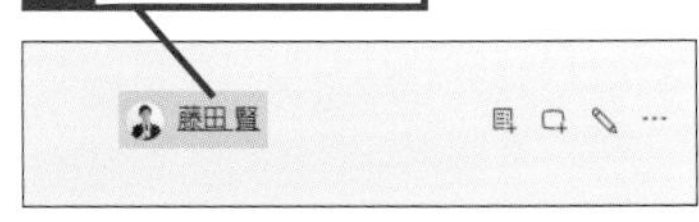

そのユーザーがアップロードした動画だけが表示される

HINT!

動画を再生回数順で並べ替えるには

動画の一覧画面にある [並べ替えの基準] で [ビューの数] を選択すると、再生回数順で動画の並べ替えができます。また、それ以外にも「関連性」や「トレンド」「公開日」「いいね!」で並べ替えることが可能です。

1 ここをクリック

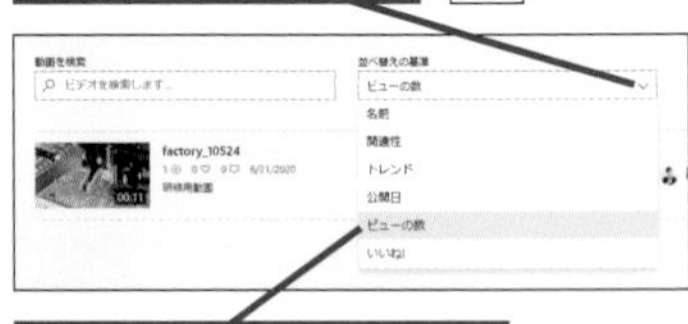

2 [ビューの数] を選択

再生回数順で動画が並び替えられる

3 動画を視聴する

動画の再生が開始された

ここをクリックすると動画の再生を一時停止できる

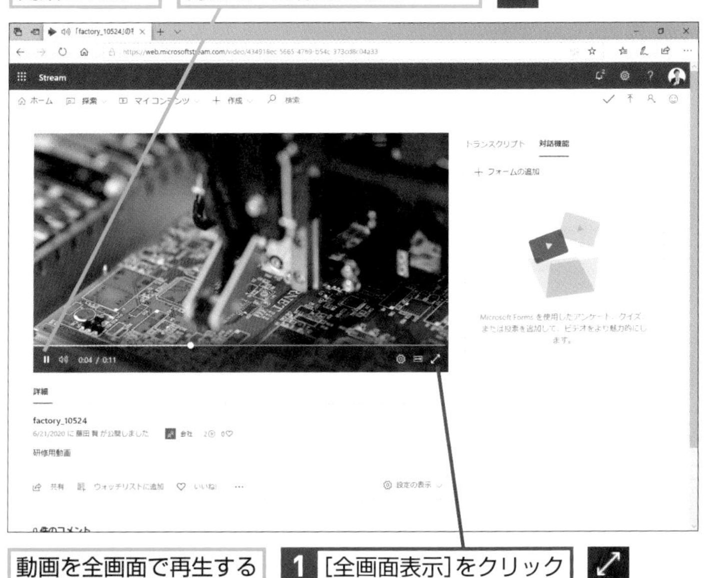

動画を全画面で再生する

1 [全画面表示]をクリック

動画が全画面で再生された

esc キーを押すか、[今すぐ終了] をクリックすると、全画面表示を終了できる

HINT!

動画にコメントを投稿するには

共有された動画に対して、コメントを投稿できます。また［いいね！］をクリックすると、動画に対して「いいね！」を付けられます。

1 ［新しいコメントを投稿します。］をクリック

2 コメントを入力

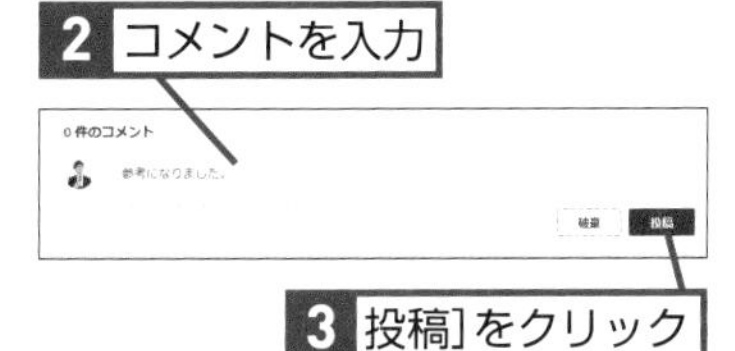

3 投稿］をクリック

コメントが投稿される

Point

動画なら何度も視聴して習熟度を高められる

Microsoft Streamで動画を共有すると、作業マニュアルなどを何度も視聴して習熟度を高められます。さらにMicrosoft Streamであればスマートフォンでも動画を視聴でき、時間や場所を選ばずにマニュアルをチェックできることも大きな利点です。スマートフォンの普及によって動画を気軽に撮影できる環境が整ったため、今後さまざまなマニュアルが動画として配信される可能性は高いのではないでしょうか。

レッスン

49 動画の分類や視聴ユーザーを設定するには

チャンネル、グループ

Microsoft Streamでは、チャンネルを使って動画を分類したり、グループで動画を視聴できるユーザーを限定したりできます。その方法を解説していきます。

チャンネルを作成する

1 チャンネルの作成画面を表示する

レッスン㊼を参考に、Microsoft Streamにアクセスしておく

1 [作成]をクリック 2 [チャンネル]をクリック

2 チャンネルの設定を行う

[チャンネルの作成]の画面が表示された

1 チャンネル名を入力

2 チャンネルの説明を入力

ここでは、[チャンネルアクセス]で[会社のチャンネル]を選択する

3 [会社のチャンネル]をクリック

必要に応じて画像を登録する

4 [作成]をクリック

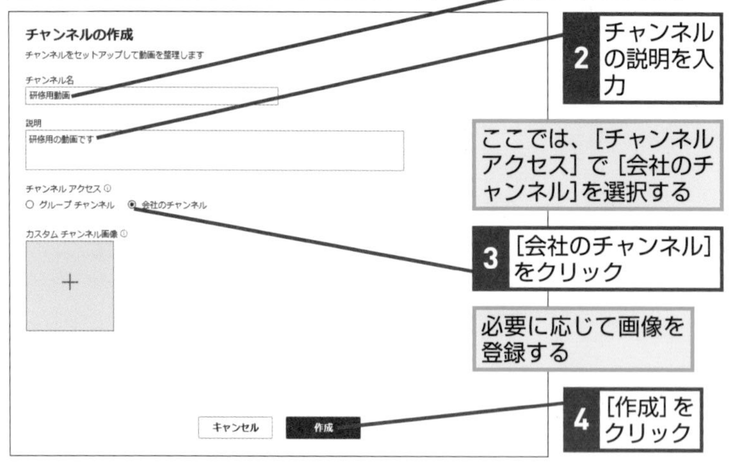

3 チャンネルが作成された

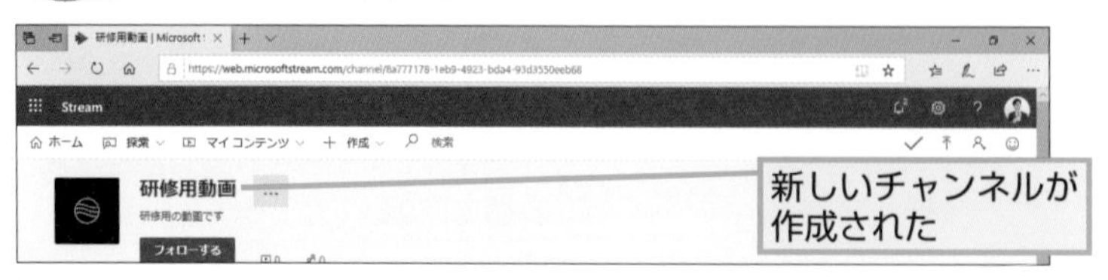

新しいチャンネルが作成された

HINT! 動画をチャンネルに登録するには

登録したいチャンネルのページを表示し、動画ファイルをドラッグアンドドロップでアップロードすると、そのチャンネルに動画を登録できます。動画を投稿した後、[マイ コンテンツ]の[ビデオ]で投稿した動画を表示し、チャンネルに追加することもできます。

[マイ コンテンツ]の[ビデオ]を表示しておく

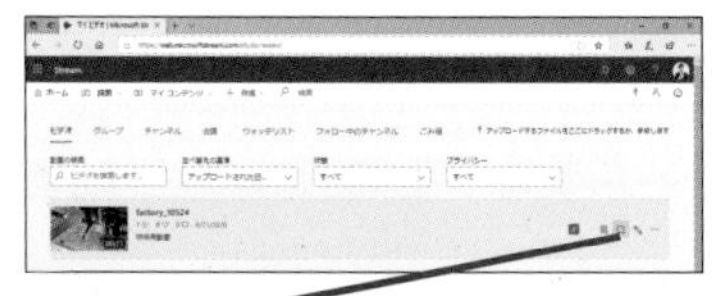

1 チャンネルに追加したい動画の[グループ/チャンネルに追加]をクリック

2 ここをクリックして[チャンネル]を選択

3 チャンネル名の一部を入力

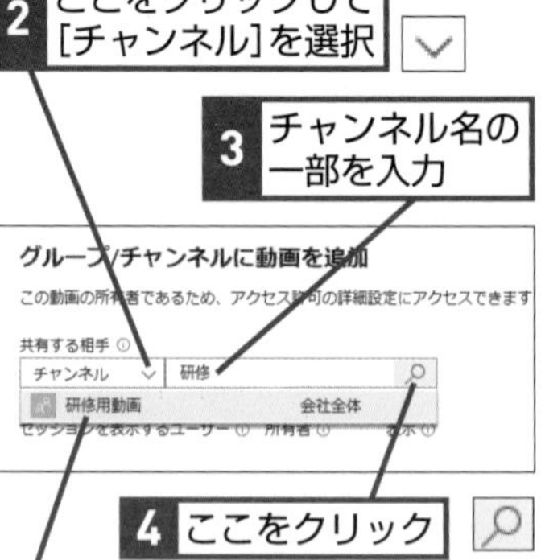

4 ここをクリック

5 目的のチャンネルをクリック

[保存]をクリックすると、チャンネルに動画が登録される

グループを作成する

1 グループの作成画面を表示する

Microsoft Streamにアクセスしておく

1 ［作成］をクリック

2 ［グループ］をクリック

2 グループを作成する

［グループの作成］の画面が表示された

1 グループ名を入力

2 グループのメールアドレスを入力

3 グループの説明を入力

ここでは、［アクセス］をメンバーのみアクセス可能な［プライベートグループ］として作成する

4 名前やメールアドレスの一部を入力し、候補からメンバーを追加

5 ［作成］をクリック

3 グループが作成された

作成したグループのページが表示された

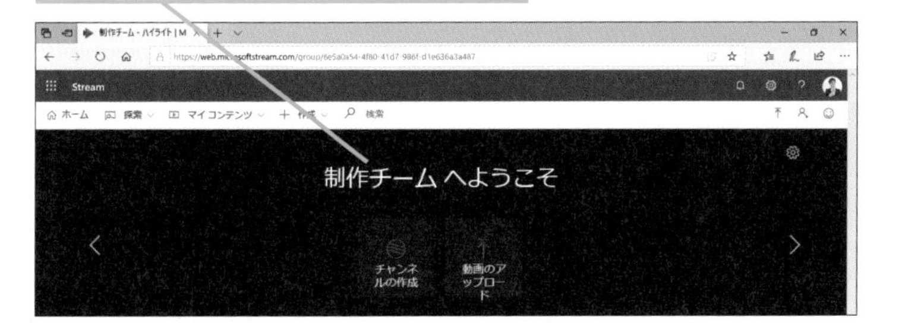

HINT!

動画をグループ内でのみ視聴できるようにするには

動画をアップロードする際、［アクセス許可］の画面で、視聴を許可するグループを指定します。

レッスン㊼を参考に、動画をアップロードする

1 ［アクセス許可］をクリック

2 ［社内の全員にこの動画の閲覧を許可する］をクリックしてチェックマークをはずす

確認画面が表示されるので［はい］をクリック

3 ［共有する相手］で［マイグループ］を選択

グループ名の一部を入力して検索する

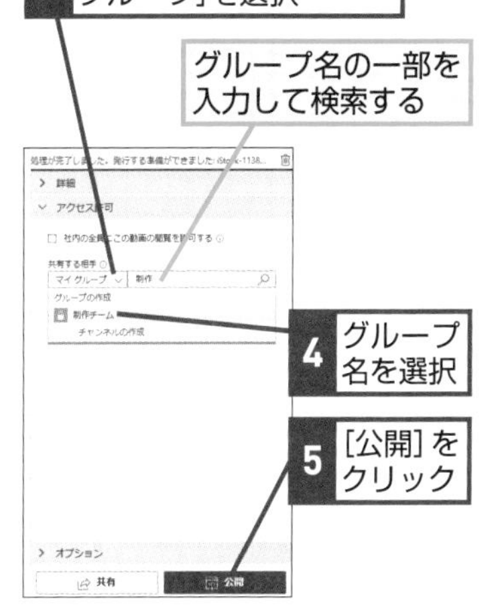

4 グループ名を選択

5 ［公開］をクリック

Point

グループを活用して再生できるユーザーを制限

動画を特定のユーザーだけで共有したいといったケースも少なくありません。そうした場面で活用できるのがグループの機能です。これを利用すれば、チーム内のメンバーだけで動画を再生することが可能になります。動画をアップロードする際には、それを再生できるユーザーを想定し、必要に応じてグループを利用しましょう。

この章のまとめ

Microsoft Streamで動画コンテンツを気軽に共有

物事を動画で記録するメリットには、言葉で説明されるよりも理解しやすいこと、テキストや写真で表すことが難しい内容まで詳細に記録しておけることなど数多くあります。すでに多くの企業が、マニュアルの作成に動画を積極的に取り入れていますが、こうしたメリットがあることを考えると必然だと言えるのではないでしょうか。
また動画が便利なのはマニュアルだけではありません。例えば重要な会議や社内で開催したセミナーを動画で記録しておけば、会議やセミナーに参加できなかった人にも内容を共有できて便利です。
スマートフォンが普及し、気軽に動画を撮影できるようになったこともポイントです。モバイルデバイスでも利用できるMicrosoft Streamであれば、わざわざビデオカメラを持ち出すことなく、スマートフォンで撮影し、その場で即座にアップロードすることも可能です。積極的に活用してみましょう。

第8章 iPhoneやAndroidで活用する

Microsoft 365はiPhoneやiPad、Android端末など、スマートフォンやタブレット端末でも利用できます。このため、場所を選ばずにメールの送受信や社内のメンバーとのコミュニケーションができ、外出先で急ぎ必要になった情報にアクセスすることも可能です。この章では、スマートフォンやタブレットのアプリを利用してメールやチャット、メッセージをやりとりする方法などを解説します。

●この章の内容

レッスン **50**

iOSやAndroidで活用するには

モバイル端末でできること

iOS（iPadOS）やAndroidを搭載したスマートフォンやタブレット端末にも対応し、外出先で使えることもMicrosoft 365の大きな魅力です。その概要を紹介します。

スマートフォンやタブレット端末を活用

スマートフォンやタブレットなどのモバイル端末では、外出先でもWebサイトの閲覧やメールの送受信ができ、多彩なアプリを利用できます。Microsoft 365は、スマートフォンやタブレット端末向けのOSである「iOS（iPadOS）」や「Android」をサポートしているため、これらを搭載したモバイル端末をビジネスツールとして活用できます。

チーム サイトやOneDrive for Businessに保管したドキュメントをどこからでも利用できる

プッシュ通知でリアルタイムにメールの受信が可能

外出先からでも手軽に情報を確認できる

キーワード

Microsoft Teams	p.215
OneDrive for Business	p.215
Outlook	p.215
Webブラウザー	p.216
サインイン	p.216

HINT!

Webブラウザーから利用できる

Microsoft 365では、モバイル端末用のアプリが多数提供されていますが、Webブラウザーでも各サービスを利用できます。なお、ポータル画面にアクセスする際のURLはパソコンと同じです。

▼Microsoft 365 ポータル画面
https://portal.office.com/

AndroidスマートフォンのWebブラウザーでアクセスしたMicrosoft 365のポータル画面

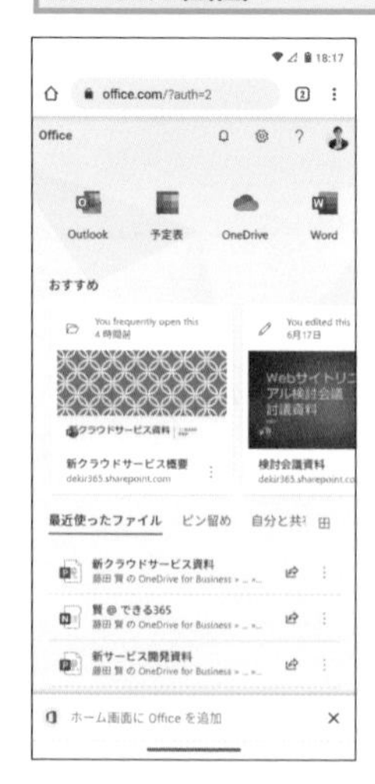

専用アプリを使って快適にアクセス

マイクロソフトでは、Microsoft 365の「Outlook」や「OneDrive for Business」「Microsoft Teams」などのアプリをiOS（iPadOS）／Android向けに提供しています。アプリを利用すれば、スマートフォンやタブレット端末でも快適にMicrosoft 365の各サービスを利用可能です。積極的に活用しましょう。

◆モバイル版のOutlook
メールの送受信やスケジュールの管理が可能なほか、住所録を利用できる

プッシュ通知に対応しているため、新着メールをすぐに確認できる

◆モバイル版のOneDrive for Business
外出先でさまざまなファイルを確認できる

ファイルのアップロードや共有ができるほか、モバイル版Officeアプリをダウンロードすれば簡単な編集も可能

HINT!

モバイル版のアプリはApp StoreやGoogle Playで入手する

Microsoft 365のモバイル版アプリは、各プラットフォームのアプリ配信サービスで入手できます。iOS（iPadOS）であれば「App Store」、Androidなら「Google Play」で検索してインストールしましょう。

Point

外出先でも快適にMicrosoft 365を利用できる

モバイル端末はMicrosoft 365の利用範囲を大きく広げてくれる存在です。例えば電車の中でも気軽に［Outlook］アプリを使ってメールをチェックしたり、Microsoft Teamsを使って仲間とコミュニケーションしたりできます。またOneDrive for Businessを使ってファイルをクラウド上にアップロードしておけば、いつでも必要なときにモバイル端末を使ってファイルの内容をチェックできます。このように、外出先でも業務が行える環境を整えることは、業務効率の向上に向けた取り組みを進める上でも極めて有効でしょう。

レッスン 51

スマートフォンでOutlookを使うには

モバイル版Outlook

iOS/Android端末向けの［Outlook］アプリを利用すれば、Microsoft 365にアクセスしてメールを送受信することが可能です。ここでは、その設定方法を解説します。

iOS端末の［Outlook］アプリにアカウントを登録する

1 メールアドレスを入力する

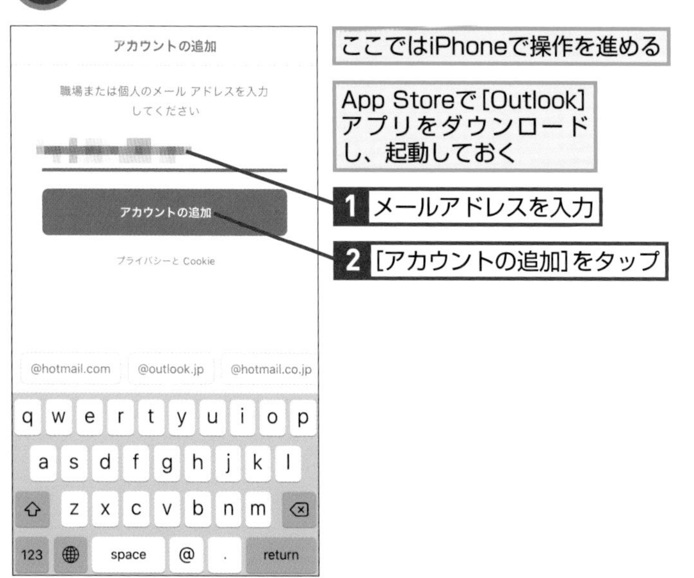

2 パスワードを入力する

HINT!

iOS標準のメールアプリでメールを送受信する

iOSの［設定］の画面から［パスワードとアカウント］-［アカウントを追加］の順にタップすれば、［メール］アプリにMicrosoft 365のメールアカウントを追加してメールの送受信ができます。［アカウントを追加］の画面では、［Microsoft Exchange］を選択します。

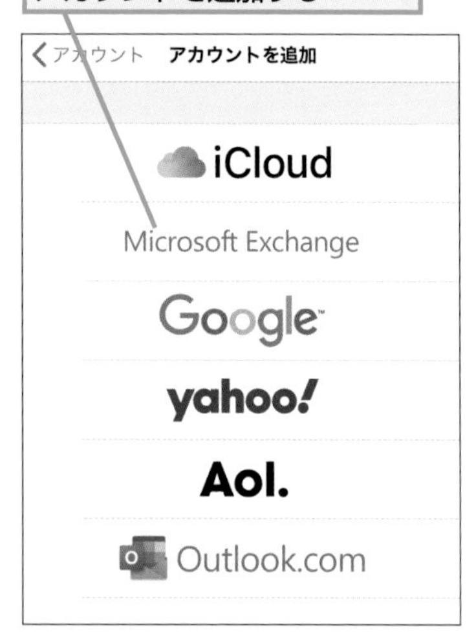

HINT!

［Outlook］アプリでiCloudメールやGmailも送受信できる

iOS/Android用の［Outlook］アプリでは、iCloudメールやGmailの送受信もできます。このため、複数のメールアカウントを併用している場合でも、それらのメールをOutlookに集約することが可能です。

③ アカウントを登録する

[別のアカウントを追加]の画面が表示された

ここではアカウントを追加しない

1 [後で]をタップ

通知に関するメッセージが表示されたら、[いいえ]または[有効にする]のいずれかをタップする

④ Outlookの受信トレイが表示された

アカウントの登録が完了し、[Outlook]アプリにExchange Onlineの受信トレイが表示された

アカウントのアイコンをタップすると、[送信済みアイテム]や設定アイコンを表示できる

いずれかのメールをタップすると、メッセージを確認できる

HINT! 受信したメールに返信するには

手順4でメールをタップすると、そのメールの内容が表示されます。さらに次のように操作すると、受信したメールに返信できます。

1 返信したいメールをタップ

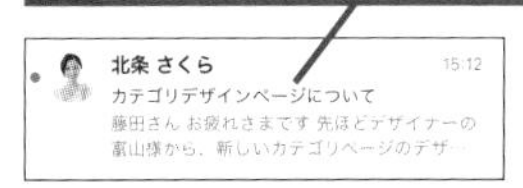

[返信]をタップしてメッセージを入力する

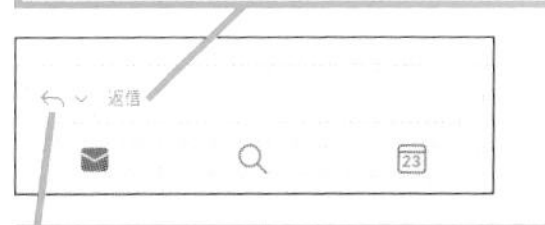

ここをタップすると、[全員に返信][返信][転送]などを選択できる

HINT! 新規メールを作成するには

[Outlook]アプリで新規メールを作成するには、画面右上のアイコンをタップします。

1 ここをタップ

新規メール作成画面が表示される

HINT! 署名を変更するには

画面左上のアカウントのアイコンをタップし、次に画面左下の設定アイコンをタップします。[署名]をタップしてから署名を書き換えましょう。

次のページに続く

Android端末の［Outlook］アプリにアカウントを登録する

1 アカウントの追加画面を表示する

Google Playで［Outlook］アプリをダウンロードし、起動しておく

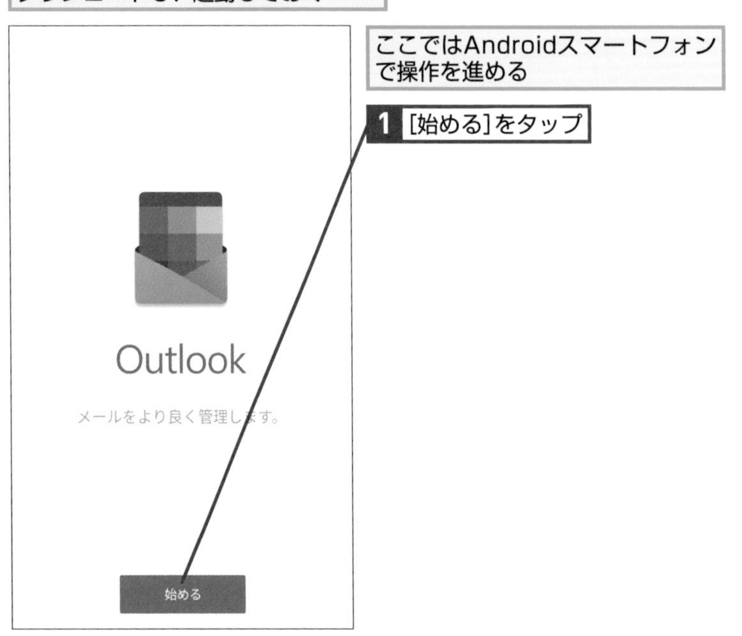

ここではAndroidスマートフォンで操作を進める

1 ［始める］をタップ

2 メールアドレスを入力する

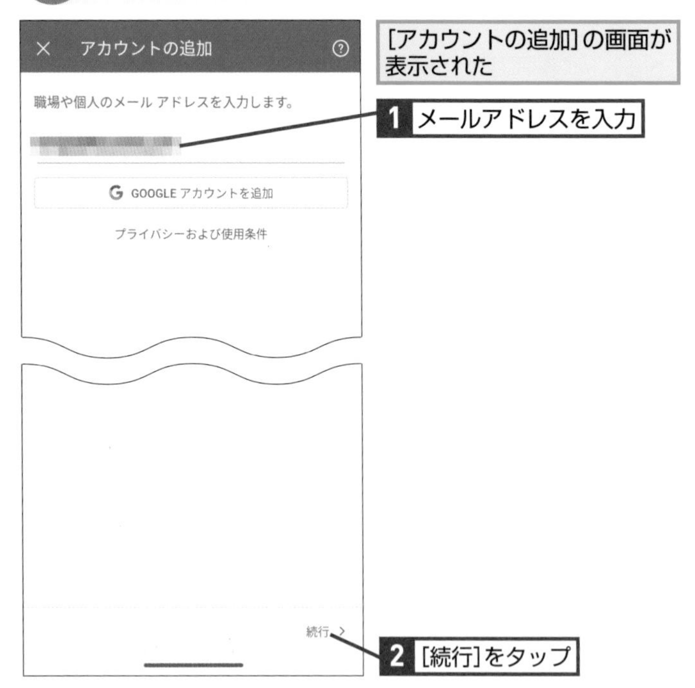

［アカウントの追加］の画面が表示された

1 メールアドレスを入力

2 ［続行］をタップ

HINT!

フォルダーを切り替えるには

画面左上のアカウントアイコンをタップすると、フォルダーを切り替えることができます。

1 アカウントアイコンをタップ

フォルダーの一覧が表示された

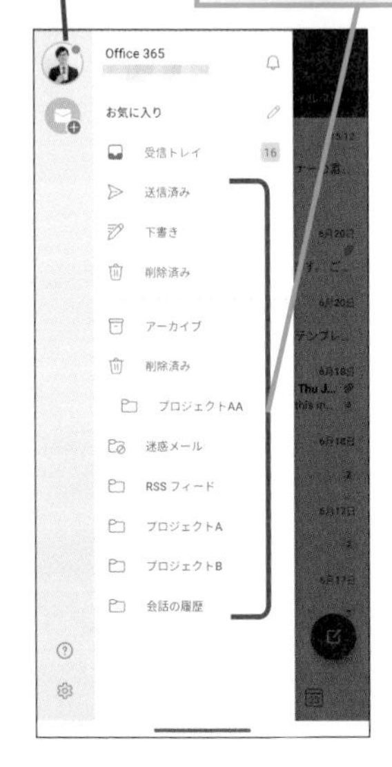

HINT!

メールをアーカイブするには

［Outlook］アプリでは、処理が完了したメールなどをアーカイブとして専用のフォルダーに移動できます。標準では以下のようにメールを左方向にスワイプすると、［アーカイブ］フォルダーにメールが移動します。

1 アーカイブしたいメールを左にスワイプ

3 パスワードを入力する

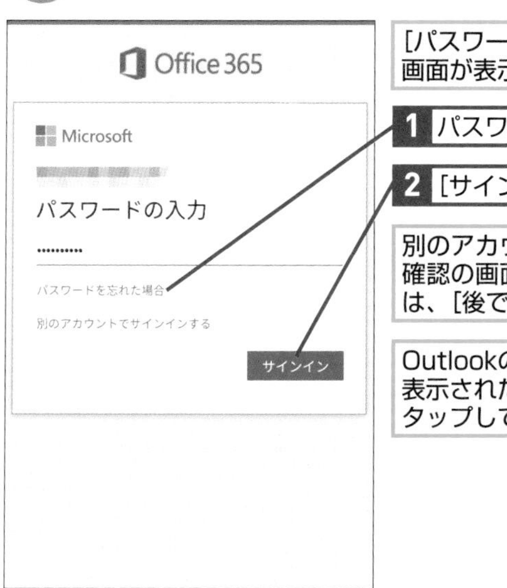

[パスワードの入力] の画面が表示された

1 パスワードを入力

2 [サインイン]をタップ

別のアカウントを追加するか確認の画面が表示されたときは、[後で]をタップする

Outlookの機能紹介画面が表示されたときは、[→]をタップして進める

4 Outlookの受信トレイが表示された

アカウントの登録が完了し、[Outlook] アプリにExchange Onlineの受信トレイが表示された

HINT!

スワイプしたときの処理を変更するには

メールを右方向/左方向にスワイプしたときの処理は、[設定] の画面にある [スワイプ] オプションで指定できます。なお [設定] の画面は、画面左上のアカウントアイコンをタップした後、画面左下の [設定] をタップするとアクセスできます。

メールを左右にスワイプしたときの処理を選択できる

Point

重要なメールをスマートフォンでも素早くチェック

スマートフォンに [Outlook] アプリをインストールしてMicrosoft 365のアカウントを登録しておけば、場所を問わずにメールをチェックし、必要なときに返信可能です。特に外出する機会が多いのであれば、スマートフォンでメールをチェックできる環境を整えておくことは必須だといえるでしょう。

レッスン

52 スマートフォンで予定を確認・登録するには

モバイルでの予定管理

スマートフォンの［Outlook］アプリでは、パソコンと同じように予定表が利用できます。これにより、いつでも登録した予定を確認することが可能です。

iOS端末の［Outlook］アプリで予定を確認する

1 Exchange Onlineのカレンダーを表示する

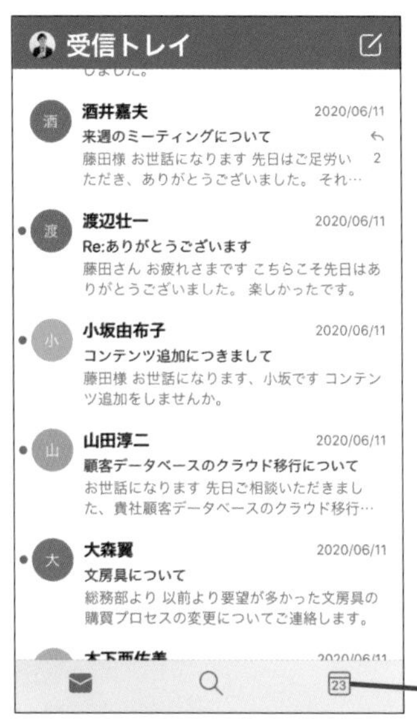

レッスン51を参考に、［Outlook］アプリで受信トレイを表示しておく

ここではiPhoneで操作を進める

1［予定表］をタップ

2 予定の詳細を確認する

Exchange Onlineのカレンダーが表示された

1 詳細を確認する予定をタップ

HINT!

iPadでも［Outlook］アプリを利用できる

［Outlook］アプリはiPadOS向けにも提供されているため、iPadでも利用できます。基本的な機能や操作方法はiPhoneと同様ですが、フォルダー内のメール一覧と選択したメールの内容が1つの画面で表示されるほか、カレンダーの週表示が可能であるなど、広い画面を有効に利用できるインターフェースとなっています。

HINT!

前後の予定を確認するには

［議題］表示の場合、手順2の画面を上下にスワイプすると日付を移動できます。［1日］と［3日間］表示の場合では、画面を左右にスワイプして移動します。

3 予定の詳細が表示された

タップした予定の詳細が表示された

iOS端末の［Outlook］アプリで予定を登録する

1 予定の登録画面を表示する

［Outlook］アプリでExchange Onlineのカレンダーを表示しておく

ここではiPhoneで操作を進める

1 ［+］をタップ

2 Exchange Onlineに新しい予定を登録する

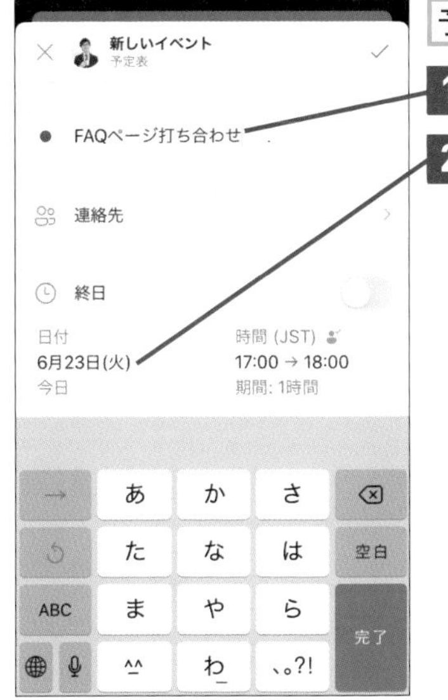

予定の登録画面が表示された

1 予定の件名を入力

2 日付をタップ

HINT!
カレンダーを切り替えるには

Exchange Onlineに登録されている複数のカレンダーの表示を切り替えるには、以下のように操作します。

1 アカウントのアイコンをタップ

2 非表示にしたいカレンダーをタップしてチェックマークをはずす

HINT!
予定の表示方法を変更するには

iPhoneの［Outlook］アプリでは、予定をリスト形式で表示する［議題］、1日分、あるいは3日分の予定が見られる［1日］と［3日間］、1カ月分のカレンダーを表示する［月］の表示方法が選べます。

1 ここをタップ

2 切り替えたい表示形式をタップ

次のページに続く

52 モバイルでの予定管理

3 日付と時間を決定する

カレンダーが表示された

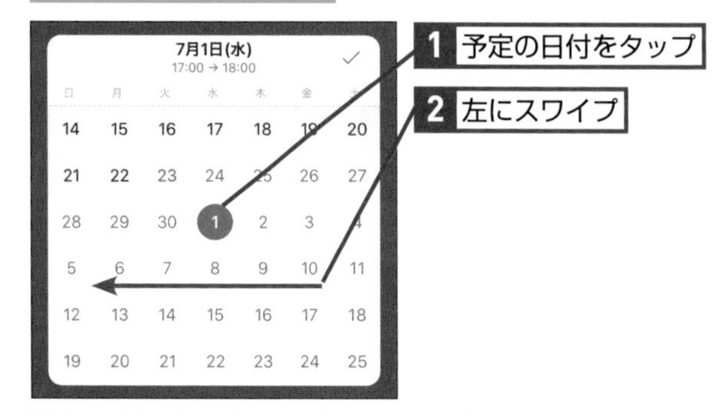

1 予定の日付をタップ

2 左にスワイプ

選択した日付の時刻表が表示された

3 時間帯を選択

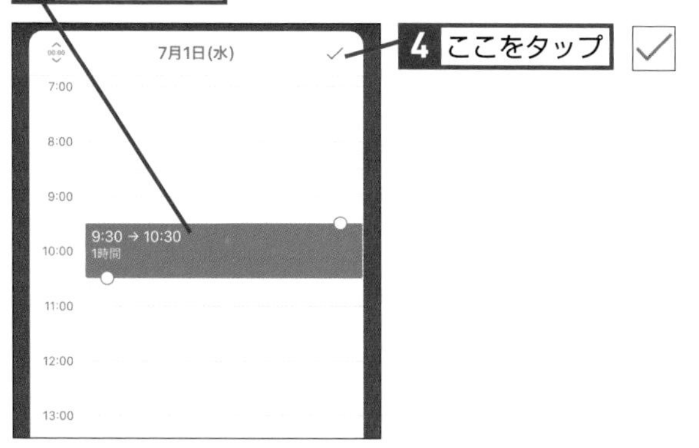

4 ここをタップ

4 新しい予定が登録された

時間帯が設定された

1 ここをタップ

新しい予定が登録された

登録した予定はExchange Onlineに保存されるので、デスクトップ版のOutlookなどでも参照できる

HINT! 会議の出席依頼に回答するには

別のユーザーが設定した会議の出席を依頼された場合、[Outlook] アプリで通知を受け取り、出席や欠席の回答をすることができます。

1 [RSVP]をタップ

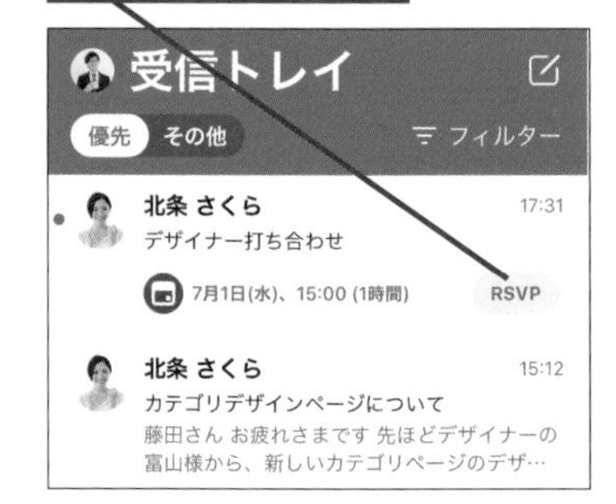

予定の詳細が表示された

2 [承諾]、[仮の予定]、[辞退]のいずれかをタップ

Android端末の［Outlook］アプリで予定を確認する

1 Exchange Onlineのカレンダーを表示する

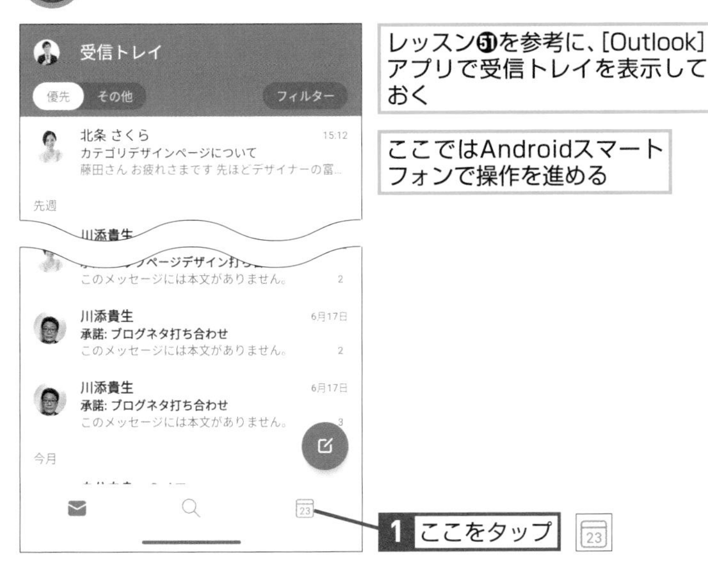

2 予定の詳細を確認する

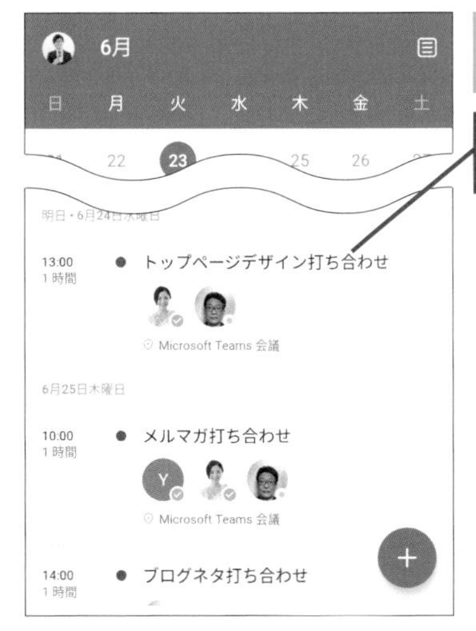

Exchange Onlineのカレンダーが表示された

1 詳細を確認したい予定をタップ

3 予定の詳細が表示された

タップした予定の詳細が表示された

HINT!

表示を切り替えるには

Android向けの［Outlook］アプリでは、標準で予定がリスト形式で表示される[予定一覧]となっています。そのほかに［1日］と［3日間］［月］を選択できます。

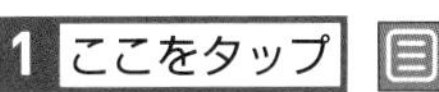

2 切り替えたい表示形式をタップ

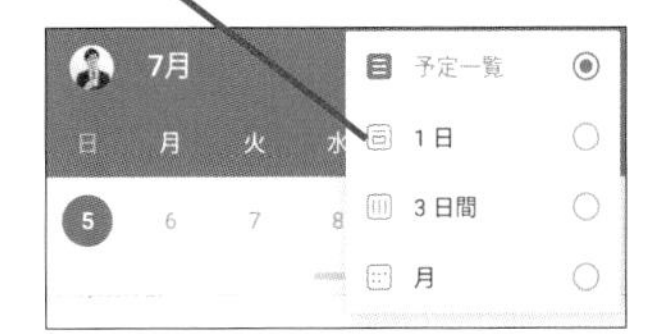

HINT!

複数のカレンダーを登録しているときは

Exchange Online上で複数のカレンダーを使い分けている場合は、［Outlook］アプリに表示するカレンダーを選択できます。以下のように操作して、それぞれのカレンダーの表示・非表示を切り替えます。

1 画面左上のアカウントアイコンをタップ

チェックボックスをタップすると、カレンダーの表示・非表示を切り替えられる

次のページに続く

Android 端末の［Outlook］アプリで予定を登録する

1 予定の登録画面を表示する

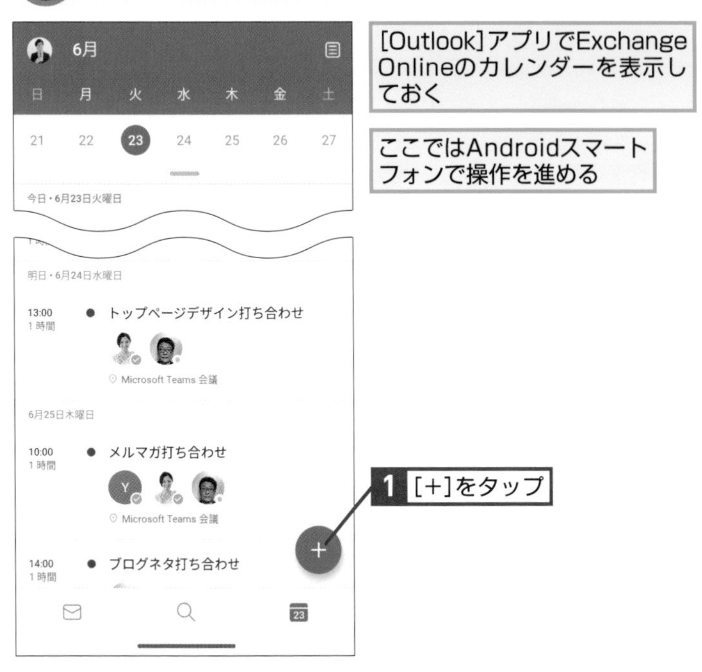

[Outlook]アプリでExchange Onlineのカレンダーを表示しておく

ここではAndroidスマートフォンで操作を進める

1 [+]をタップ

2 Exchange Onlineに新しい予定を登録する

予定の登録画面が表示された

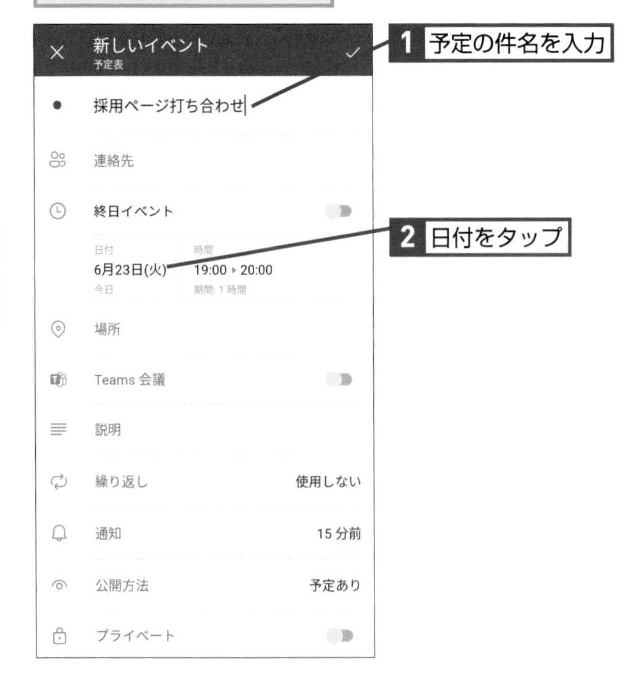

1 予定の件名を入力

2 日付をタップ

HINT!

会議の出席依頼に回答するには

ほかのユーザーから会議の出席依頼が届いたときは、［Outlook］アプリで［出欠確認］をタップして出席や欠席の回答を相手に通知できます。

1 [出欠確認]をタップ

予定の詳細が表示された

2 ［承諾］［仮の予定］［辞退］のいずれかをタップ

3 日付と時間を設定する

1 予定の日付をタップ

2 時刻をタップ

選択した日付の時刻表が表示された

3 時間帯を選択

4 ここをタップ

4 新しい予定が登録された

時間帯が設定された

1 ここをタップ

新しい予定が登録される

登録した予定はExchange Onlineに保存されるので、デスクトップ版のOutlookなどでも参照や確認ができる

HINT!

予定を編集するには

予定をタップして詳細画面を表示した後、以下のように操作すると予定を編集できます。また［イベントの削除］をタップすれば、予定を削除できます。

予定をタップして詳細画面を表示しておく

1 ここをタップ

予定の編集画面に切り替わった

項目をタップすると内容を修正できる

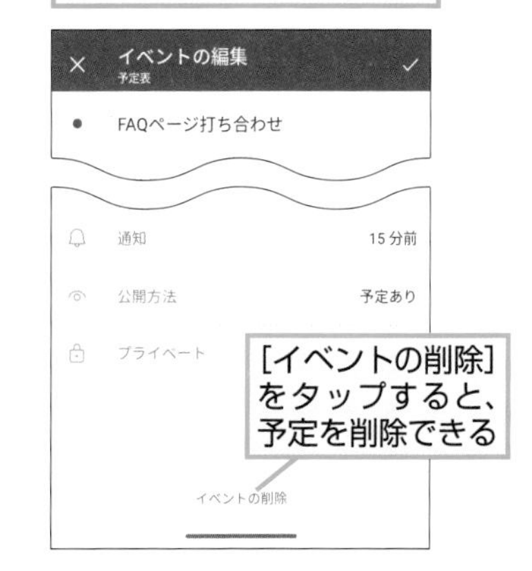

［イベントの削除］をタップすると、予定を削除できる

Point

スケジュール管理の負担をOutlookで軽減

スマートフォンの［Outlook］アプリを使えば、いつでも必要なときにExchange Onlineに登録した予定を表示し、スケジュール管理をスマートに行えます。また、予定はすべてクラウドで管理されているため、オフィスや自宅ではパソコン、外出先ではスマートフォンと、それぞれの場面で最適なデバイスを使ってスケジュールを確認できるのも便利なポイントです。

レッスン 53

スマートフォンでドキュメントを確認するには

モバイル版のOneDrive for Business

iOS（iPadOS）およびAndroidの専用アプリを使えば、OneDrive for Businessにアップロードしたさまざまなファイルを外出先でもスムーズに参照できます。

iOS端末でOneDriveを利用する

1 ファイルの内容を表示する

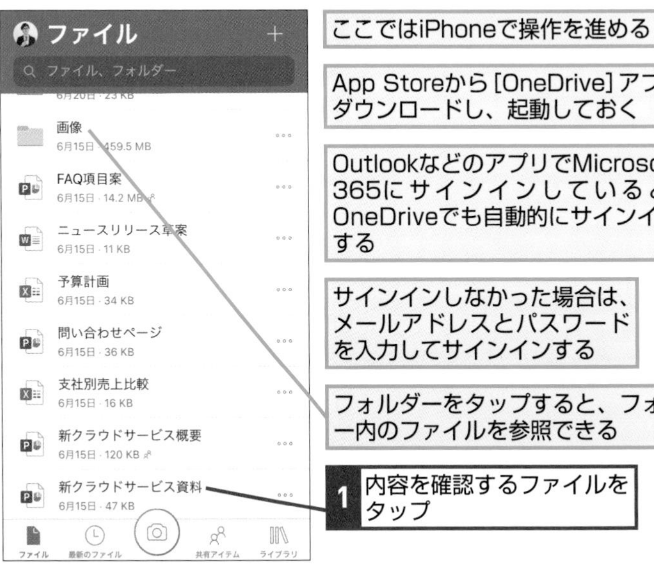

ここではiPhoneで操作を進める

App Storeから［OneDrive］アプリをダウンロードし、起動しておく

OutlookなどのアプリでMicrosoft 365にサインインしていると、OneDriveでも自動的にサインインする

サインインしなかった場合は、メールアドレスとパスワードを入力してサインインする

フォルダーをタップすると、フォルダー内のファイルを参照できる

1 内容を確認するファイルをタップ

2 ファイルの内容が表示された

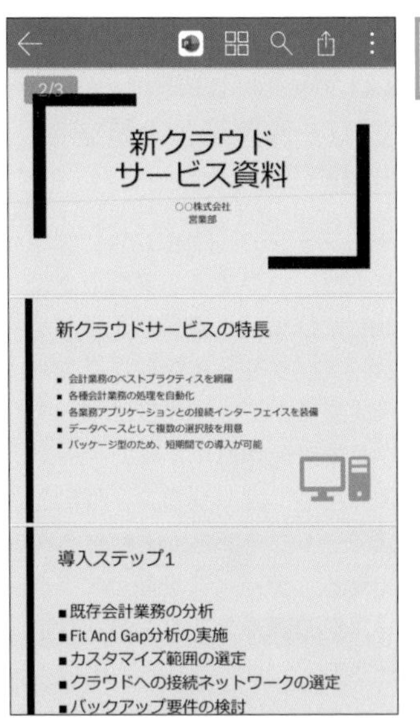

選択したファイルの内容が表示された

キーワード

HINT!

ファイルをアップロードするには

iOS版の［OneDrive］アプリでは、以下のように操作することでファイルをアップロードできます。

1 ［+］をタップ

2 ［アップロード］をタップ

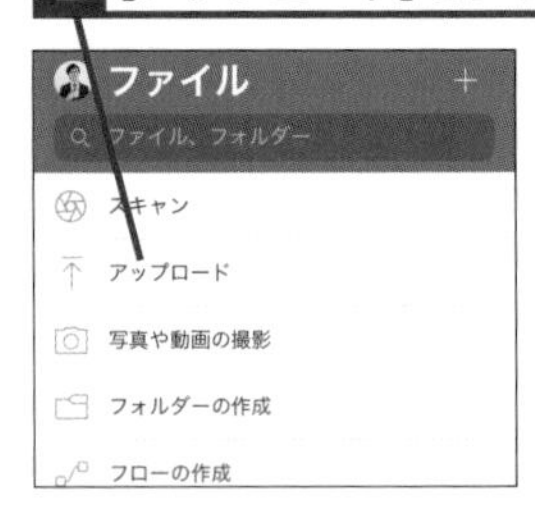

iPhoneにある写真を選択するときは、［写真とビデオ］をタップする

3 ［参照］をタップ

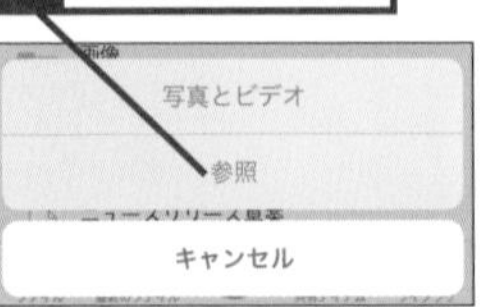

［ブラウズ］をタップしてファイルを選択する

iOS端末でファイルを共有する

1 共有したいファイルを選択する

OneDrive上のファイルにアクセスするためのURLを、ほかのユーザーに送信する

1 共有するファイルをタップ

2 ファイルを共有する

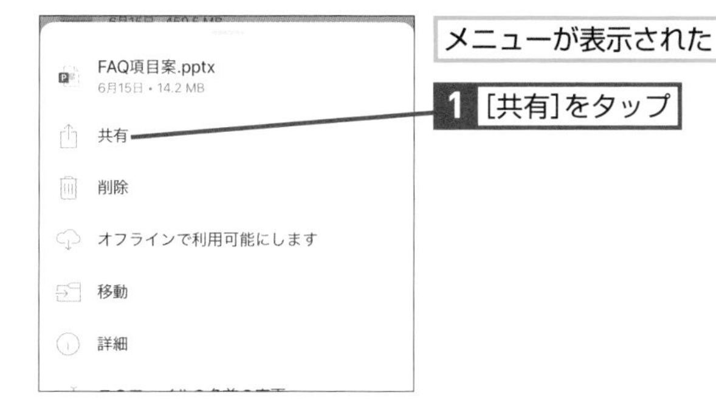

メニューが表示された

1 [共有]をタップ

3 OutlookでURLを送信する

ファイルを共有するための項目が表示された

1 [Outlook]をタップ

URLが本文に貼り付けられた状態で、Outlookの新規メール作成画面が表示される

HINT!

ファイルをオフラインでも使えるようにするには

インターネットに接続できない場所でもファイルを確認できるようにするには、以下の方法で設定します。

ファイルのメニューを表示しておく

1 [オフラインで利用可能にします]をタップ

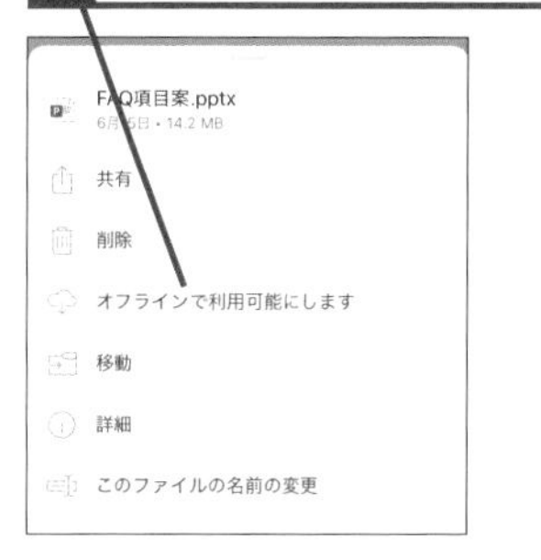

HINT!

iOSでOfficeファイルを編集するには

iOS向けのOfficeアプリケーションとして、WordとExcel、PowerPointが1つになった［Microsoft Office］アプリが提供されています。これをApp Storeからインストールしておけば、OneDrive上にあるファイルを直接編集することが可能になります。なおiPadOSでは［Microsoft Office］アプリの提供がないため(2020年6月現在)、［Word］［Excel］［PowerPoint］アプリを個別にインストールします。

次のページに続く

Android端末でOneDriveを利用する

1 アカウントの入力画面を表示する

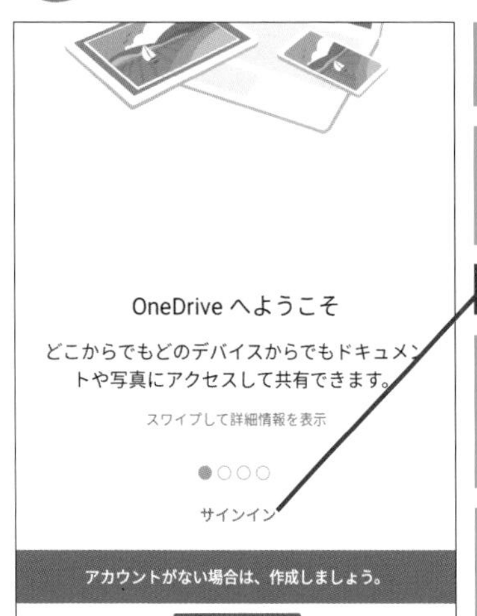

ここではAndroidスマートフォンで操作を進める

Google Playから[OneDrive]アプリをダウンロードし、起動しておく

1 [サインイン]をタップ

Outlookなどのアプリで Microsoft 365にサインインしていると、OneDriveでも自動的にサインインする

サインインしなかった場合は、メールアドレスとパスワードを入力してサインインする

2 ファイルの内容を表示する

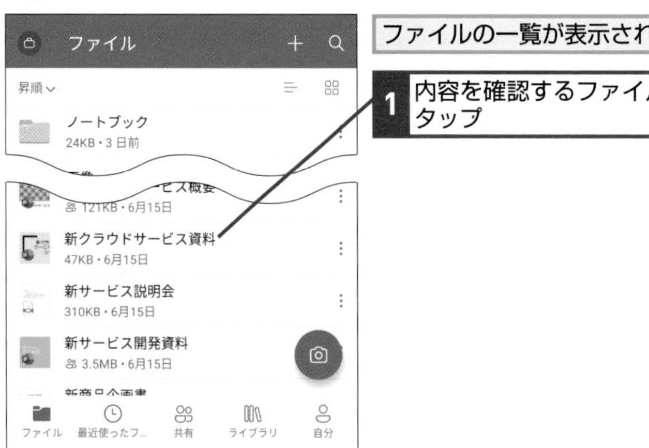

ファイルの一覧が表示された

1 内容を確認するファイルをタップ

3 ファイルの内容が表示された

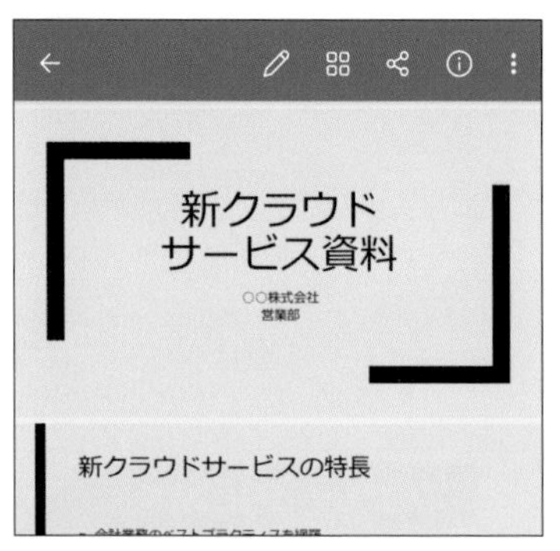

選択したファイルの内容が表示された

HINT!

ファイルをアップロードするには

Android端末でも、以下の方法でOneDriveアプリからファイルをアップロードできます。

1 [+]をタップ

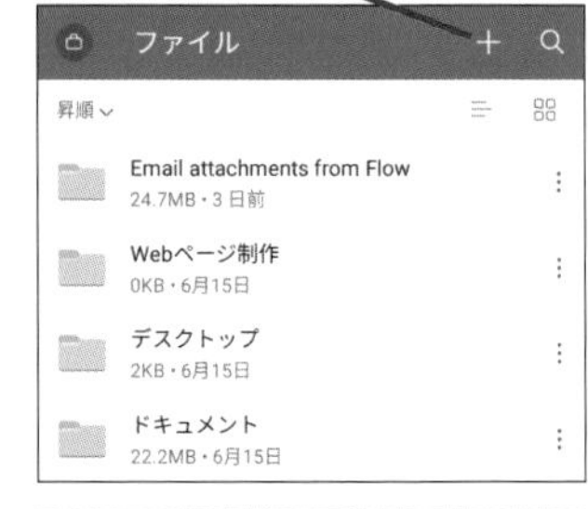

2 [アップロード]をタップ

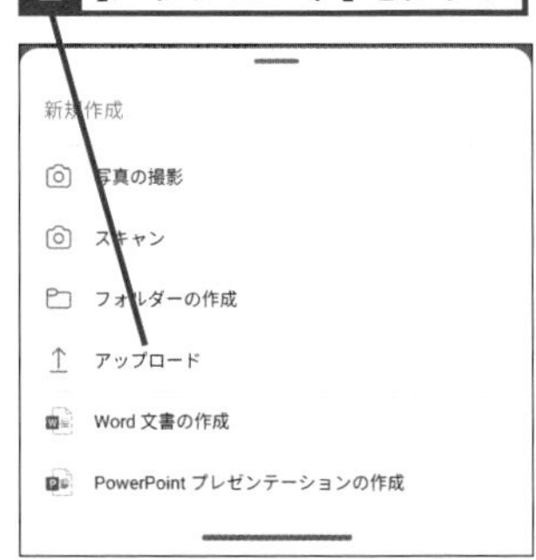

ファイル選択画面が表示されるので、アップロードしたいファイルをタップする

iPhoneやAndroidで活用する 第8章

Android端末でファイルを共有する

1 共有したいファイルを選択する

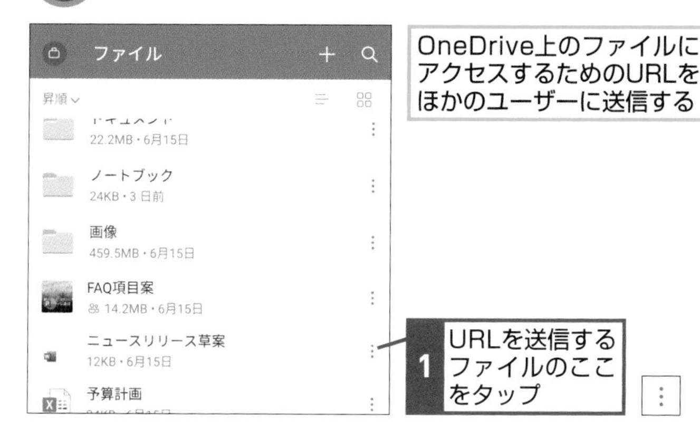

OneDriveトのファイルにアクセスするためのURLをほかのユーザーに送信する

1 URLを送信するファイルのここをタップ

2 ファイルを共有する

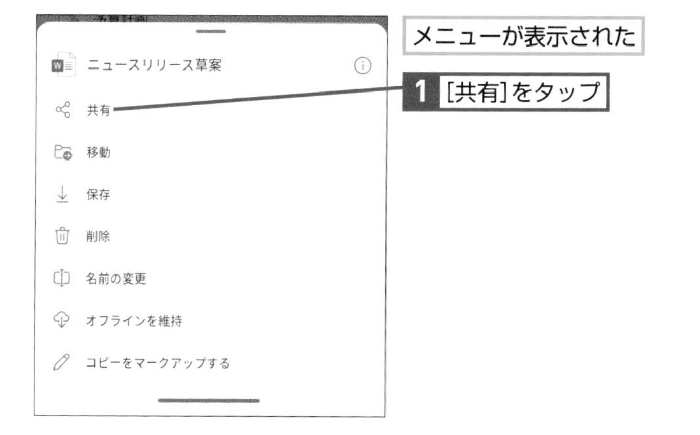

メニューが表示された

1 [共有]をタップ

3 メッセージを送信する

[リンクの送信]の画面が表示された

1 [Outlook]をタップ

URLが本文に貼り付けられた状態で、Outlookの新規メール作成画面が表示される

HINT!

ファイルをダウンロードするには

Android端末のOneDriveでも、ファイルのダウンロードが可能です。OneDrive上のファイルをいつでも素早く参照したいといった際に利用します。

1 ダウンロードしたいファイルのここをタップ

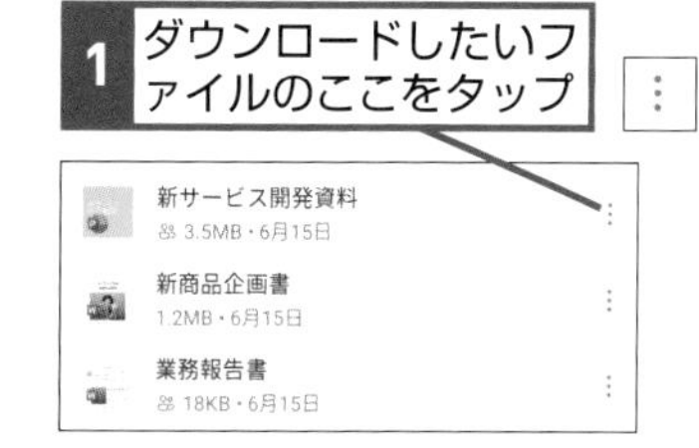

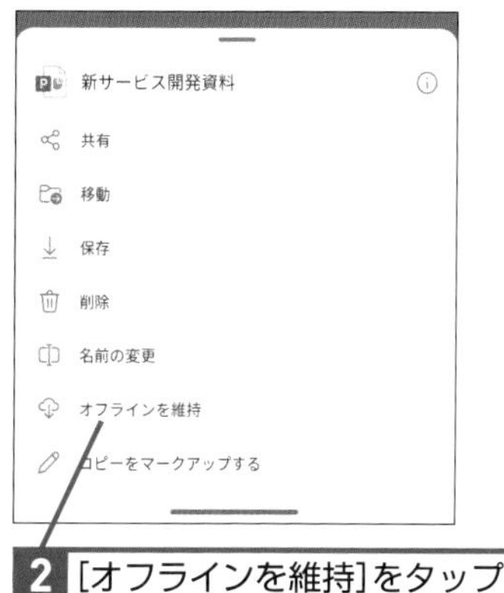

2 [オフラインを維持]をタップ

ダウンロード先を選択して[保存]をタップする

Point

外出先でも必要なファイルに素早くアクセス

オフィスのパソコンを使って作成したファイルを、外出先で参照したいといったケースは少なくないでしょう。OneDrive for Businessに業務上のファイルをすべて保存しておけば、スマートフォンの専用アプリでOneDrive for Businessにアクセスし、必要なファイルを素早くスマートに表示可能です。クラウドのどこからでもアクセスできる利便性の高さ、そしてスマートフォンとの相性の良さを生かした使い方といえます。

レッスン 54

スマートフォンを使ってチームで作業するには

モバイル版のMicrosoft Teams

Microsoft TeamsはiOS（iPadOS）およびAndroid向けにも専用アプリが提供されており、外出先などでもチーム内でのコミュニケーションが可能です。

iOS端末でMicrosoft Teamsを利用する

1 アカウントを登録する

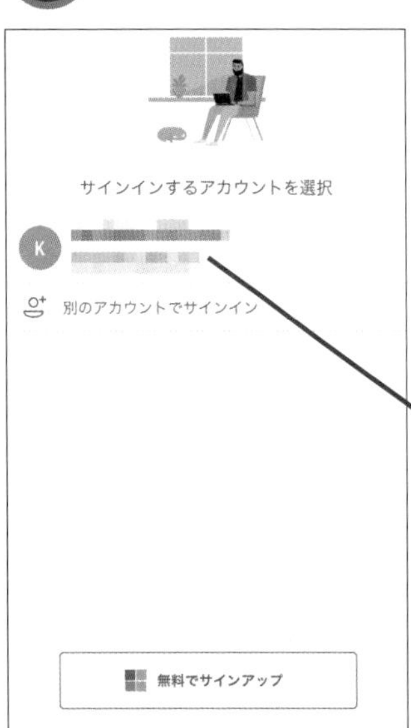

ここではiPhoneで操作を進める

App Storeから［Microsoft Teams］アプリをダウンロードし、起動しておく

すでにほかのアプリでMicrosoft 365のアカウントを登録している場合、そのアカウントが表示される

1 サインインするアカウントをタップ

アカウントが表示されなかった場合は、Microsoft 365アカウントでサインインする

通知の送信とマイクの利用が求められるので、それぞれ許可しておく

2 Microsoft Teamsにサインインした

Microsoft Teamsの画面が表示された

HINT! 通知される内容を選択する

Microsoft Teamsの通知はさまざまな種類があり、それぞれ個別にオンとオフを切り替えられます。特にMicrosoft Teamsが活発に利用されるようになると、多くの通知が届くことになるため、必要なものだけが通知されるように設定しましょう。なお通知の設定画面は、メニューにある［通知］からアクセスできます。

1 ここをタップ

2 ［通知］をタップ

通知の設定が表示された

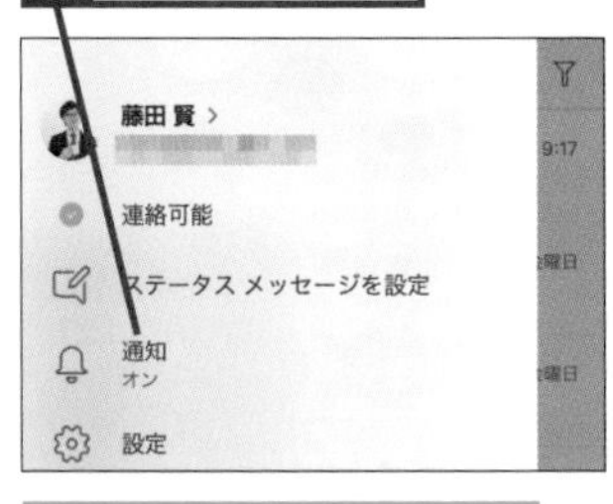

通知についてのさまざまな設定が行える

iPhoneやAndroidで活用する 第8章

Android端末でMicrosoft Teamsを利用する

1 アカウントを登録する

ここではAndroidスマートフォンで操作を進める

Google Playから［Microsoft Teams］アプリをダウンロードし、起動しておく

起動するとサインイン画面が表示される

1 ［サインイン］をタップ

すでにほかのアプリでMicrosoft 365のアカウントを登録している場合、そのアカウントを選択する

アカウントが表示されなかった場合は、Microsoft 365アカウントでサインインする

2 Microsoft Teamsにサインインした

Microsoft Teamsの画面が表示された

HINT!

通知をオフにする時間を設定できる

iOS版、Android版のいずれにも、通知の設定画面に［通知オフ時間］という項目があります。この項目では、指定した時間の間は通知がオフとなります。夜間は通知が行われないように設定することも可能です。

［通知オフ時間］の画面で、通知オフの時間を設定できる

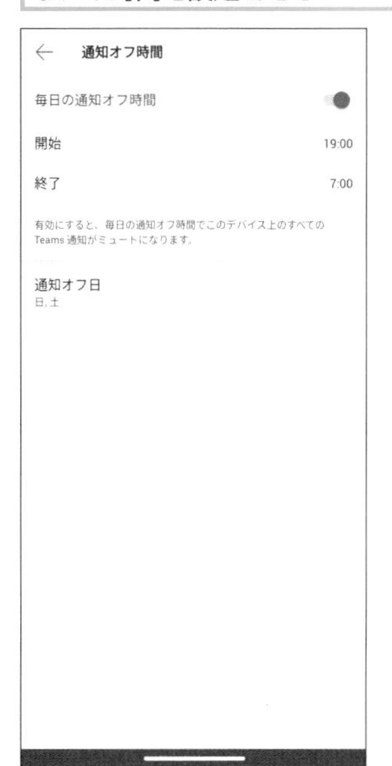

Point

通知を活用して見落としを減らす

Microsoft Teamsはコミュニケーションの効率化に有効なツールですが、メッセージの受信などに気付かず、放置するような状況ではメリットを十分に生かせません。通知を積極的に利用して、メッセージを受信したときに即座に反応できるようにして、意思疎通の迅速化やさらなる効率化を目指しましょう。

レッスン 55

モバイル版のTeamsでメッセージを送るには

モバイルでのメッセージ投稿

スマートフォンとモバイル版Microsoft Teamsを組み合わせれば、場所を問わずに参加しているチームのメンバーに対し、メッセージを投稿できます。

iOS端末でメッセージを投稿する

1 チームの画面を開く

レッスン㊹を参考に、iPhoneでMicrosoft Teamsを起動しておく

1 [チーム]をタップ

2 チャネルを選択する

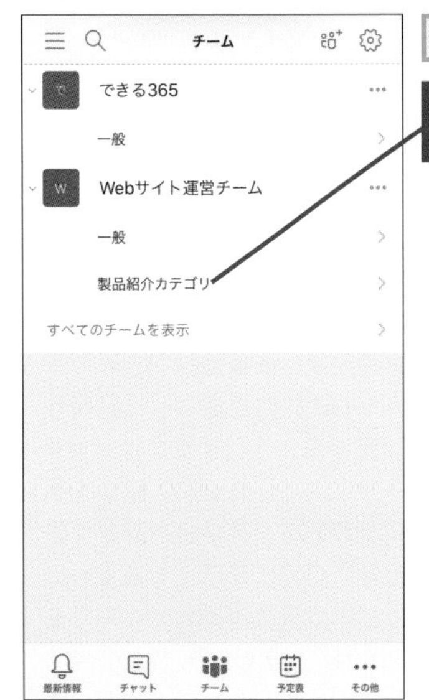

[チーム]の画面が表示された

1 メッセージを投稿したいチャネルをタップ

キーワード

Microsoft Teams p.215

HINT!

すでに投稿されているメッセージに返信するには

返信したいメッセージの下にある［返信］をタップすると、返信としてメッセージを投稿できます。

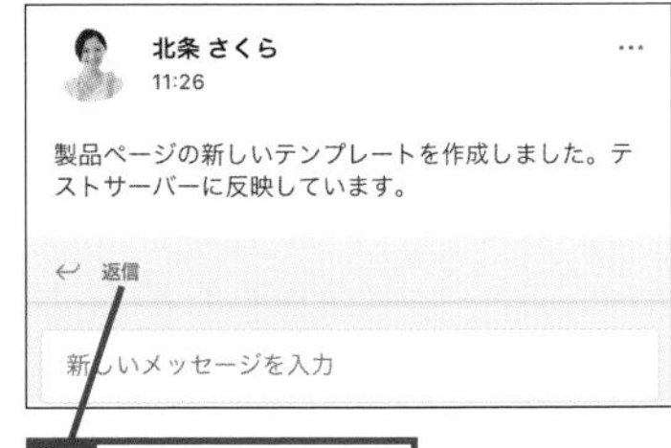

1 [返信]をタップ

返信用メッセージボックスが表示された

2 返信するメッセージを入力

3 ここをタップ

返信が投稿される

3 新しい会話を開始する

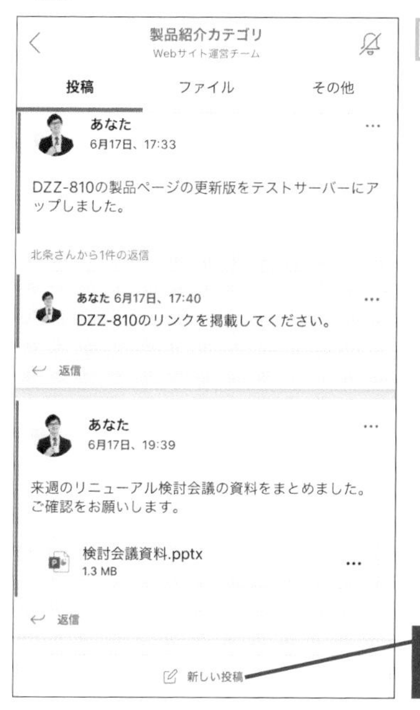

チャネルの画面が表示された

1 [新しい投稿]をタップ

4 メッセージを投稿する

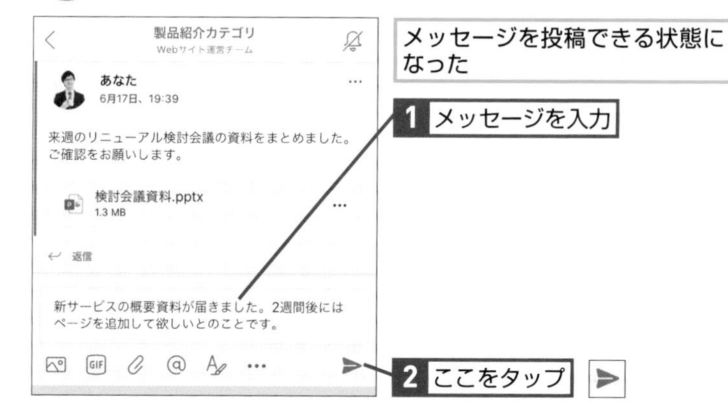

5 メッセージを投稿できた

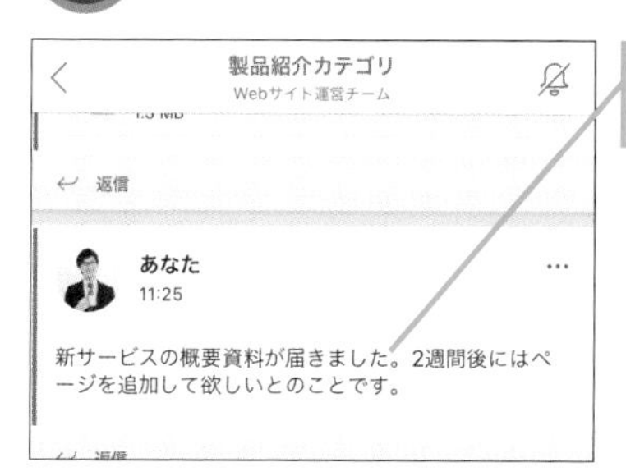

入力したメッセージが投稿された

HINT!

メッセージに「いいね！」を送るには

メッセージの［…］をタップすると、「いいね！」のメッセージを送付できます。また同じメニューから、メッセージのテキストをコピーしたり、別のチャネルに転送したりすることも可能です。

1 メッセージのここをタップ

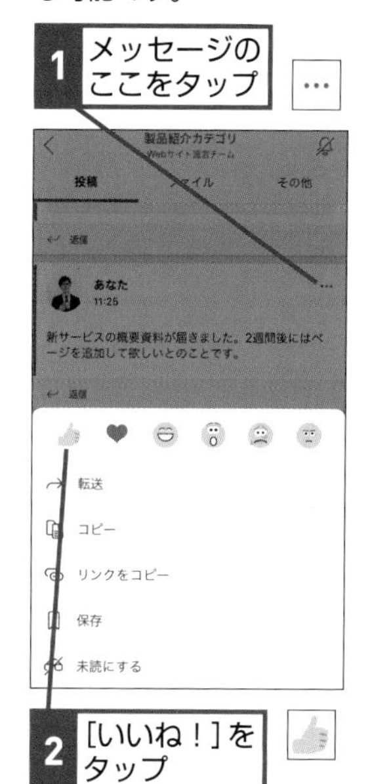

2 [いいね！]をタップ

このメニューから、メッセージのコピーや転送、保存もできる

次のページに続く

Android端末でメッセージを投稿する

1 チームの画面を開く

レッスン㊾を参考に、Androidスマートフォンでmicrosoft Teamsを起動しておく

1 ［チーム］をタップ

2 チャネルを選択する

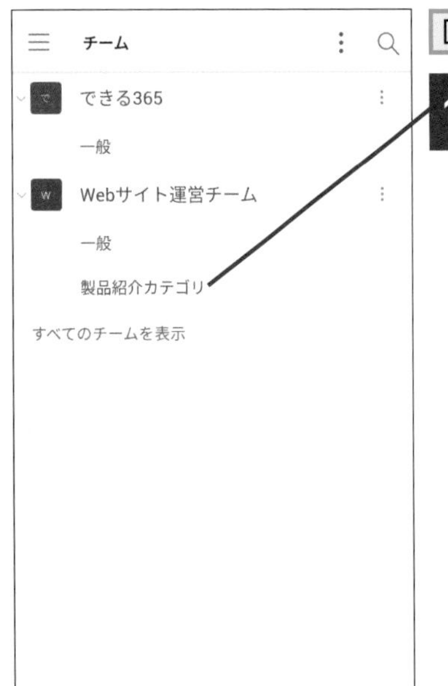

［チーム］の画面が表示された

1 メッセージを投稿したいチャネルをタップ

HINT! 投稿したメッセージを編集するには

投稿したメッセージに対し、後から編集できます。

1 ここをタップ

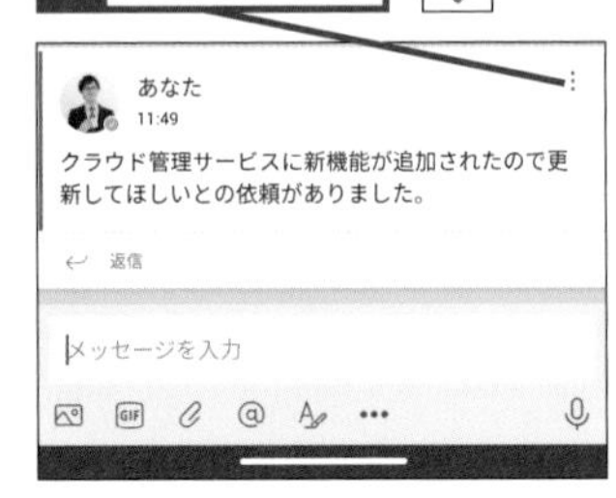

メニューが表示された

2 ［編集］をタップ

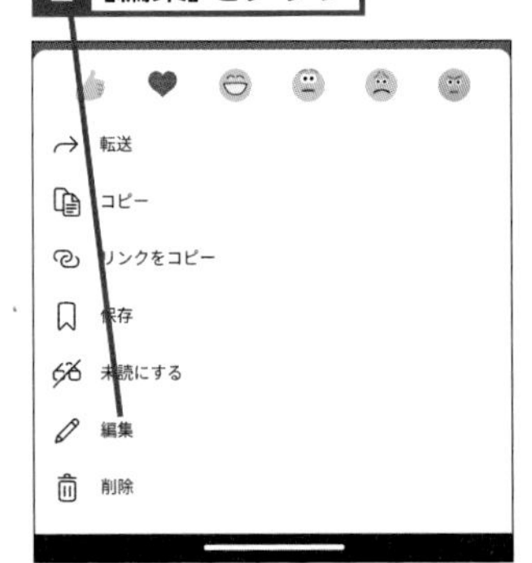

メッセージの編集画面が表示され、再編集できる状態になった

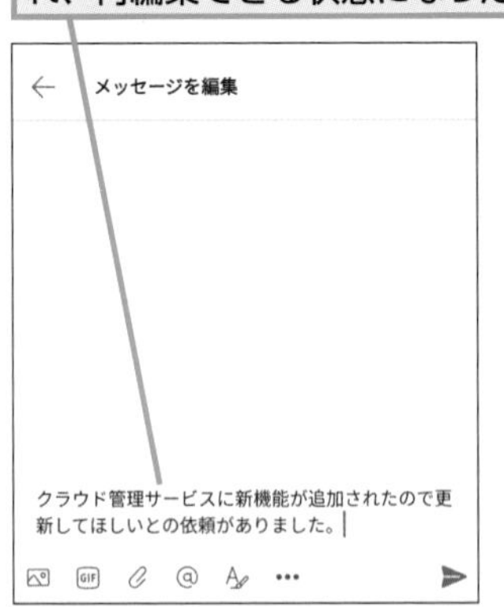

iPhoneやAndroidで活用する 第8章

3 新しい会話を開始する

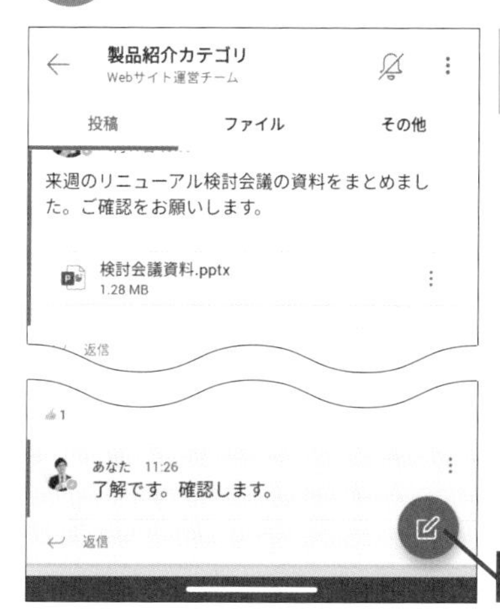

チャネルの画面が表示された

1 ここをタップ

4 メッセージを投稿する

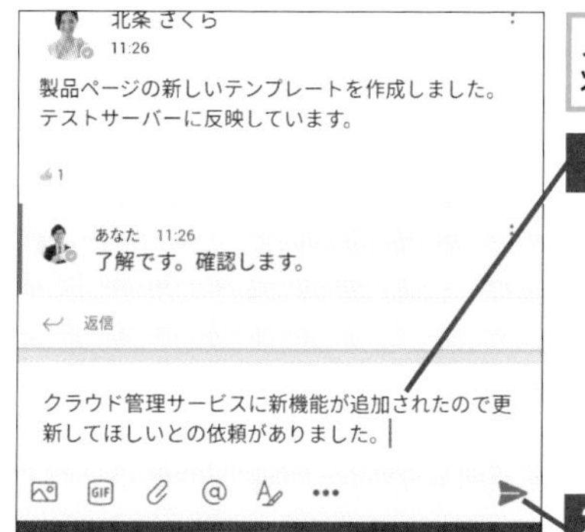

メッセージを投稿できる状態になった

1 メッセージを入力

2 ここをタップ

5 メッセージを投稿できた

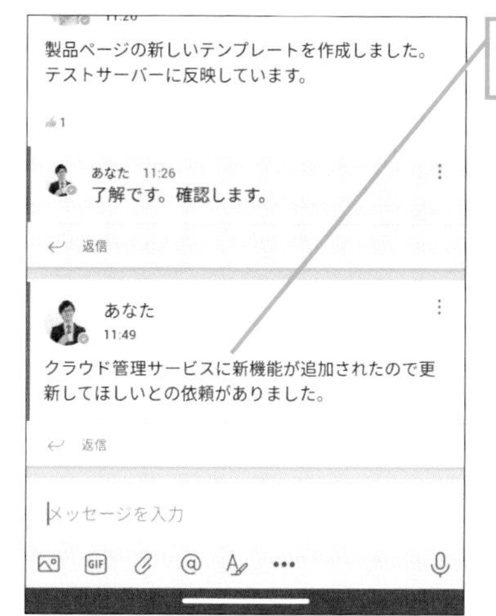

入力したメッセージが投稿された

HINT!

チームで共有されたファイルも見ることができる

Microsoft Teamsで共有されたファイルを、スマートフォンでも見ることができます。外出先で共有ファイルを確認したいといった場合でも、わざわざノートパソコンを取り出す必要はありません。

1 [ファイル]タブをタップ

共有されたファイルの一覧が表示された

確認したいファイルをタップすると、プレビューが表示される

Point

外出先でもプロジェクトの状況をメンバーに確認できる

外出先でも気付いたことを投稿したり、あるいは投稿されたメッセージに対して返信したりできるのは、モバイル版Microsoft Teamsの大きなメリットでしょう。またメールのように定型の文章を入力する必要がないため、気軽にコミュニケーションができるのも魅力です。

レッスン

56 モバイル版のTeamsでチャットするには

Microsoft Teamsのチャット機能

iOS/Androidのモバイル端末でMicrosoft Teamsを使えば、気軽に特定の相手とメッセージを送受信してコミュニケーションできます。

1 Microsoft Teamsのチャット画面を開く

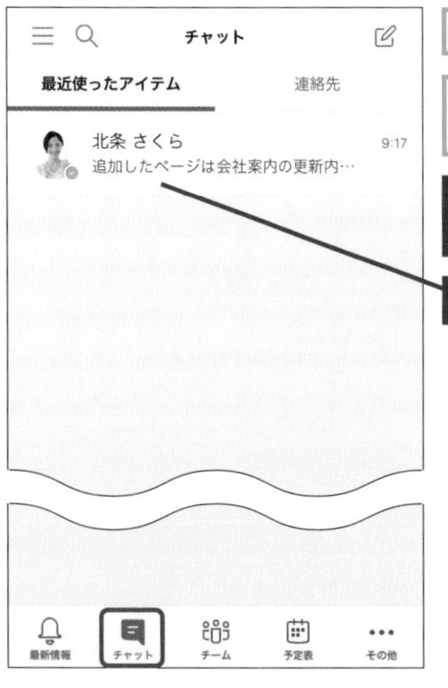

ここではiPhoneで操作を進める

レッスン㉞を参考に、Microsoft Teamsを起動しておく

1 画面下の［チャット］をタップ

2 チャットしたい相手をタップ

2 メッセージを入力する

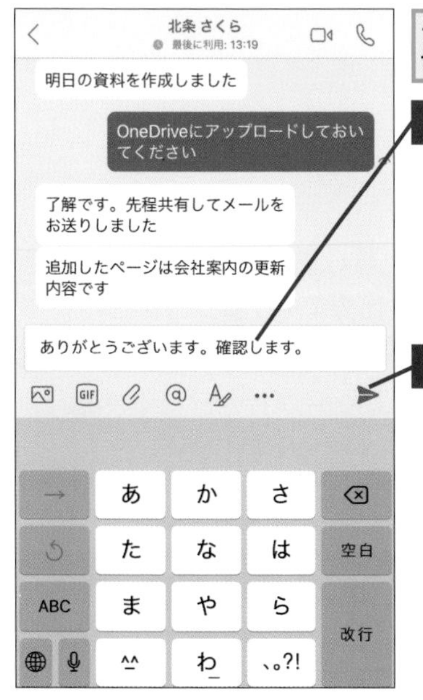

チャット画面に切り替わった

1 メッセージを入力

2 ここをタップ

HINT! Androidでも同様にチャットができる

iOSと同様、Android版のMicrosoft Teamsにもチャットの機能はあり、iPhoneと同様の操作でほかのユーザーとチャットを行うことができます。

HINT! Microsoft Teamsを表示していないときにメッセージを受け取るとどうなるの？

通知が有効になっていれば、iOSで設定されている方法でメッセージの受信が通知されます。

HINT! 初めてやりとりする相手にメッセージを送るには

手順1の［最近使ったアイテム］欄に表示されていない相手にメッセージを送るには、次のように操作します。

1 ここをタップ

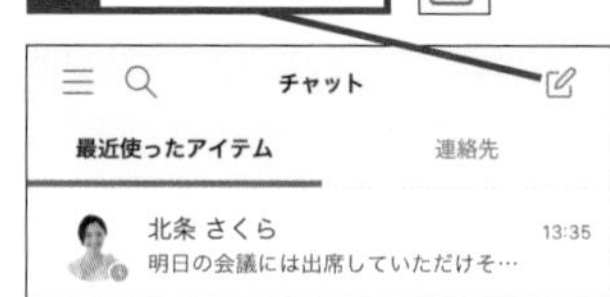

［新しいチャット］の画面でユーザーを指定した後、メッセージを送信する

iPhoneやAndroidで活用する 第8章

3 メッセージが送信された

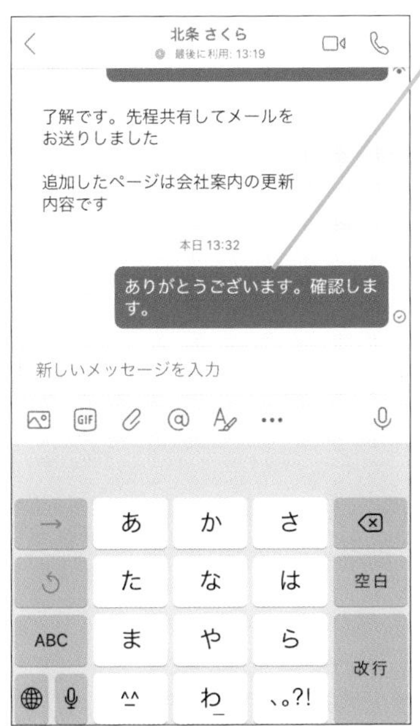

送信したメッセージが送信された

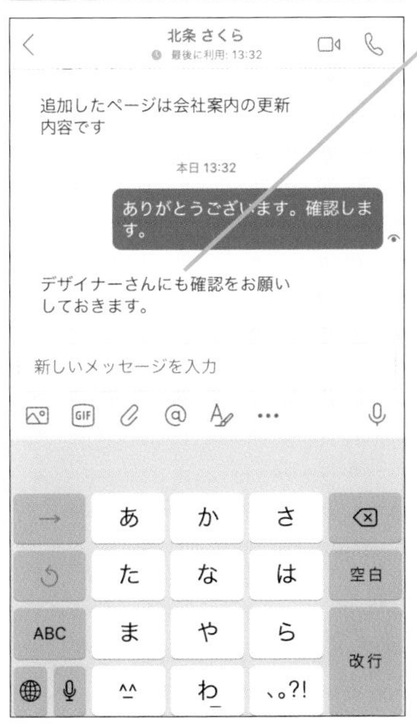

相手からの返信があると、リアルタイムで表示される

HINT!

自分の位置情報を送信できる

モバイル版のMicrosoft Teamsでは、チャットの際に位置情報を送信できます。待ち合わせ場所を伝える際などに便利です。

1 手順3のチャット画面で[…]をタップ

2 [位置情報]をタップ

3 共有場所が表示されるまで地図をスワイプ

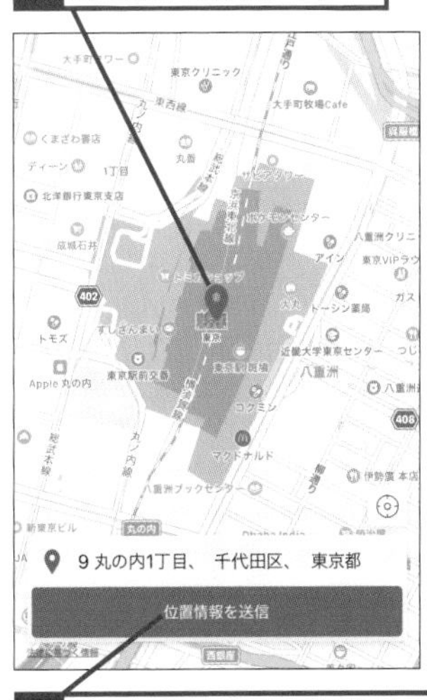

4 [位置情報を送信]をタップ

Point

端末を選ばず使える Microsoft Teams

Microsoft Teamsには、パソコンやスマートフォン、タブレット端末など、さまざまな端末で利用できます。状況によって最適な端末を利用してメッセージを受信し、必要に応じて返信できるのはMicrosoft Teamsの大きな魅力です。

レッスン

57 スマートフォンでオンライン会議に参加するには

モバイルでオンライン会議

モバイル版Microsoft Teamsでも、パソコンと同様にオンライン会議に出席できます。外出先や出張先でオンライン会議に参加する際に便利です。

1 予定表を開く

ここではiPhoneで操作を進める

レッスン㉞を参考に、Microsoft Teamsを起動しておく

1 [予定表]をタップ

2 参加するオンライン会議を選択する

[予定表]の画面が表示された

1 参加するオンライン会議の[参加]をタップ

キーワード

Microsoft Teams	p.215

HINT!

モバイル版Microsoft Teamsでオンライン会議を設定するには

モバイル版Microsoft Teamsで以下のように操作すると、オンライン会議を設定できます。

モバイル版Microsoft Teamsの[予定表]の画面を表示しておく

1 ここをタップ

[新しいイベント]の画面が表示された

会議のタイトルや出席者、日時などを設定して、[完了]をタップする

3 オンライン会議に参加する

オンライン会議の画面が表示された

ビデオとマイクのアイコンをタップして、オン／オフを切り替える

1 [今すぐ参加]をタップ

4 オンライン会議を終了する

オンライン会議に参加できた

1 ここをタップ

オンライン会議から退出した

HINT!

モバイル版でも共有された画面は参照できる

モバイル版Microsoft Teamsでは、自分の端末画面の共有はできません。しかし、ほかの参加者が共有した画面は参照可能です。

ほかの参加者が画面を共有した

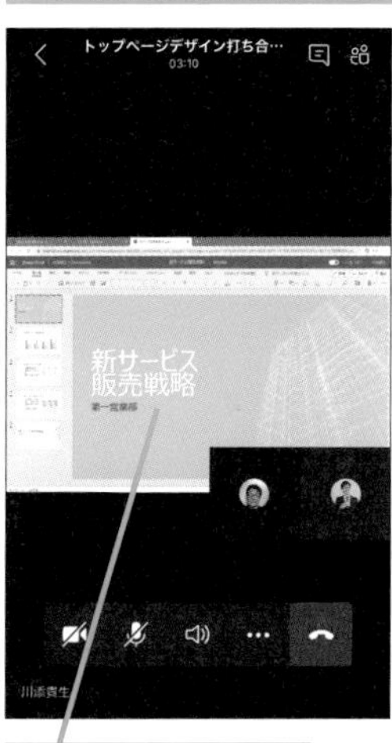

共有された画面が表示されている

Point

テレワーク時代の新たな会議形態

多くの従業員が当たり前のようにテレワークで働く時代が来れば、参加者の半分は会議室、残り半分はMicrosoft Teamsを使ってリモートで参加といった状況も珍しくなくなるでしょう。外出先や出張先からモバイルデバイスを使って会議や打ち合わせに参加できれば、コミュニケーションのロスを防げます。こうした新たなコミュニケーション形態をいち早く社内に採り入れることで、業務効率も高まるでしょう。

この章のまとめ

相性がいいMicrosoft 365とモバイル端末

インターネットに接続されていれば、どこからでも豊富な機能を利用できるMicrosoft 365は、スマートフォンやタブレット端末と極めて相性がいいサービスだといえます。外出する機会が多くても、手元にiPhoneやiPad、Android端末があれば、社内のほかのメンバーとすぐにコミュニケーションができます。また、OneDrive for Businessやチーム サイトにアップロードされている情報もすぐに参照できるので、業務効率の向上にもつながるでしょう。さらに現在ではOutlookやOneDrive for Business、Microsoft Teamsに加え、各種Officeアプリといったアプリがこれらのデバイス向けに提供されているのもうれしいポイントです。

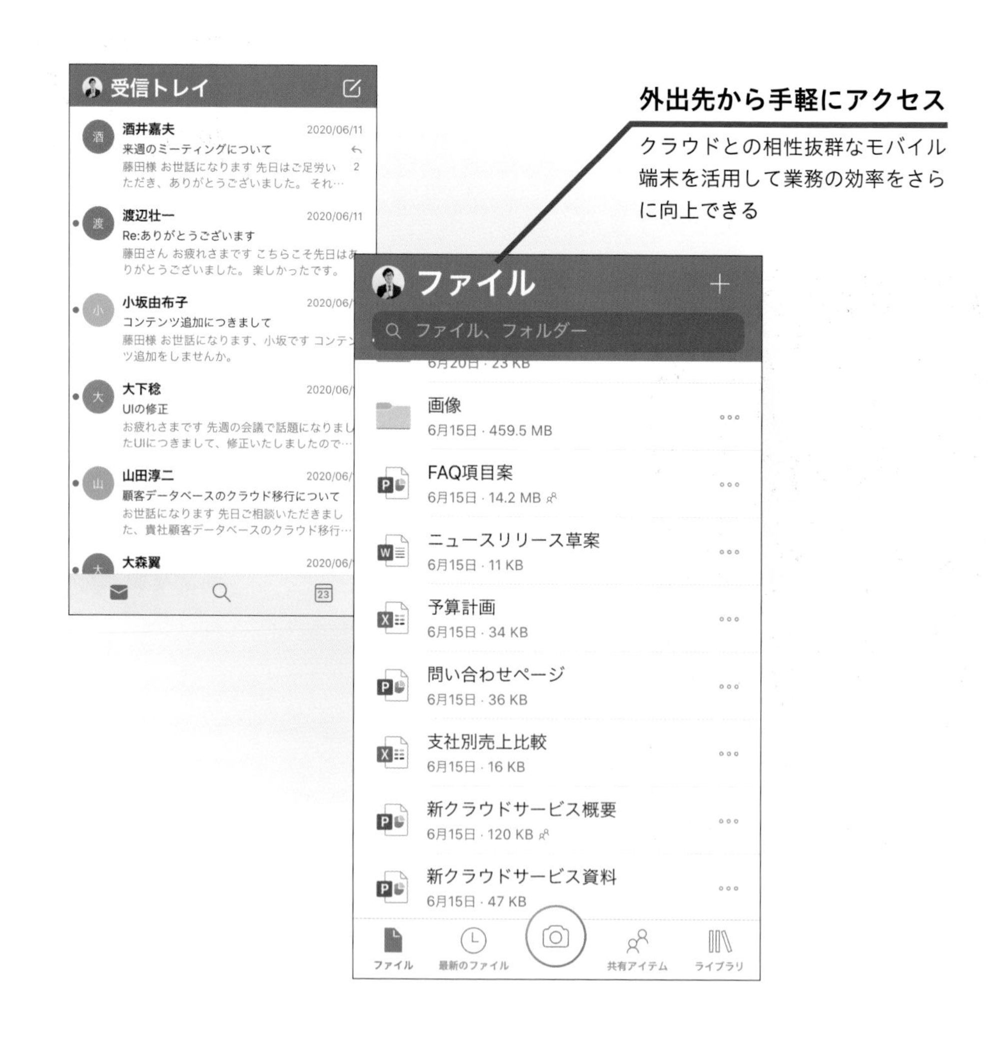

外出先から手軽にアクセス

クラウドとの相性抜群なモバイル端末を活用して業務の効率をさらに向上できる

第9章 チームで情報を共有する

企業の活動では、売り上げやマーケティング、顧客の情報、会議をはじめとする社員間のコミュニケーションの記録など、刻々と追加・更新される数多くの情報が生まれます。そのため、情報の効率的な管理と有効活用は欠かせないテーマです。そんな情報共有・管理・活用に関する悩みを解決してくれるのがSharePoint Onlineです。

●この章の内容

レッスン 58

SharePoint Online って何？

SharePoint Online

SharePoint Onlineは、ユーザーのニーズに応じてさまざまな使い方ができる情報共有プラットフォームです。まずは基本的な構造と機能を見ていきましょう。

テレワークにも有効なSharePoint Online

SharePoint OnlineはMicrosoft 365で提供されている機能の1つで、さまざまな情報やドキュメントを共有するための仕組みを備えています。例えば、各従業員が入力した情報を一覧できるデータベースを作成したり、掲示板を使って従業員同士でディスカッションしたりできます。これらの機能を利用すれば、テレワーク環境でも従業員同士のスムーズな情報共有が可能になり、円滑に業務を進められるでしょう。

HINT!

「SharePoint」とは

SharePointは、情報やドキュメントの共有・管理によって共同作業を行うための基盤（プラットフォーム）です。データベースを構築して情報を集約したり、ファイルをアップロードして共有したりできるほか、アプリを追加して機能を拡張することも可能です。

チーム サイトの構造

SharePoint Onlineでは、チーム サイト内にさまざまなコンテンツを配置して情報の共有や管理を行います。また、部門やプロジェクトごとに個別にサイトを作成することも可能です。

◆チーム サイトの一例
チーム サイトの中には、ファイルの保管場所や掲示板など、さまざまなコンテンツを配置できる

●チーム サイト

SharePoint Onlineの中心となる単位で、チーム サイトの中にさまざまなコンテンツ（ライブラリやリスト）を配置して、社員間の情報共有や共同作業を行っていきます。また、チーム サイトの中に別のチーム サイトを作成でき、部署や案件別にチーム サイトを持つことも可能です。

●ライブラリ

ライブラリでは、ドキュメントや画像の共有、あるいは予定表や発注書などの書類の保管と管理を行います。

●リスト

アンケートや掲示板、予定表など、さまざまな情報をデータベースとして管理できるのがリストです。テンプレートが用意されているため、簡単に必要な情報を管理できます。また、柔軟なカスタマイズが可能な「カスタム リスト」という機能が用意されており、業務内容や用途に応じたリストを自由に作れます。

HINT!

「チーム サイト」とは

部門や部署、あるいはプロジェクトチームのポータルサイトを簡単に作成できる仕組みです。SharePoint Onlineではさまざまなテンプレートが用意されており、簡単に部門、あるいは部署専用のポータルサイトを作成してコラボレーションに活用できます。

HINT!

SharePoint Onlineの権限はどうなっているの？

SharePoint Onlineでは、Microsoft 365の管理者権限とは別に、個々のチーム サイト、あるいはページに対して管理者権限を割り当てられます。

Point

社内でのコラボレーションを加速するためのプラットフォーム

業務を効率的に進めるには、その業務にかかわる人々の間でのスムーズな情報共有が必要です。そのためのプラットフォームとして活用できるのがSharePoint Onlineです。部門やプロジェクトごとにチーム サイトを構築し、その中で掲示板を使ったディスカッションやドキュメントの共有、あるいは重要なデータの管理などを行うことで、効率良く情報を共有できるようになります。

レッスン
59 社内向けサイトの利用を開始するには

チーム サイト

「チーム サイト」は、情報共有の中心となる部門や部署ごとのポータルサイトです。ここでは、チーム サイトのアクセス方法や基本的な構造を解説します。

チーム サイトを開く

Microsoft 365では、Exchange Onlineの「グループ」、あるいはMicrosoft Teamsの「チーム」を作成すると、自動的にチーム サイトが構築されます。このチーム サイトにアクセスするには、以下のように操作します。

1 SharePoint Onlineにアクセスする

レッスン❼を参考に、Microsoft 365のポータル画面を表示しておく

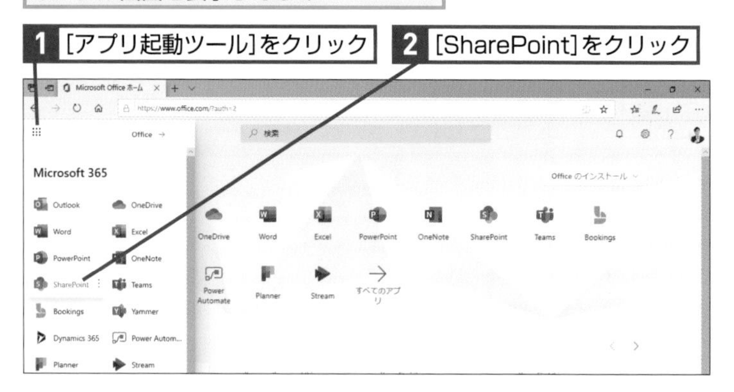

2 チーム サイトに移動する

SharePoint Onlineのトップページが表示された

ようこそ画面が表示されたときは、[×]をクリックする

1 [フォロー中]または[最近]のチーム サイトをクリック

SharePoint
https://dekir365.sharepoint.com/_layouts/15/sharepoint.aspx
このサイトを検索
＋ サイトの作成　＋ ニュースの投稿を作成
フォロー中
ECサイト運用チーム
最近
Webサイト運営チーム
ECサイト運用チーム
コミュニケーション サイト
よくアクセスするサイト
Webサイト運営チーム
グループ
ECサイト運用チーム
グループ
コミュニケーション サイト
このサイトでの最近のアクティビティはありません。

キーワード

グループウェア	p.216
サーバー	p.216
ファイル共有	p.217
ファイルサーバー	p.217
リボン	p.217

HINT!

表示言語を設定するには

SharePoint Onlineの表示言語が日本語になっていない場合、ウィンドウ右上の［設定］をクリックし、［Office 365］の項目にある［すべて表示］をクリックします。さらに［言語とタイムゾーン］の［すべて表示］をクリックすると、言語を変更できます。

HINT!

目的のチーム サイトが表示されないときは

手順2の画面でアクセスしたいチーム サイトが表示されない場合、画面上部の検索ボックスにグループやチームの名前などを入力して検索します。

チーム サイトの画面構成

SharePoint Onlineのチーム サイトの画面は、大きく分けると、コンテンツの追加などを行う［メニュー］、表示コンテンツを切り替える［サイド リンク バー］、コンテンツが表示される［コンテンツ領域］の3つの要素から構成されています。

●メニュー
［新規］をクリックすると、データベースである「リスト」やファイルを管理できる［ドキュメント ライブラリ］、新しいコンテンツを表示できる［ページ］などを作成できます。また、そのページの情報を確認できる［ページの詳細］、ページ内のコンテンツを編集できる［編集］があります。

●サイド リンク バー
チーム サイト上に作成したライブラリやリストなどへアクセスするためのリンクが並んだメニュー一覧です。

●コンテンツ領域
ドキュメント ライブラリのファイル一覧や、リストの要素などが表示される領域です。データを入力したり、情報を閲覧したりするときに利用する領域で、主な作業はここで行います。

HINT!

チーム サイトをフォローするには

手順2の画面で、チーム サイト名の右にある［フォロー］をクリックします。

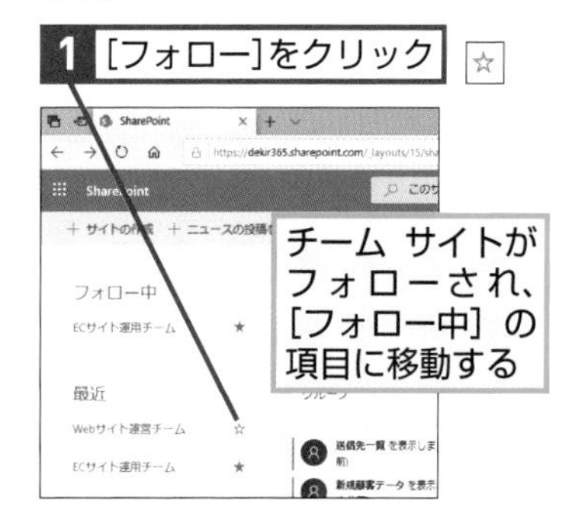

HINT!

チーム サイトをブックマークしておくと便利

SharePoint Onlineのチーム サイト、あるいは作成したサイトをよく利用するのであれば、そのサイトのトップページをブックマークしておくと便利でしょう。これにより、Microsoft 365やSharePoint Onlineのトップページを経由せず、直接チーム サイトへアクセスできます。

Point

チーム内での効率的な情報共有を実現するチーム サイト

グループウェアや文書管理ツール、あるいは共有フォルダーやファイルサーバーを利用したファイル共有など、情報共有の手段は数多くあります。SharePoint Onlineは、情報の種類やユーザー間のコミュニケーション方法などによって、最適な方法・ツールを利用して情報の共有を行えます。チーム サイトは、SharePoint Onlineの多彩な機能への入り口であり、情報を共有するためのスペースです。まずは基本的な操作方法に慣れ、社内の情報共有を効率化する足がかりとしましょう。

レッスン

60 ファイルをチームで共有するには

ドキュメント

SharePoint Onlineのチーム サイトでは、ファイルサーバーのようにファイルをアップロードして共有することが可能です。チームでの情報共有に役立てましょう。

ファイルをアップロードする

1 既存ファイルのアップロードを開始する

レッスン㊾を参考に、チーム サイトを表示しておく

1 [ドキュメント]をクリック

2 [アップロード]をクリック

3 [ファイル]をクリック

2 アップロードするファイルを選択する

[開く] ダイアログボックスが表示された

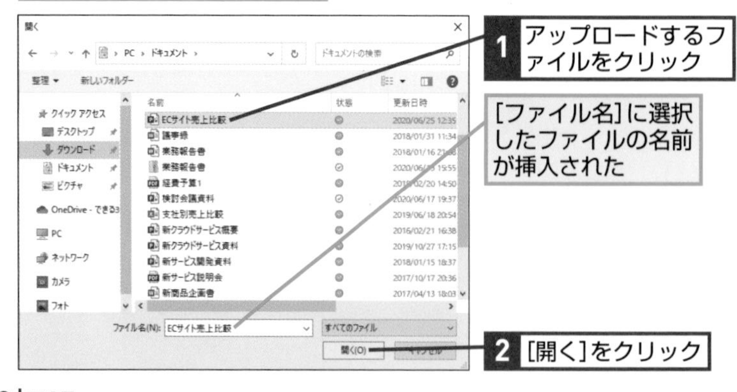

HINT! 「アップロード」って何？

一般的に、サーバーなどへファイルを送信することを「アップロード」といいます。SharePoint Onlineの場合は、Microsoft 365のサーバーにファイルを送信しています。反対にファイルを受け取ることは「ダウンロード」といいます。

HINT! [新規] をクリックするとどうなるの？

手順1の画面で［アップロード］の左にある［新規］をクリックすると、［Word文書］や［Excelブック］［PowerPointプレゼンテーション］といった選択肢が表示され、いずれかをクリックするとそれぞれのOffice Onlineで新しいドキュメントを作成できます。また、ここからフォルダーの作成も可能です。

HINT! ドラッグでもファイルを追加できる

チーム サイトの［ドキュメント］には、ドラッグでもファイルをアップロードできます。［ドキュメント］画面中央付近、ファイルの一覧が表示されているあたりにファイルをドラッグすると、アップロードが行われます。

1 [ドキュメント]にファイルをドラッグ

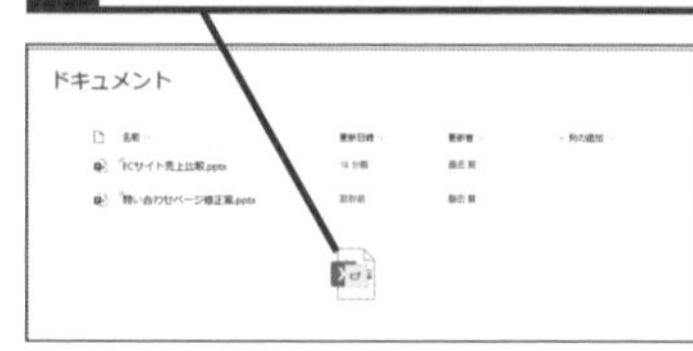

3 アップロードしたファイルを確認する

ファイルが［ドキュメント］にアップロードされた

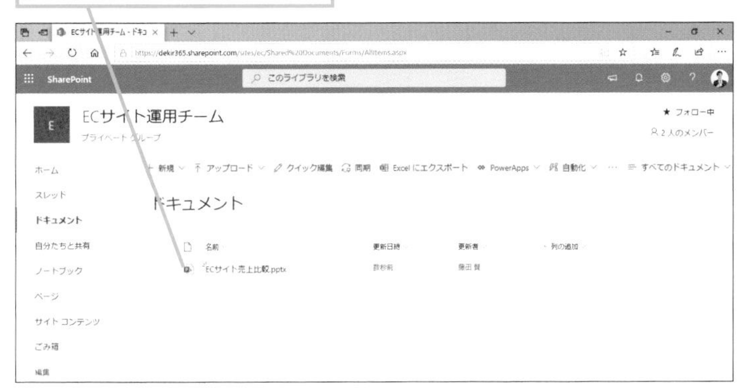

ファイルをダウンロードする

1 ダウンロードしたいファイルを選択する

［ドキュメント］を開き、ファイル一覧を表示しておく

1 ダウンロードするファイルをクリック

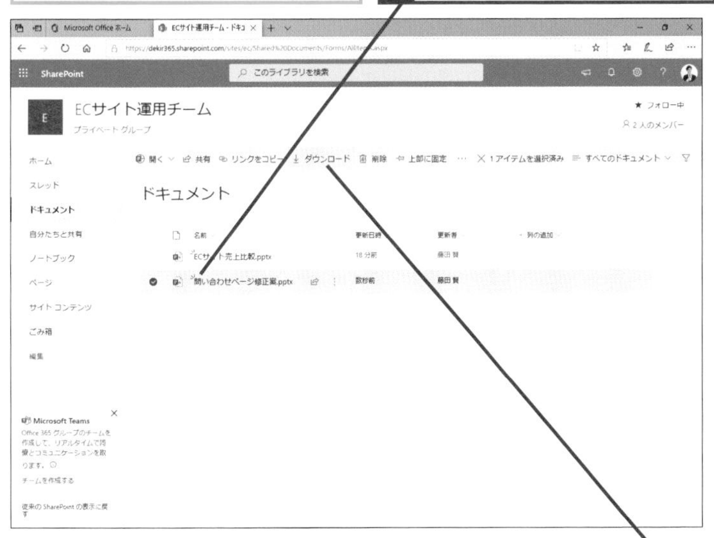

2［ダウンロード］をクリック

2 ダウンロードを開始する

ダウンロードしたファイルの操作を選択するメッセージが表示された

1［保存］をクリック

HINT! PDFも共有できる

作成した資料の配付に使われることが多いPDFなど、Microsoft Office以外のファイルもSharePoint Onlineのドキュメントにアップロードして共有できます。

HINT! よく使うファイルを常に表示させるには

［ドキュメント］の画面では、特定のファイルを常に画面の上部に表示できます。固定して表示したいファイルを右クリックして、メニューから［上部に固定］を選択しましょう。よく利用するファイルを固定しておけば、すぐにファイルを開けるので便利です。

上部にファイルを固定表示できる

Point OneDrive for Businessとの使い分けを考える

Microsoft 365では、OneDrive for Businessでもクラウドにファイルをアップロードしたり、ほかのユーザーと共有したりできます。このため、SharePoint Onlineのチーム サイトでファイルを共有するのか、それともOneDrive for Businessを使うのかを決めておかなければ、ファイルが散在してしまいます。どのようにファイルを共有するのか、企業、またはチーム単位でルールを決めておきましょう。

レッスン 61

共有ドキュメントのファイルを編集するには

Office Online

SharePoint Onlineでは、［ドキュメント］にアップロードされたOfficeドキュメントをWebブラウザーで閲覧したり、編集したりすることができます。

既存のファイルを編集する

1 編集したいファイルを開く

レッスン㊿を参考に、チーム サイトのドキュメント ライブラリを表示しておく

1 編集したいドキュメントをクリック

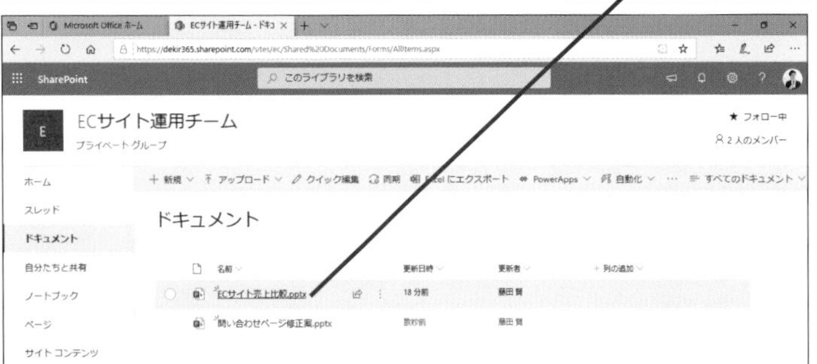

2 ドキュメントを編集する

PowerPoint Onlineの画面が表示され、ドキュメントを編集できる状態になった

編集したいページをクリックし、ドキュメントを編集する

編集が完了したら［タブを閉じる］をクリックする

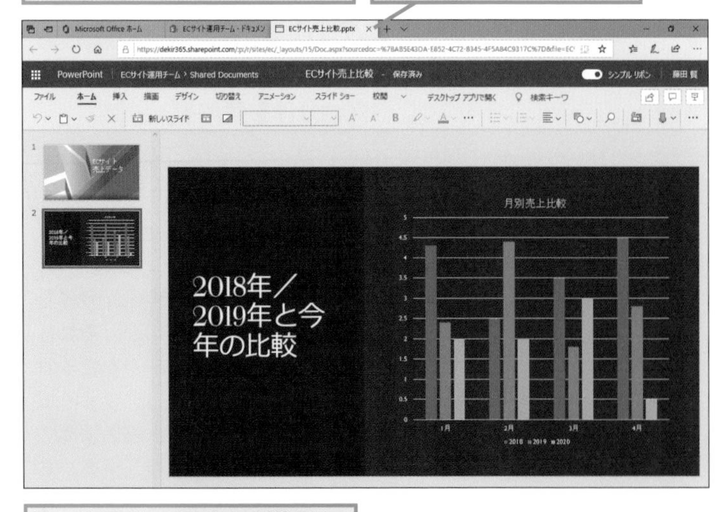

PowerPoint Onlineが終了し、チーム サイトの画面に戻る

キーワード

HINT!

Office Onlineとデスクトップ版Officeの違いとは

Webブラウザー上で利用するOffice Onlineと、デスクトップアプリとしてWindows にインストールして使うOfficeの最大の違いは、利用できる機能の数です。本格的にドキュメントを作り込んでいく場合には多機能なOfficeが便利ですが、共有ドキュメントをその場で見たり、ちょっと直したりという程度であれば、Office Onlineでも十分です。

HINT!

ファイルをパソコン上のOfficeで開くには

SharePoint Onlineの［ドキュメント］にアップロードされているファイルは、デスクトップ版のOfficeアプリでも編集できます。手順2で［デスクトップ アプリで開く］をクリックすると、デスクトップアプリのPowerPointでファイルを編集できます。

新規ファイルを作成する

1 ドキュメントの種類を選択する

レッスン⑩を参考に、チーム サイトのドキュメント ライブラリを開いておく

ここでは、PowerPointでドキュメントを作成する

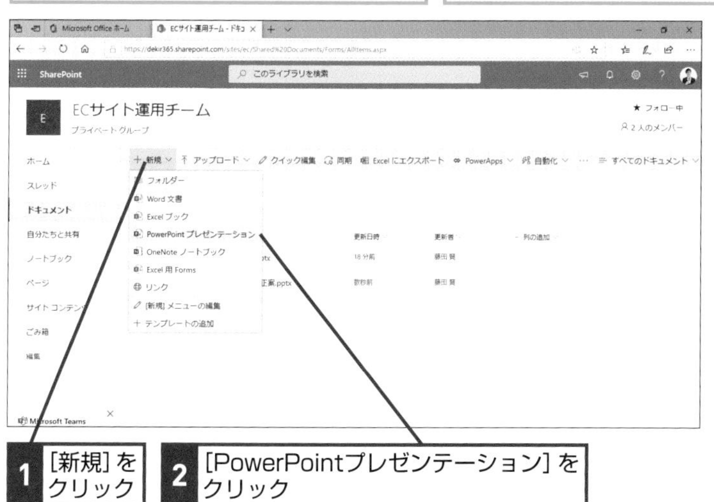

1 [新規]をクリック

2 [PowerPointプレゼンテーション]をクリック

通知バーにポップアップブロックが表示されたときは、[常に許可]をクリックする

2 ドキュメントを編集する

PowerPoint Onlineの新規ドキュメントが表示された

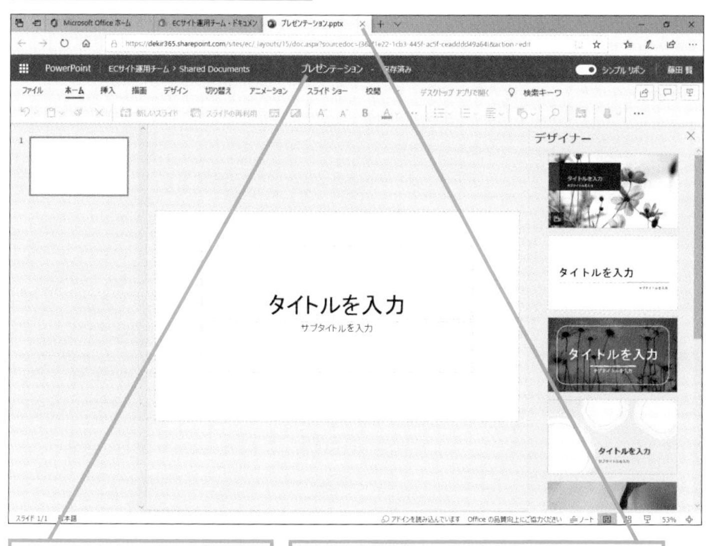

ここをクリックすると、ファイル名を変更できる

編集が完了したら[タブを閉じる]をクリックする

HINT! 自分のパソコンにファイルを保存するには

PowerPoint OnlineやWord Online、Excel Onlineに［保存］の項目はありません。ファイルを開いて編集すると、自動的に保存されます。そのため、編集が終わったらOffice Onlineでドキュメントを編集しているタブを閉じても問題ありません。なお、以下のように作業すればファイルを自分のパソコンにダウンロードできます。

1 手順2の画面で[ファイル]タブをクリック

2 [形式を指定してダウンロード]をクリック

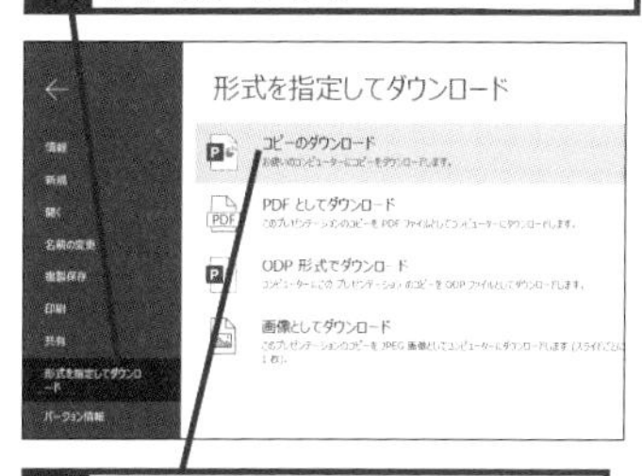

3 [コピーのダウンロード]をクリック

画面の指示に従って操作すると、ファイルをダウンロードできる

Point 既存ファイルの手直しに便利なOffice Online

Office OnlineはWebブラウザー上で、WordやExcel、PowerPoint、OneNoteのドキュメントの作成や編集ができる便利なツールです。デスクトップ版のOfficeアプリが備えるすべての機能を使えるわけではありません。しかし、すでにアップロードされているファイルの文字や数値を修正する、あるいは大まかな内容だけ打ち合わせしながらざっと作っておく、といった用途では問題なく活用できます。

レッスン
62 アプリを追加するには

アプリの追加

SharePoint Onlineにはさまざまなアプリが用意されており、チーム サイトに追加して利用することができます。積極的に活用し、情報共有に役立てましょう。

1 アプリの一覧ページを開く

レッスン59を参考に、チーム サイトを表示しておく

1 [新規]をクリック

2 [アプリ]をクリック

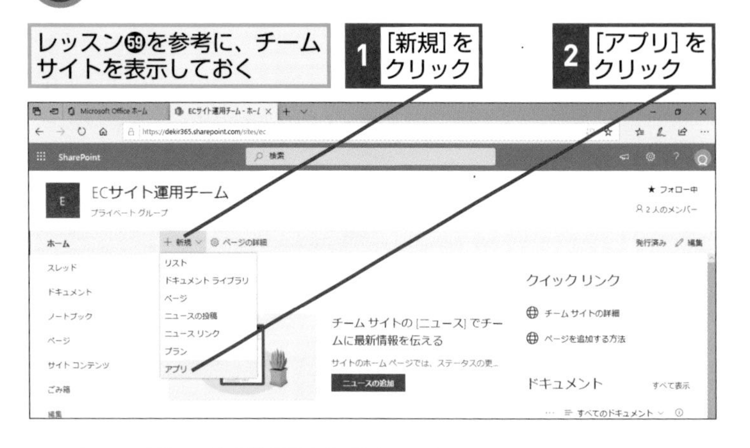

2 追加するアプリを選択する

追加できるアプリの一覧が表示された

ここでは[予定表]を追加する

1 [予定表]をクリック

3 追加するアプリに名前を付ける

['予定表'の追加中]の画面が表示された

1 名前を入力

2 [作成]をクリック

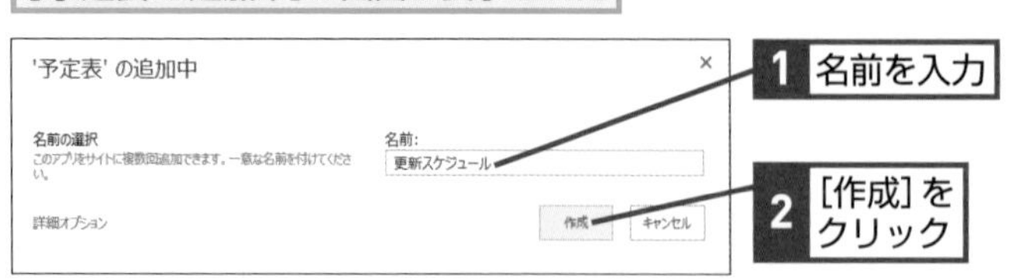

HINT! 追加したアプリにアクセスするには

サイド リンク バーにある［サイト コンテンツ］をクリックすると、そのチーム サイトのコンテンツの一覧が表示されます。ここで追加したアプリをクリックすると、そのアプリのページが表示されます。

HINT! アプリの詳細を知りたい

ファイルを共有できる［ドキュメント ライブラリ］や、ユーザー自身で項目をカスタマイズして情報を管理できる［カスタム リスト］、作業すべき内容を登録する［タスク］など、SharePoint Onlineにはさまざまなアプリが用意されています。それぞれのアプリの詳細は、手順2のアプリ一覧画面で各アプリの［アプリの詳細］をクリックすると確認できます。

HINT! 同じアプリを複数追加できるの？

1つのチーム サイトに対し、複数アプリの追加が可能です。例えばドキュメント ライブラリを使ってチーム サイト内でファイルを共有する際、プロジェクトチームごとや共有の目的ごとにドキュメント ライブラリを使い分けられます。

4 追加した予定を表示する

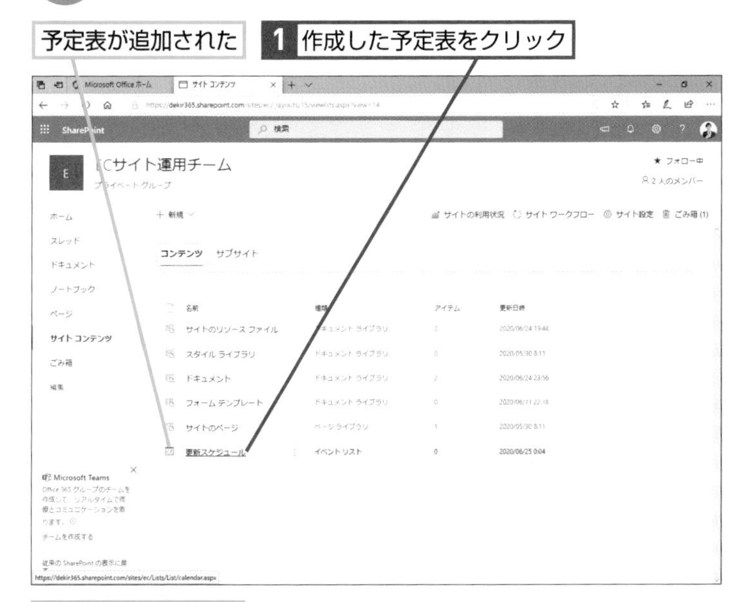

HINT!

追加したアプリを削除するには

サイト コンテンツに表示される、コンテンツの一覧からアプリを削除できます。

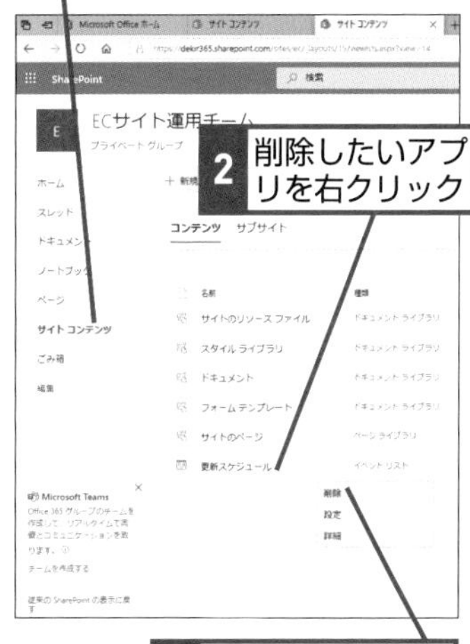

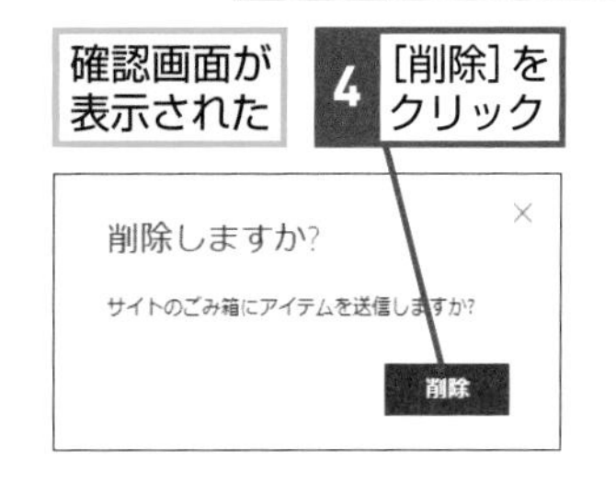

Point

アプリを使ってチーム サイトを強化しよう

チームの業務内容や目的により、共有すべき情報の種類は異なります。そこでSharePoint Onlineのチームサイトにおいて用意されているのが、共有すべき情報の種類に合わせて選択できるアプリです。チーム サイトの目的に合わせて最適なアプリを選択し、効率的な情報共有を目指しましょう。

レッスン

63 チーム サイトのページを作成するには

ページの作成

チーム サイトでは新たなページを作成することも可能です。例えば、ファイルを共有するための専用ページを作成して利用できます。

1 新規ページを作成する

レッスン㊾を参考に、チームサイトを表示しておく

1 [新規]をクリック

2 [ページ]をクリック

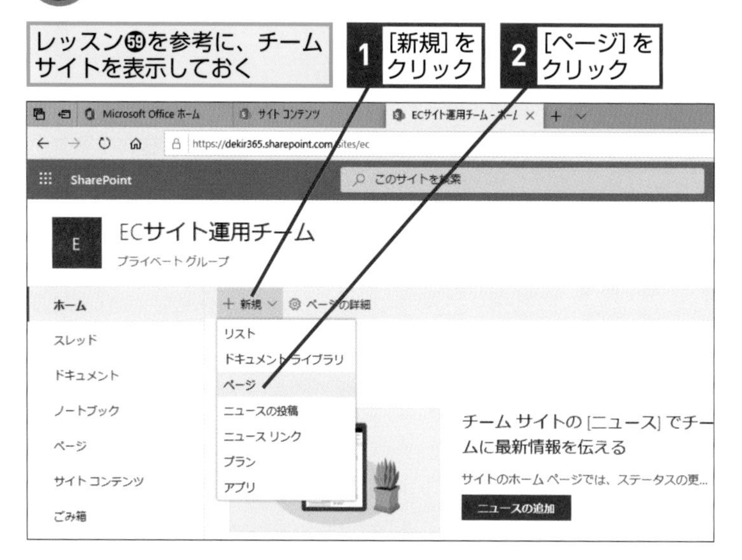

2 ページの種類を選択する

[ページ]の画面が表示された

ここでは空白ページを作成する

1 [空白]をクリック

2 [ページの作成]をクリック

HINT! ページの作成や編集には権限が必要

ページを新規に作成したり、既存ページを編集したりするには権限が必要です。権限は［設定］をクリックして［サイトのアクセス許可］を選択し、さらに[高度なアクセス許可]をクリックすると確認できます。

HINT! 既存のページを編集するには

ページの右上にある［編集］をクリックすると、ページの編集画面に切り替わります。編集画面では、記載されているテキストの修正のほか、Webパーツの追加や削除が行えます。

1 [編集]をクリック

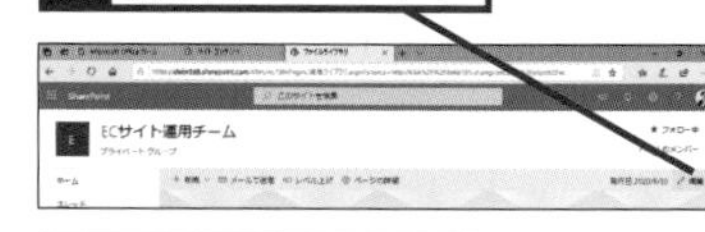

ページの編集画面に切り替わった

3 ページの名前とテキストを入力する

新規ページの作成画面が表示された

ここでは、ドキュメント ライブラリを表示する新規ページを作成する

1 ページのタイトルを入力

2 ページの説明を入力

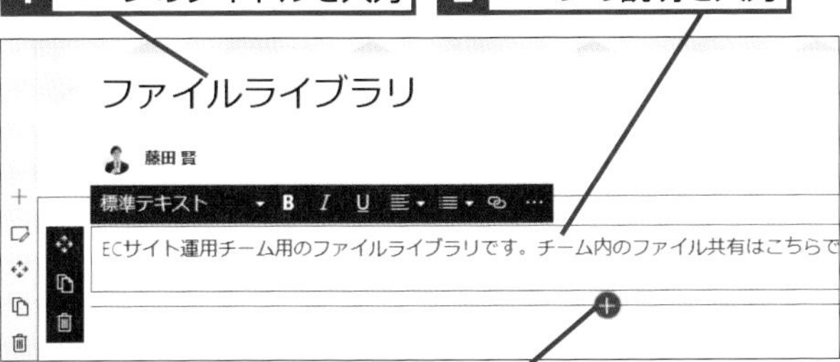

3 [新しいWebパーツを列1に追加]をクリック

4 Webパーツを追加する

追加できるWebパーツの一覧が表示された

1 スクロールバーを下にドラッグしてスクロール

2 [ドキュメントライブラリ]をクリック

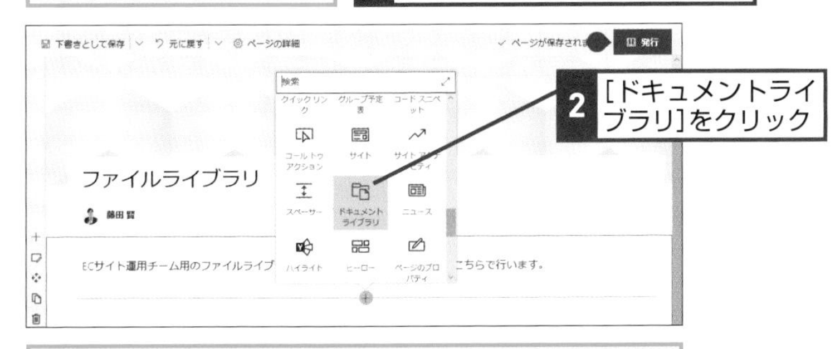

「このページに追加するドキュメント ライブラリを選択します。」というメッセージが表示されるので、下にある[ドキュメント]をクリックする

5 作成したページを発行する

ドキュメント ライブラリが追加された

1 [発行]をクリック

作成したページが公開される

HINT!
ページに複数のWebパーツを追加する

各Webパーツの下部にあるボタンをクリックすると、ページに新たなWebパーツを追加できます。

HINT!
作成したページをサイド リンク バーに追加する

手順5でページを発行した後、以下のように[他のユーザーがページを見つけられるようにする]という画面が表示されます。ここで[ナビゲーションにページを追加]をクリックすると、サイドリンク バーに作成したページへのリンクが追加されます。

1 [ナビゲーションにページを追加]をクリック

サイド リンク バーにページへのリンクが追加される

Point
カスタマイズでチーム サイトの使い勝手を高める

新規ページの作成やライブラリの追加など、SharePoint Onlineのチーム サイトはさまざまなカスタマイズが行えます。現状のチームにおける情報共有で何が課題となっているのかを見極め、その課題を解決するためにどのようなチーム サイトであれば便利かを考えて作成しましょう。

この章のまとめ

共同作業の可能性を高めるSharePoint Online

チームでの共同作業で作業効率を高めるためには、スムーズな情報の発信と共有が欠かせません。しかし、情報の発信や共有のために頻繁にミーティングを行うようでは、大きな時間の無駄が発生するため、逆に効率を下げることにもなりかねません。こうした課題を解決してくれるのが、ドキュメント共有やTeamsなどを使って、多様な情報を簡単に共有する仕組みを提供するSharePoint Onlineです。
SharePoint Onlineに用意されている豊富なテンプレートや機能を使えば、社内向けのソーシャルネットワークや掲示板、アンケートなどから、自社の業務に合わせた帳簿の作成なども可能です。まずはいろいろと試行錯誤してみながら、自社の業務の中で、どのようにSharePoint Onlineを活用できるのかを考えてみてはいかがでしょうか。

チーム サイトに情報を集約して活用

業務の内容に合わせてカスタマイズすれば、使いやすく、より有意義なサイトになる

第10章 Microsoft 365を管理する

Microsoft 365では、Webブラウザーを使ってさまざまな管理作業ができます。この章では、ユーザーの作成や権限の設定、メールをはじめとする個々の機能の管理などについて、基本的な操作の流れを解説していきます。

注意 この章の手順を行うには管理者権限が必要です

●この章の内容

レッスン 64

Microsoft 365を管理するには

管理の概念

サーバーの運用には、ハードウェアやOS、ソフトウェアなどさまざまな要素を管理しなければなりません。Microsoft 365なら、その負担を軽減できます。

管理者の運用の負担を軽減してくれるMicrosoft 365

Microsoft 365の大きな特長の1つとして、管理者の負担が小さいことが挙げられます。サーバー側のハードウェア、ソフトウェアの管理はサービスを提供しているマイクロソフトが行い、アップデート作業なども不要です。ユーザー企業は、利用者の管理や機能の設定など、必要最小限の管理作業をするだけで使えます。

HINT!

Microsoft 365の品質保証

Microsoft 365は、サービスの品質保証として、99.9%の稼動時間を保証しています。実際の稼動時間がこの割合を下回った場合は、サービス利用料から相応する金額を返金するとしています。

●Microsoft 365を利用する場合

サーバーのハードウェアやソフトウェアの管理・メンテナンス、一般ユーザー環境のライセンスやユーザーの管理も必要

サーバーのハードウェアやソフトウェアの管理、メンテナンスは不要。ユーザーやライセンスの管理業務だけに集中できる

Microsoft 365の管理ページ

管理者権限のアカウントでMicrosoft 365にサインインすると、アプリ起動ツールに［管理］という項目が表示されます。ここからアクセスできるMicrosoft 365管理センターで、Microsoft 365のさまざまな設定が行えます。なお、Microsoft 365管理センターの機能はプランによって異なります。下の画面はMicrosoft 365 Business Standardですが、Microsoft 365 Enterpriseでは、より高度な設定が行えます。

あらかじめMicrosoft 365の管理者アカウントでサインインしておく

1 ［アプリ起動ツール］をクリック

2 ［管理］をクリック

Microsoft 365管理センターの［ホーム］の画面が表示された

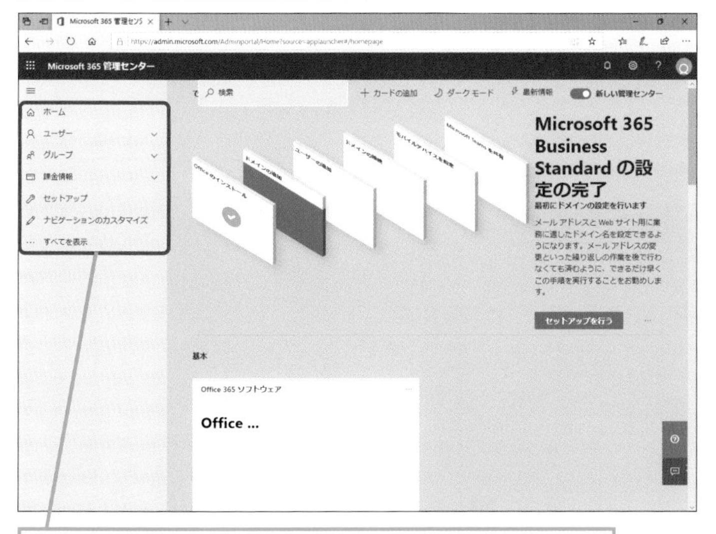

◆各種管理項目に移動するためのメニュー
各種詳細設定を行う、各管理項目を表示するためのリンク

HINT!
サービスの正常性を確認するには

Microsoft 365管理センターでは、サービスに問題が発生しているかどうかを確認できます。Microsoft 365の管理センターにある［ホーム］には、サービスの状況が表示されるので、サポートセンターに問い合わせる前に確認しましょう。

Point
運用管理コストの低減につながるクラウドサービス

企業がIT環境を維持する上で、大きな負担となるのが運用管理コストです。しかしMicrosoft 365は、基本の運用管理をマイクロソフトが行うので、負担を大幅に減らせます。管理者が行う作業がユーザーの追加や削除に限られるため、重要な作業に集中でき、かつ負担が重くならないのは大きなメリットです。このように管理者の負担を軽減し、運用コストを削減できるクラウドサービスは、IT環境を構築する上で欠かせないものとなるでしょう。

レッスン 65

Microsoft 365の初期設定を行うには

初期設定

Microsoft 365には、最初に行う基本的な設定をウィザード形式で進められる機能が用意されています。迷わず設定を進められるので便利でしょう。

Microsoft 365のセットアップ

初めてMicrosoft 365 Business Standardの管理画面にアクセスすると、「Microsoft 365 Business Standardの設定の完了」とメッセージが表示されます。ここで［セットアップを行う］をクリックすると、ドメイン名の設定などを行えます。

1 初期設定を開始する

レッスン64を参考に、管理画面を表示しておく

1 ［セットアップを行う］をクリック

2 Office アプリのインストールを確認する

［Office のインストール］の画面が表示された

ここでは、すでにOffice アプリがインストールされているものとして先に進める

Office アプリをインストールする場合は、ここをクリックする

1 ［続行］をクリック

キーワード	
Microsoft Teams	p.215
サービス	p.216
サインイン	p.216
ドメイン	p.217

HINT!

初期設定を行わなくても利用できる？

初期設定を行わず、それぞれの項目を個別に設定することも可能です。ただ基本的な設定を素早く行えるので、特に理由がなければ初期設定を行っておくといいでしょう。

3 ドメインを登録する

［ドメインの追加］の画面が表示された

所有しているドメインをMicrosoft 365に割り当てる

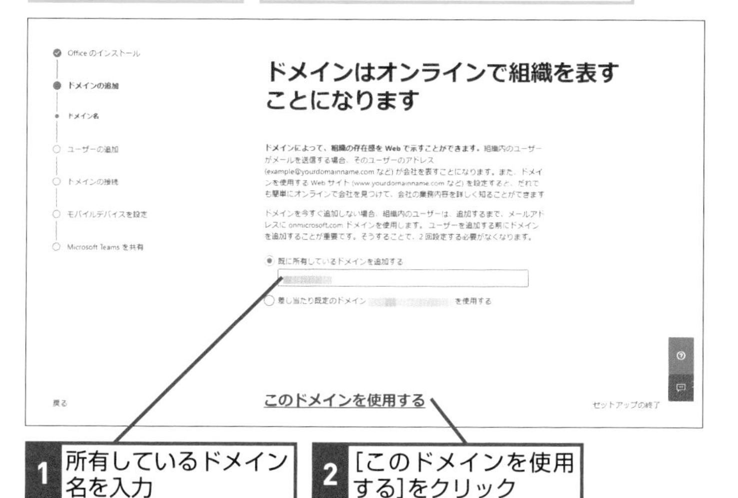

画面の指示に従って、所有者を確認する

4 新しいユーザーを追加する

［ユーザーの追加］の画面が表示された

1 ユーザーの［名］と［姓］を入力

2 ［ユーザー名］（メールアドレスの「@」の左側）を入力

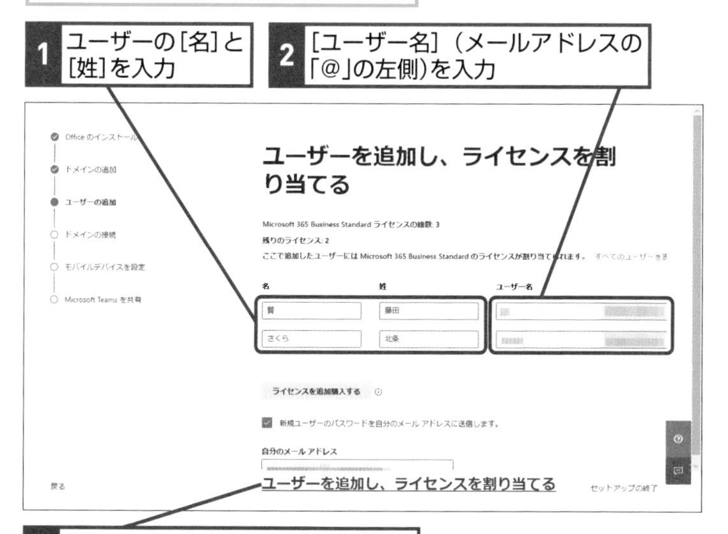

3 ［ユーザーを追加し、ライセンスを割り当てる］をクリック

HINT!

独自ドメインを割り当てるとどうなるの？

Microsoft 365へのサインインに使うIDを、独自ドメインのメールアドレス（例：user@example.com）にできるほか、メールの送受信も可能になります。

HINT!

ライセンスが足りない場合は

Microsoft 365 Busines Standardのライセンスが不足している場合、手順4の画面で［ライセンスを追加購入する］をクリックすると、ライセンスを追加できます。

［ライセンスを追加購入する］からライセンスを追加できる

次のページに続く

5 資格情報の伝達方法をスキップする

［資格情報の伝達］の画面が表示された

サインインのための情報伝達方法を選択できる

ここでは、後で資格情報を伝える

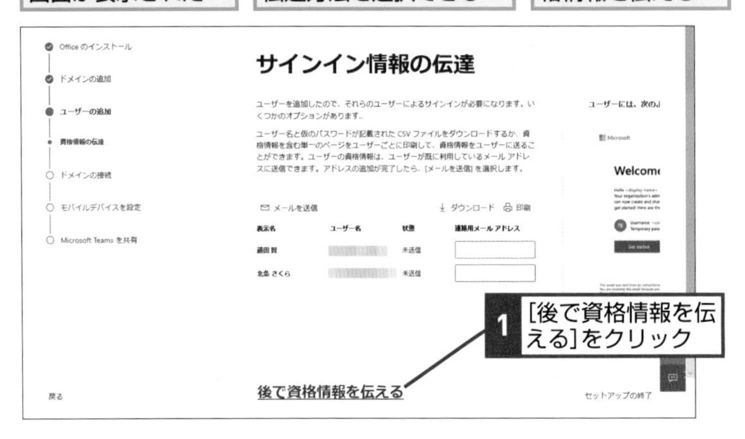

6 レコードのアクティブ化を行う

［レコードのアクティブ化］の画面が表示された

レジストラーやDNSホスティングプロバイダーで独自ドメインのDNSレコードを追加する

DNSホスティングプロバイダーによっては、Microsoft 365が自動でDNSレコードを更新できる

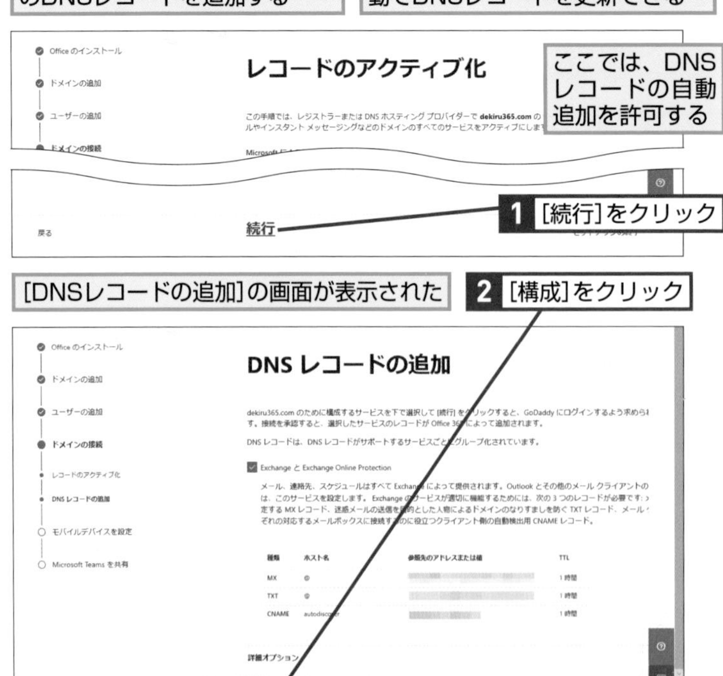

GoDaddy（HINT!を参照）では［アクセスを確認］の画面が表示されるので、［接続］をクリックする

HINT! CSVファイルには何が記述されているの？

手順5の画面で［ダウンロード］をクリックすると、資格情報が記載されたCSV形式のファイルをダウンロードできます。このファイルには、表示名（名前）とユーザー名、パスワードが記載されています。

HINT! 追加したユーザーに資格情報を伝えるには

手順5でユーザーを追加すると、ユーザー名（メールアドレス）と仮のパスワードが管理者のメールアドレス宛に送られます。この内容を伝えることで、それぞれのユーザーはMicrosoft 365へのサインインが可能になります。

HINT! 所有者の確認はどうやって行う？

GoDaddyなどのDNSプロバイダーでは、そのDNSプロバイダーにサインインして所有者の確認を行います。また、ドメイン名の連絡先として登録したメールアドレスでの確認、あるいは指定されたTXTレコードを追加する方法でも確認できます。

7 モバイルデバイスとMicrosoft Teamsを設定する

[モバイルデバイスを設定]の画面が表示された

スマートフォンやタブレット端末でQRコードを読み取ると、モバイル版Outlookをダウンロードできる

1 [続ける]をクリック

[Microsoft Teamsを共有]の画面が表示された

Microsoft Teamsについてのメールをユーザーに送信するには、[組織のユーザーにTeamsについてメールを送信]をクリックする

2 [続行]をクリック

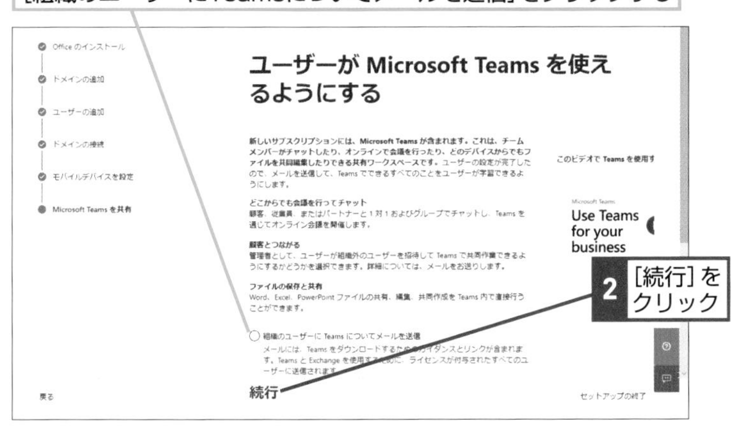

8 セットアップを完了する

セットアップが完了した

1 [管理センターに移動]をクリック

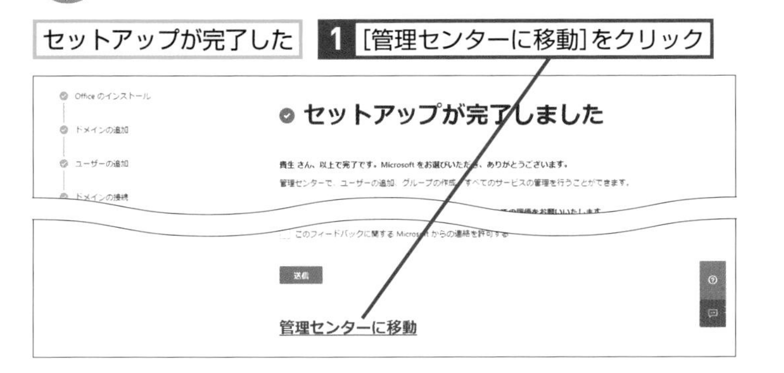

HINT!

自動でDNSレコードが更新されないときは

DNSホスティングプロバイダーなどのポータル画面を利用し、手動でDNSレコードを追加する必要があります。Microsoft 365のドメインについて、詳しくは以下を参照してください。

▼Microsoft 365 にドメインを追加する
https://docs.microsoft.com/ja-jp/microsoft-365/admin/setup/add-domain?view=o365-worldwide

Point

Microsoft 365の管理は初期設定から始めよう

Microsoft 365は多機能なクラウドサービスであり、それに伴って設定項目も数多く存在します。それらのうち、最低限必要な設定項目だけを素早く行うために用意されているのが初期設定です。まずはここで独自ドメインの設定やユーザーの作成を行っておけば、その後の設定の手間が軽減されるので、ぜひ利用しましょう。

レッスン
66 ユーザーを追加するには

新しいユーザー

Microsoft 365を利用する際、管理者が最初に行う作業となるのが、新しいユーザーの追加です。このレッスンで、実際の作業の流れを見ていきましょう。

ユーザーアカウントの作成画面を表示する

1 ユーザーを追加する

レッスン64を参考に、管理者アカウントで管理画面を表示しておく

1 [ユーザー]をクリック

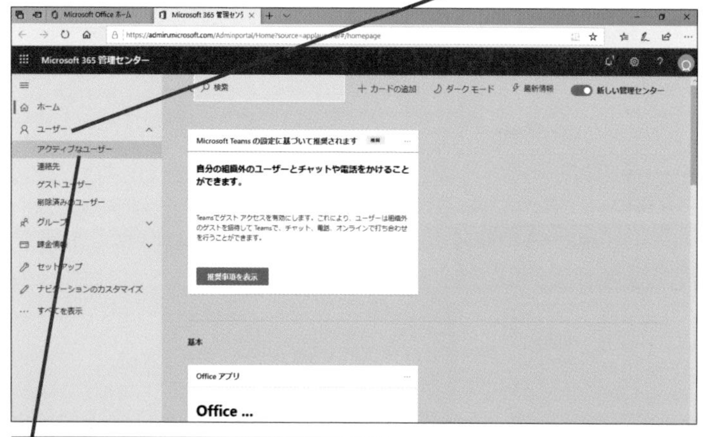

2 [アクティブなユーザー]をクリック

2 ユーザー登録画面を表示する

アクティブなユーザーの一覧が表示された

1 [ユーザーの追加]をクリック

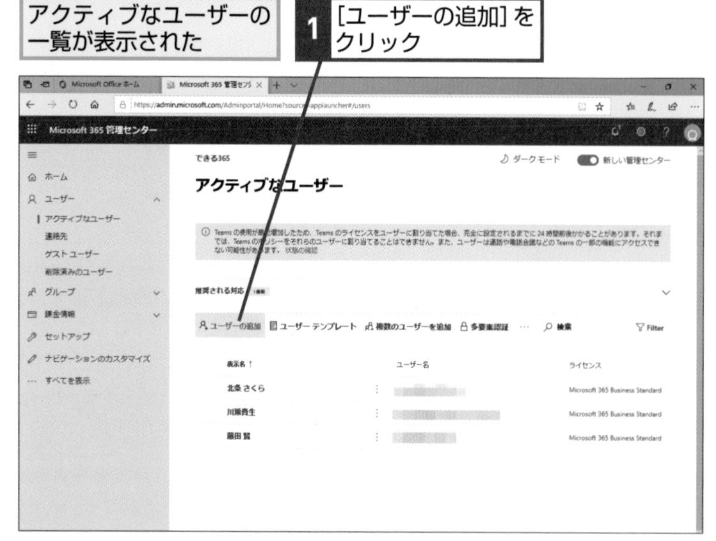

キーワード

ライセンス p.217

HINT!

ユーザーを削除するには

手順2を参考に［アクティブなユーザー］を表示し、削除したいユーザーを選択して[削除]をクリックします。

手順2の画面で、削除したいユーザーのチェックボックスをクリックしてチェックマークを付けておく

1 [ユーザーの削除]をクリック

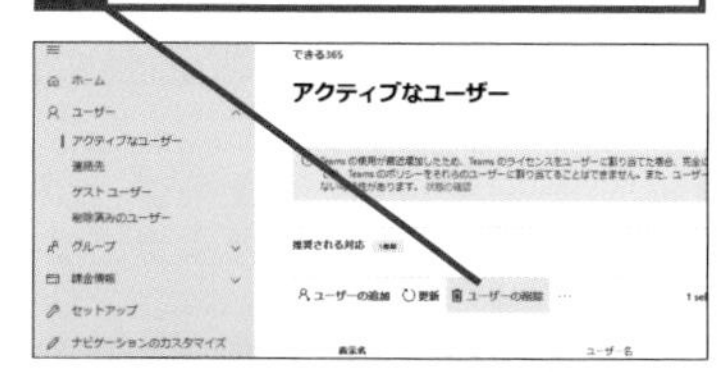

削除する内容の確認画面が表示された

2 削除するユーザーに割り当てていたライセンスやOneDrive、メールの処理方法を選択

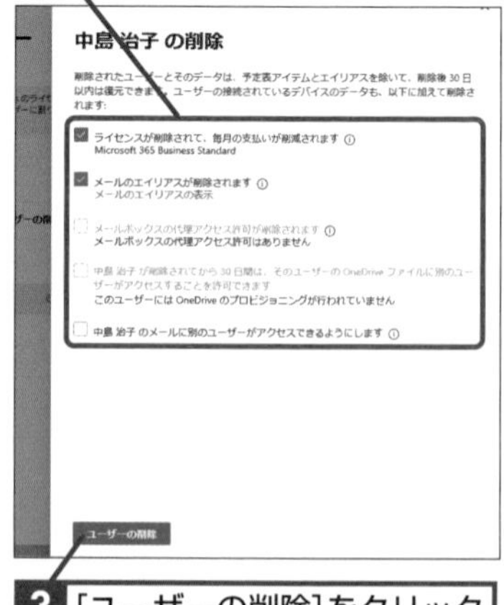

3 [ユーザーの削除]をクリック

3 新規ユーザーの情報を入力する

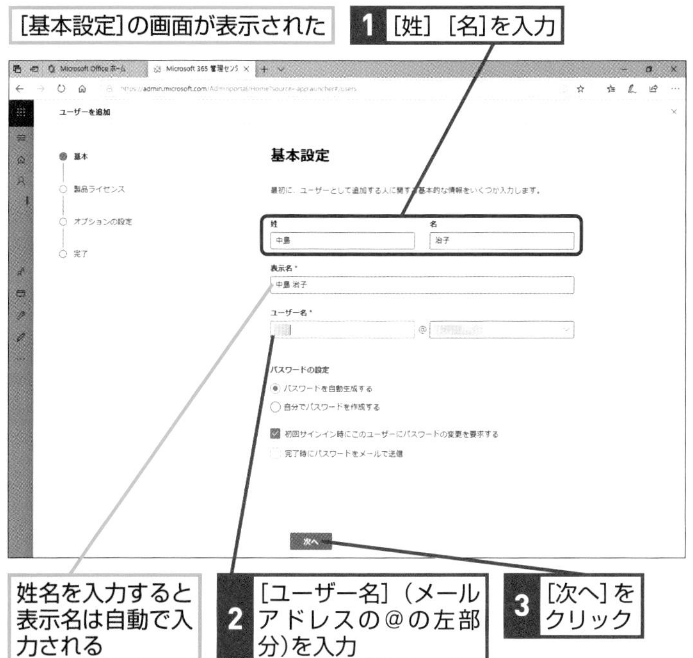

4 ライセンスを割り当てる

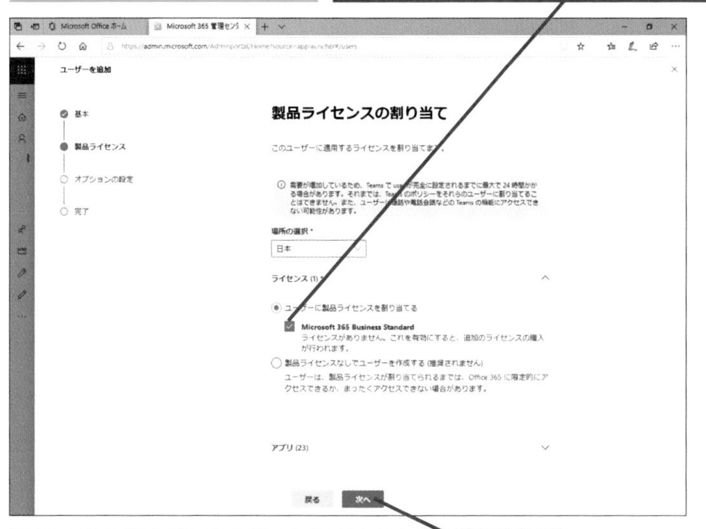

HINT!

一度削除したユーザーは短期間で再作成しない

ユーザーを削除した後、短期間で同じ名前のユーザーを作成すると、問題が生じる場合があります。再作成するのではなく、次ページのHINT！にあるようにアカウントを復元するようにしましょう。

次のページに続く

5 オプションを設定する

[オプションの設定] の画面が表示された

ユーザーに管理者権限やプロファイル情報を設定できる

ここでは、オプションを設定せずに先に進める

1 [次へ]をクリック

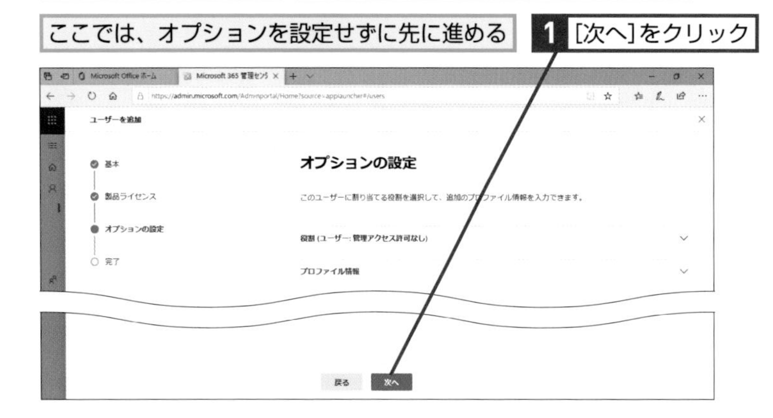

6 ユーザーが追加された

追加したユーザーの情報を確認する

1 [追加の完了]をクリック

表示されているパスワードをユーザーに連絡する

2 [閉じる] をクリック

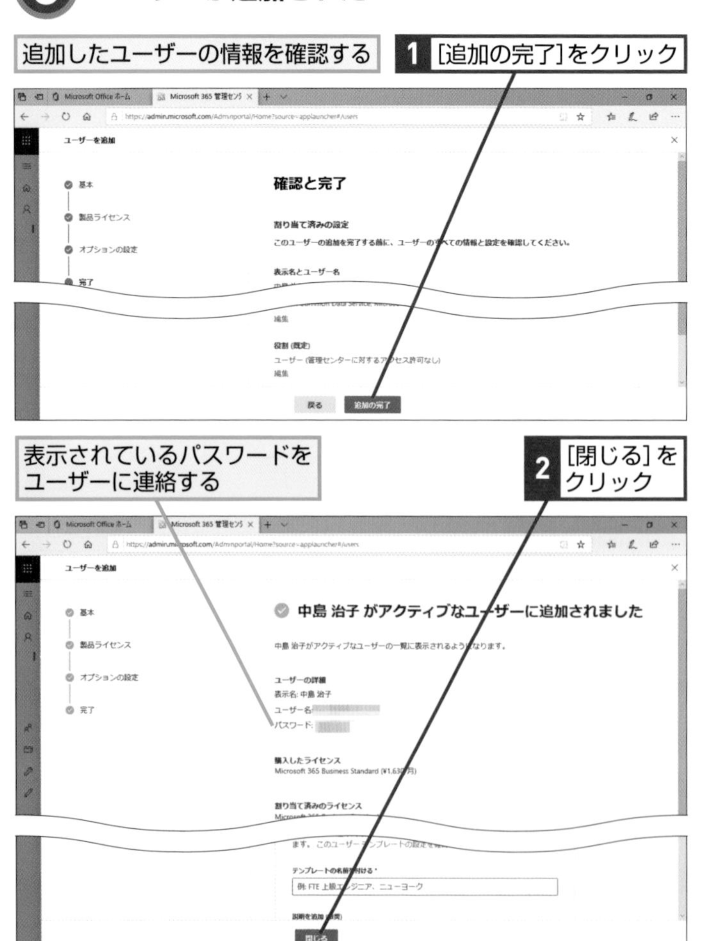

HINT!

ユーザーを復元するには

削除したユーザーを元に戻すには、194ページの手順1の画面で以下のように操作します。

1 [削除済みのユーザー] をクリック

2 元に戻したいユーザーのチェックボックスをクリックし、チェックマークを入れる

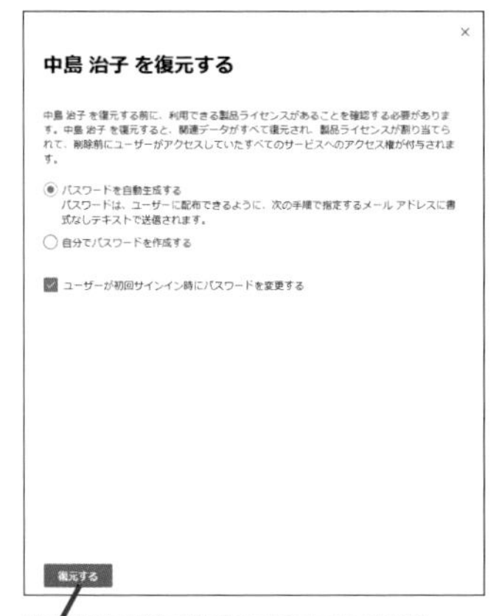

3 [復元する]をクリック

次の画面で [パスワードをメールで送信する] をクリックすると、生成されたパスワードを指定したメールアドレスに送信できる

ユーザーの情報を編集する

1 ユーザーを選択する

194ページの手順1を参考に、[ユーザー]のメニューを表示しておく

1 [アクティブなユーザー]をクリック

2 編集したいユーザーの名前をクリック

2 ユーザーの情報を変更する

ユーザーの編集画面が表示された

必要に応じて各項目の内容を変更する

1 [閉じる]をクリック

ユーザー情報が変更された

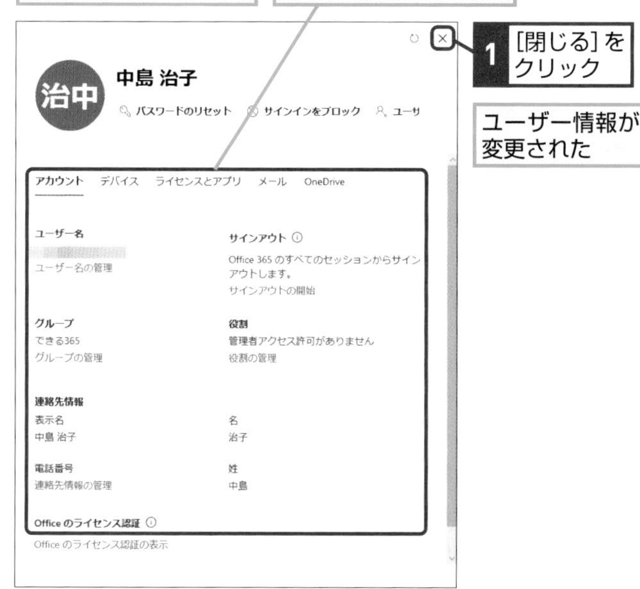

HINT!

管理者がMicrosoft 365の設定に困ったときは

管理画面の右下にある［サポートが必要ですか?］をクリックすると、FAQを検索できるほか、サポートへ問い合わせることができます。

Point

定期的にユーザーの状態を確認する

ユーザー管理業務では、新規ユーザーの登録と同様に、退職者のユーザー削除も欠かせません。退職者による機密情報へのアクセスなど、ユーザーの放置はセキュリティ上大きな問題となる可能性があります。Microsoft 365は月額課金のサービスなので、ライセンスの見直しの意味も含めて、定期的なユーザーの棚卸しも有効です。

レッスン
67 ユーザーのパスワードをリセットするには

パスワード

Microsoft 365の運用管理で頻繁に発生するパスワードのリセットと、ユーザー自身がパスワードをリセットできるようにする手順を解説します。

ユーザーのパスワードを変更する

1 ユーザーを選択する

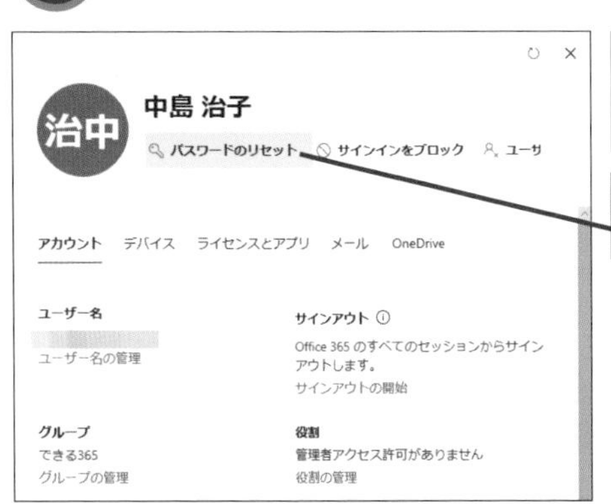

レッスン㊻を参考に、任意のユーザーの編集画面を表示しておく

1 [パスワードのリセット]をクリック

2 パスワードをリセットする

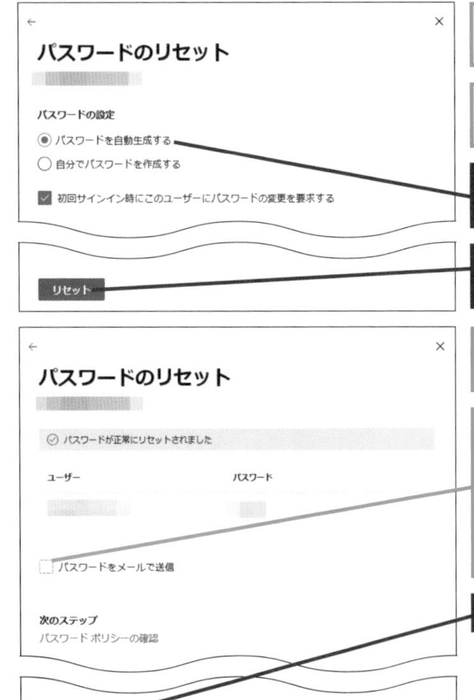

[パスワードのリセット]の画面が表示された

ここでは新しいパスワードを自動で生成する

1 [パスワードを自動生成する]をクリック

2 [リセット]をクリック

新しいパスワードが設定された

[パスワードをメールで送信]をクリックしてチェックマークを付けると、新しいパスワードを指定したメールアドレスに送信できる

3 [閉じる]をクリック

HINT!

[自分でパスワードを作成する]を選択したときは

手順2の上の画面で[自分でパスワードを作成する]をクリックすると、パスワードの入力欄が表示され、管理者がパスワードを指定できます。この場合も[初回サインイン時にこのユーザーにパスワードの変更を要求する]をクリックしてチェックマークを付けておくと、ユーザーに対してパスワードの変更が求められます。

HINT!

一時パスワードは誰に送ればいいの？

新しいユーザーの一時パスワードは、当然ながら本人にメールで連絡できません。また、暗号化されずにパスワードが送信されることになるため、ユーザーの個人用メールアドレスに送るのも避けるべきです。新しいユーザーが所属する部署長や人事担当者など、本人に直接伝えられるしかるべきポジションの人にメールで送るといった方法が考えられます。

パスワードをユーザー自身でリセット可能にする

1 [Azure Active Directory] を開く

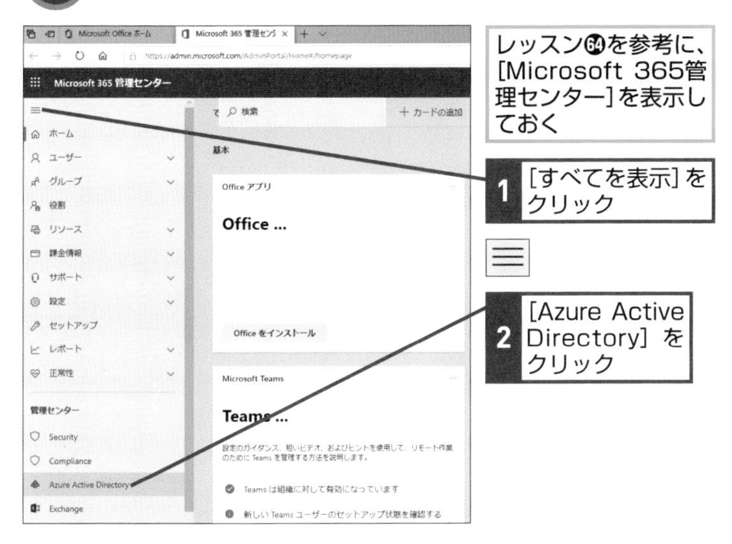

2 [パスワードリセット | プロパティ] を開く

[Azure Active Directory管理センター]が表示された

1 [ユーザー]をクリック　2 [パスワードリセット]をクリック

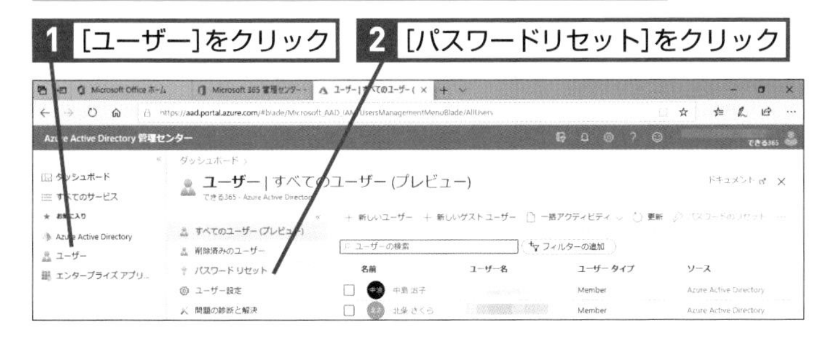

3 パスワードリセットのセルフサービスを有効にする

[パスワードリセット | プロパティ]の画面が表示された

1 [すべて]をクリック

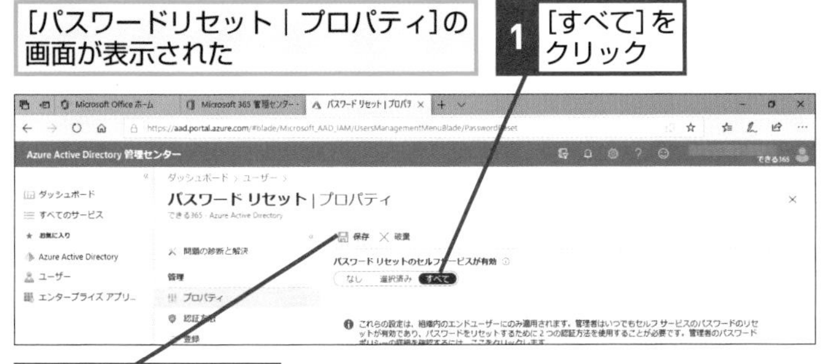

2 [保存]をクリック

HINT! パスワードのセルフリセットを許可するとどうなるの？

パスワードをユーザー自身がリセットできるようにする「セルフリセット」を許可すると、その後ユーザーがサインインした際に詳細情報の入力が求められます。詳細情報としては、本人が利用している電話の番号、あるいはMicrosoft 365とは別のメールアドレスのいずれか1つを設定する必要があります。

HINT! パスワードをユーザー自身でリセットするには

サインインの際、[パスワードの入力]画面で［パスワードを忘れた場合］をクリックします。次の［アカウントを回復する］画面で、ユーザー IDと画像として表示された文字を入力して［次へ］をクリックします。確認に使用する連絡方法の選択が求められるので、電話かメールのいずれかを選択します。受け取った確認コードを入力すると、新しいパスワードを設定できます。

Point パスワードのセルフリセットで運用管理の負担を軽減

ユーザーがパスワードを忘れてしまった場合は、管理者側でパスワードをリセットし、新しいパスワードをユーザーに通知しなければなりませんが、この作業が頻繁に発生すると相当な労力がかかります。またユーザーとしても、管理者にパスワードをリセットしてもらうまでMicrosoft 365が使えず、業務に支障が生じかねません。パスワードのセルフリセットについては、利用を前向きに検討しましょう。

レッスン

68 追加のユーザーライセンスを購入するには

ライセンス

Microsoft 365では、ユーザー作成時にライセンスを追加できるほか、あらかじめライセンスを購入しておくことも可能です。状況によって使い分けましょう。

1 購入サービスの選択画面を表示する

レッスン㊹を参考に、[Microsoft 365管理センター]にアクセスしておく

1 [課金情報]をクリック

2 [サービスを購入する]をクリック

ここでは購入済みライセンスを追加する

3 [Microsoft 365 Business Standard]をクリック

2 ライセンスの管理画面を表示する

[サービスを購入する]の画面が表示された

1 [管理]をクリック

キーワード

ライセンス p.217

HINT! ライセンスを購入する前にMicrosoft 365を試すには

Microsoft 365には試用版があり、購入する前にサービスを試せます。使用期間は1カ月です。なお試用版に参加できるユーザー数は最大25人になります。

▼Microsoft 365の試用版の情報
https://www.microsoft.com/ja-jp/microsoft-365/microsoft-365-business-standard-one-month-trial

HINT! ライセンス数を確認するには

Microsoft 365管理センターの［ライセンス］では、購入しているライセンス数と割り当てたライセンス数を確認できます。

手順1を参考に、[課金情報]をクリックする

1 [ライセンス]をクリック

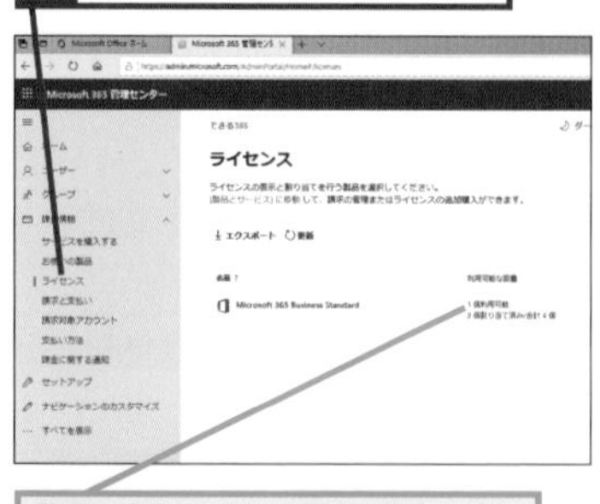

各ライセンスの保有数などを確認できる

Microsoft 365 を管理する 第10章

3 ライセンスを追加する

［お使いの製品］の画面が表示された

1 ［ライセンスの追加/削除］をクリック

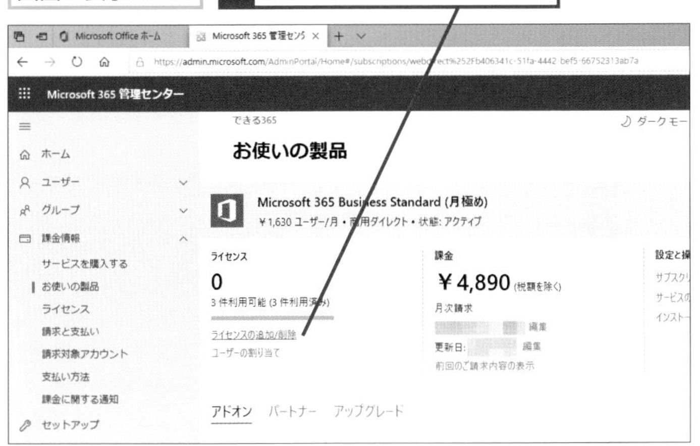

4 ライセンス数を変更する

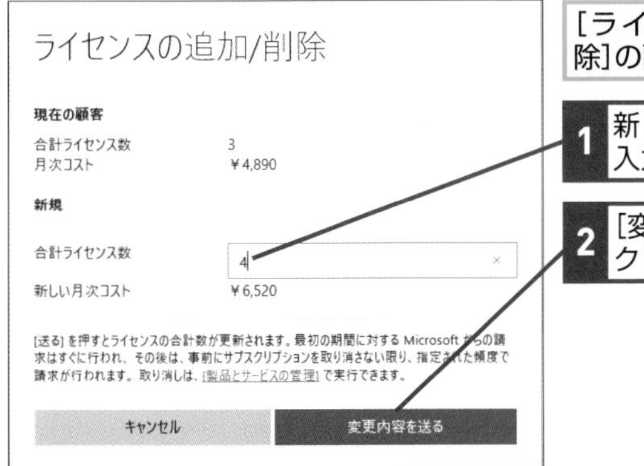

［ライセンスの追加／削除］の画面が表示された

1 新しいライセンス数を入力

2 ［変更内容を送る］をクリック

「ライセンス数が正常に変更されました。」と表示された

HINT!

Microsoft 365 Apps for Businessを追加購入できる

Microsoft Officeアプリケーションが付属していないプランを契約している場合でも、別途「Microsoft 365 Apps for Business」のライセンスを購入して導入できます。業務内容に応じて適切にプランを選択し、費用の無駄を抑えましょう。

1 前ページの手順1の画面で［Microsoft 365］の［すべて表示］をクリック

「Microsoft 365 Apps for business」の選択肢が表示される

Point

新たに社員が入社した際の手続きを検討しておく

ユーザーライセンスの管理においてポイントになるのは、新たに社員が入社した場合に適切なタイミングでアカウントを作成できるかどうかです。例えばライセンス購入の稟議に時間がかかる場合、社員が入社するという通知を受けてからライセンス購入の申請をしても間に合わない、というケースも考えられます。そのため、社員が新たに入社する際はどのタイミングで通知が行われてライセンス購入をどうするのかなど、事前に検討しておきましょう。

レッスン

69 会議室を設定するには

会議室

Microsoft 365では、会議や打ち合わせで使う会議室を予約できる仕組みがあります。これを利用するためには、あらかじめ会議室を登録しておきます。

1 会議室の管理画面を表示する

レッスン64を参考に、[Microsoft 365 管理センター]にアクセスしておく

1 [すべてを表示] をクリック

2 [リソース]をクリック

3 [会議室と備品]をクリック

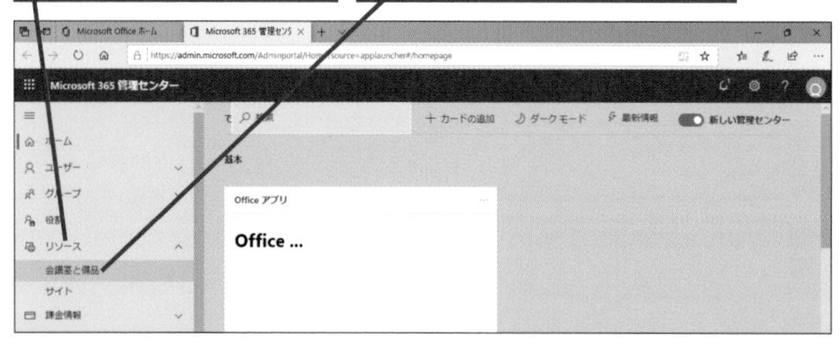

2 会議室を追加する

[会議室と備品]の画面が表示された

1 [Add Resource] をクリック

キーワード

HINT! 会議室を設定しておくとどうなるの？

会議室を設定しておくと、新たな予定を作成する際に会議室の予約ができるようになります。会議室を予約するには、[場所] として設定された会議室を指定しましょう。

HINT! プロジェクターなどの機材を設定する

会議室と同様、プロジェクターをはじめとする備品をExchange Onlineで管理できます。備品を追加するには、次ページの手順3の画面にある [種類] で [備品] を選択します。

HINT! 会議室はメールを受け取れるの？

作成された会議室には、会議出席依頼を受信するためのメールアドレスが割り当てられており、このメールボックスにメールを送ることは可能です。ただし、このメールボックスにサインインするためのアカウントが関連付けられないため、メールを読むことはできません。ユーザーから問い合わせを受け付ける場合は、別の窓口を用意しましょう。

3 会議室の詳細を設定する

［新しいリソース］の画面が表示された

1 ［種類］で［会議室］を選択

2 会議室の［名前］を入力

3 会議室に割り当てるメールアドレスを入力

4 ［定員］［場所］［電話番号］を入力

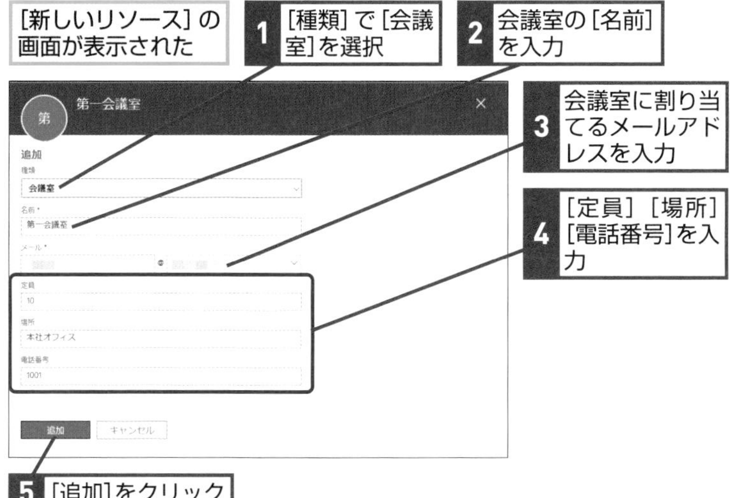

5 ［追加］をクリック

会議室が追加された

6 ［閉じる］をクリック

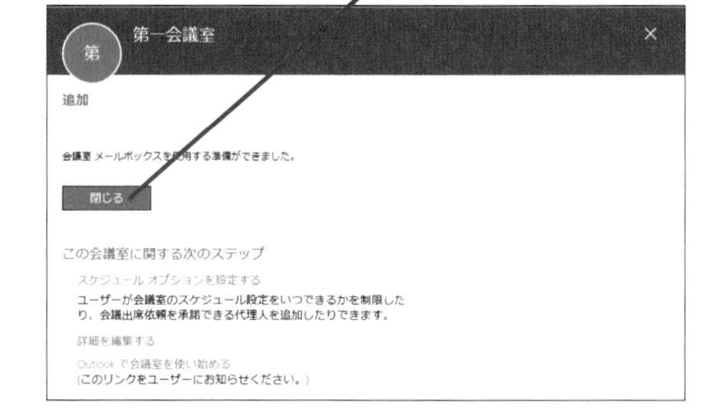

4 追加した会議室を確認する

追加した会議室が一覧に表示された

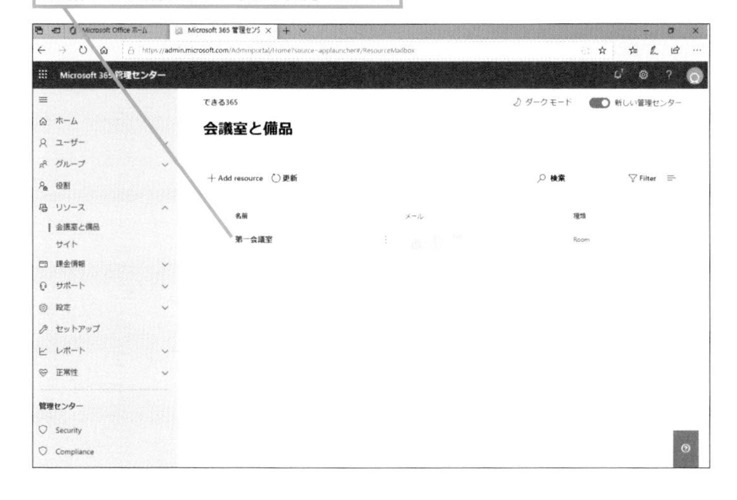

HINT! 会議室の予約を承認制にするには

会議室は、指定された時間が空いていれば自動的に予約を承認する方法と、指定したユーザーが承認する方法の2つがあります。後者の場合、以下のように作業します。

手順4の画面で設定したい会議室をクリックし、詳細画面を表示する

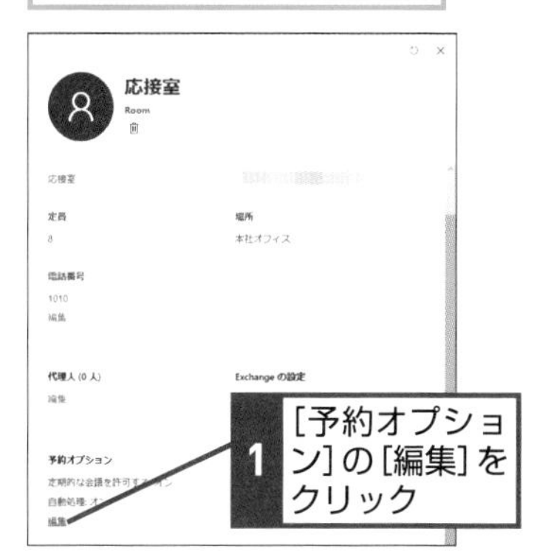

1 ［予約オプション］の［編集］をクリック

2 ［会議出席依頼を自動承認する］のチェックボックスをクリックしてチェックマークを外す

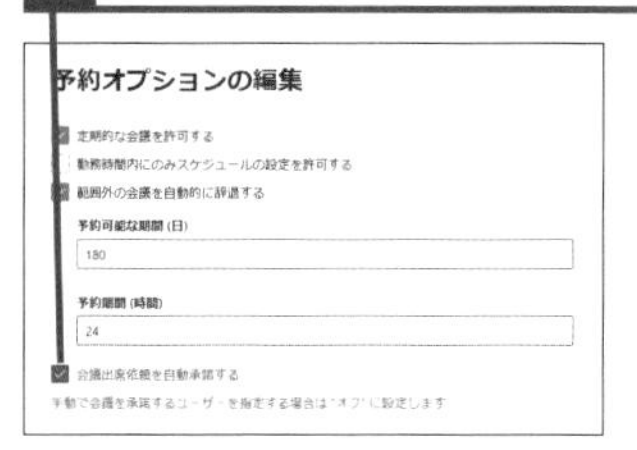

［追加するユーザーを検索］で利用を許可するユーザーを指定し、［変更の保存］をクリックする

Point 会議室の空き時間管理の手間を減らせる

Microsoft 365で会議室を登録しておけば、スケジュールの作成と同時に会議室の予約ができるようになります。会議室が空いているつもりで予定を入れたら、実は別の人が使っていたなどといったミスを防ぐためにも、積極的に活用しましょう。

レッスン

70 複数のユーザーで共有できるメールアドレスを作成するには

グループ

プロジェクトなどを進める際、メンバー全員に素早く情報を通達できるメールアドレスがあれば便利でしょう。これを実現するのが共有メールボックスです。

グループを作成する

1 グループの設定画面を表示する

レッスン㊹を参考に、[Microsoft 365 管理センター]にアクセスしておく

1 [グループ]をクリック

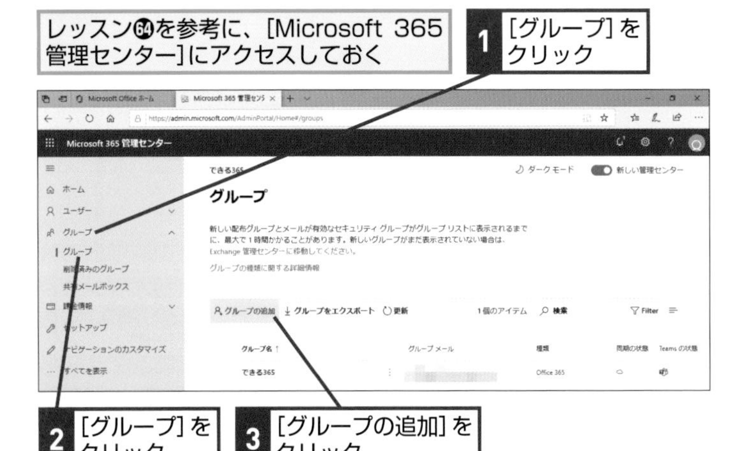

2 [グループ]をクリック

3 [グループの追加]をクリック

2 グループの種類を選択する

[グループの種類の選択]の画面が表示された

ここでは[配布]グループを作成する

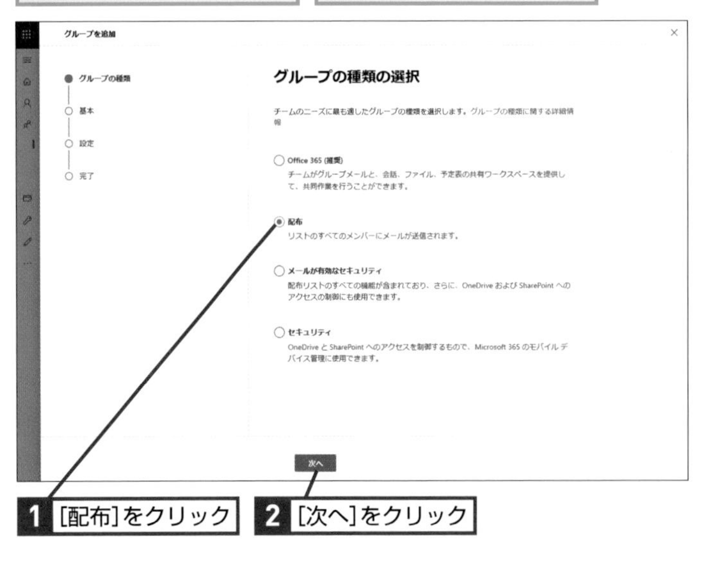

1 [配布]をクリック

2 [次へ]をクリック

HINT!

「グループ」とは

Microsoft 365のグループは、複数のユーザーで共同作業を行う場面などで利用できる仕組みです。「配布」グループの場合、専用のメールアドレスを作成し、そのメールアドレス宛にメールを送ると、グループのメンバー全員にそのメールが配信されます。例えば部署ごとに所属する従業員全員をメンバーにした配布グループを作成しておけば、部署内の連絡事項をその配布グループ宛に送るだけで全員に伝えられます。

HINT!

配布以外のグループの種類

Microsoft 365には、グループの種類として社内外のユーザー間で共同作業に利用する「Microsoft 365グループ」、SharePointなどのリソースへのアクセスを許可するために利用する「セキュリティグループ」、セキュリティグループの内容に加えてメンバーにメールで通知を送信するために利用する「メールが有効なセキュリティグループ」があります。用途に応じて使い分けましょう。

3 グループの基本設定を行う

[基本設定]の画面が表示された

1 グループの名前を入力

必要に応じてグループの説明を入力する

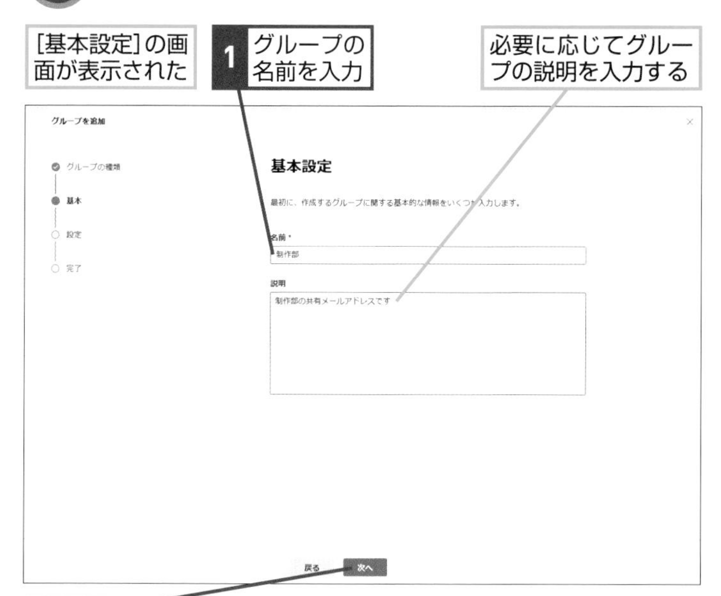

2 [次へ]をクリック

4 グループのメールアドレスを設定する

[設定の編集]の画面が表示された

1 グループのメールアドレスを入力

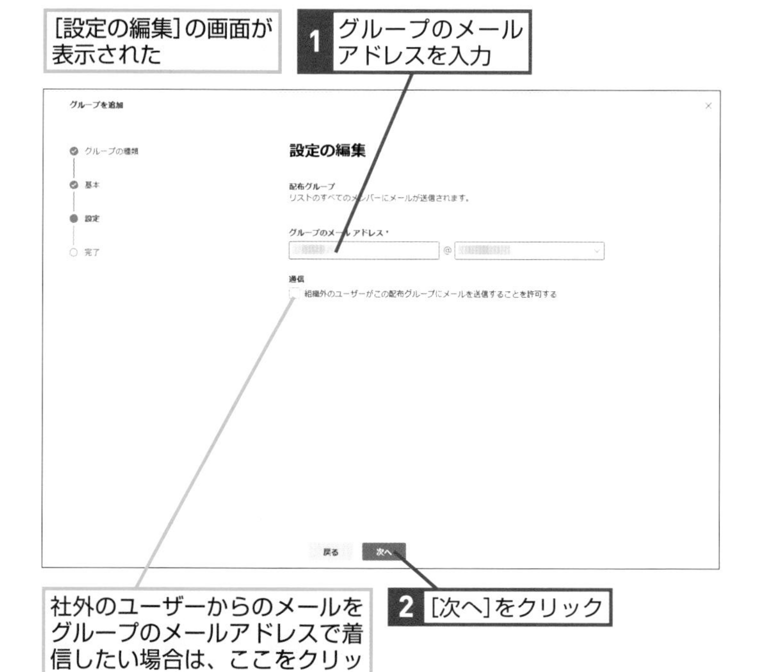

社外のユーザーからのメールをグループのメールアドレスで着信したい場合は、ここをクリックしてチェックマークを付ける

2 [次へ]をクリック

HINT! 作成したグループが一覧に表示されない場合は

グループの作成には最大で1時間かかることがあります。作成した直後にグループが一覧に表示されない場合、しばらく待って［更新］をクリックしてみましょう。

HINT! グループを削除するには

作成したグループは以下の手順で削除できます。

206ページの手順1 ～ 2を参考に、削除したいグループの設定画面を表示しておく

1 [グループの削除]をクリック

確認画面が表示された

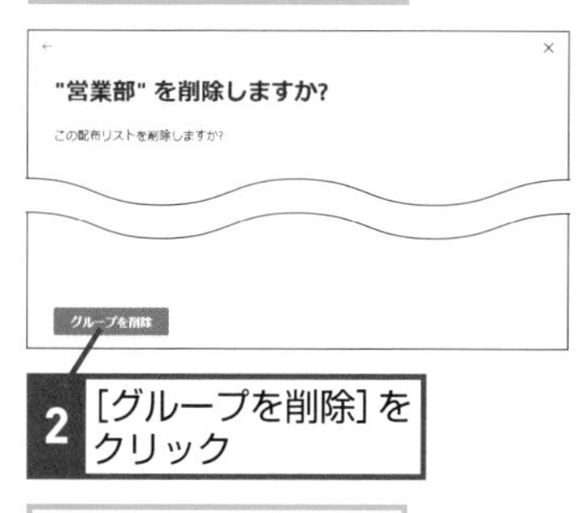

2 [グループを削除]をクリック

グループが削除される

次のページに続く

5 グループが作成された

グループの設定が完了した

1 [グループを作成]をクリック

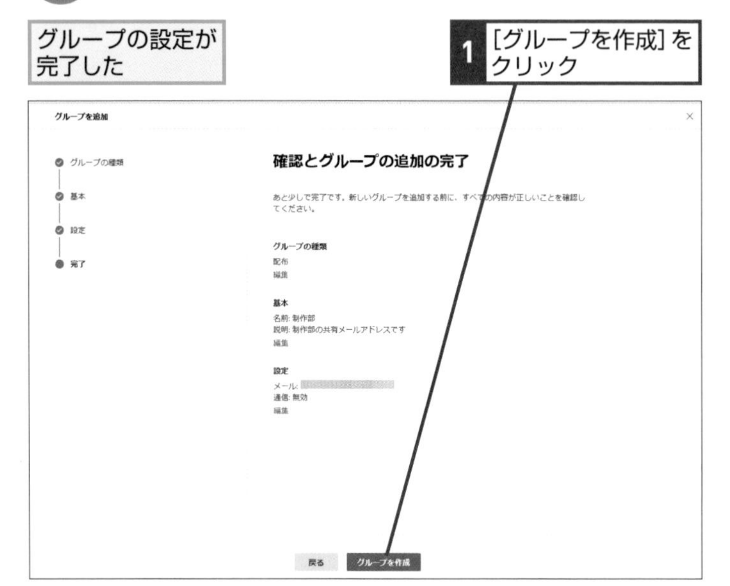

次の画面で「新しいグループが作成されました」と表示されたら、[閉じる]をクリックする

グループにメンバーを追加する

1 グループの設定画面を表示する

204ページの手順1を参考に、グループの管理画面を表示しておく

1 メンバーを追加したいグループをクリック

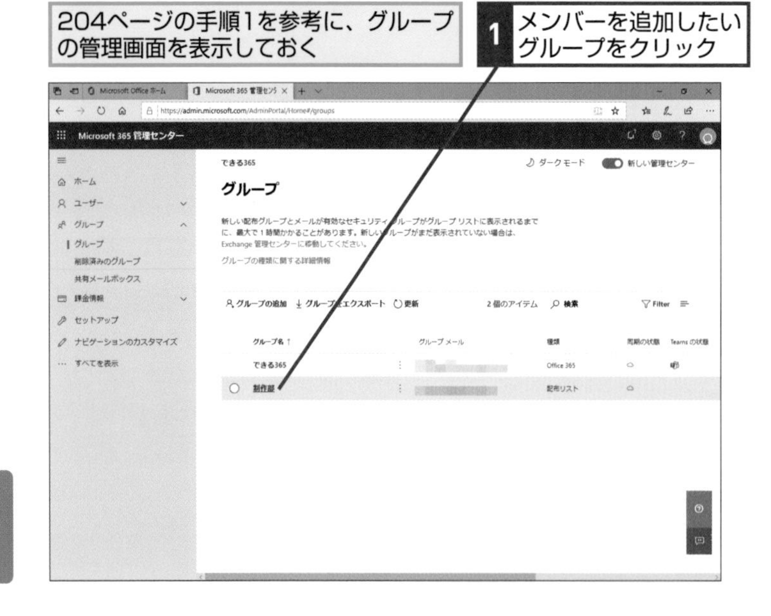

HINT!

作成したグループのメンバーを追加するには

手順1～2を参考にグループの設定画面を表示した後、以下の手順でメンバーを追加します。

グループの設定画面を表示しておく

1 [メンバー]タブをクリック

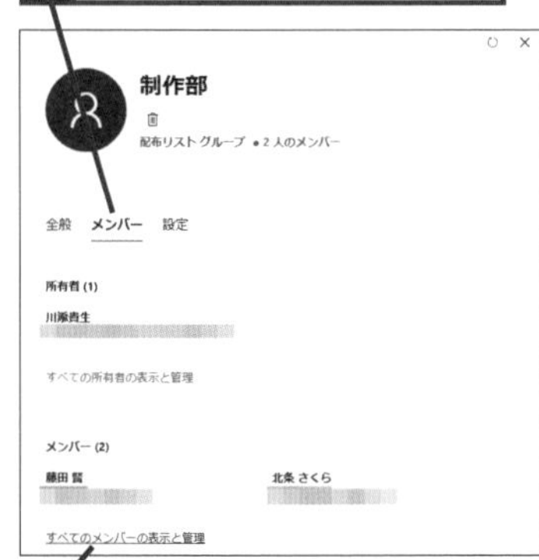

2 [すべてのメンバーの表示と管理]をクリック

3 [+メンバーの追加]をクリック

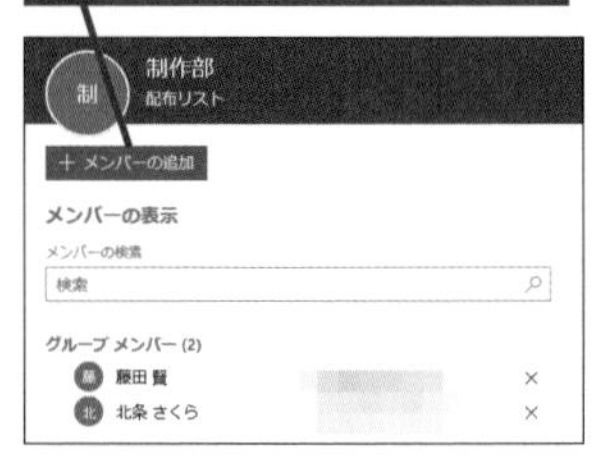

ユーザーの一覧が表示された

4 追加したいユーザーのチェックボックスをクリックしてチェックマークを付ける

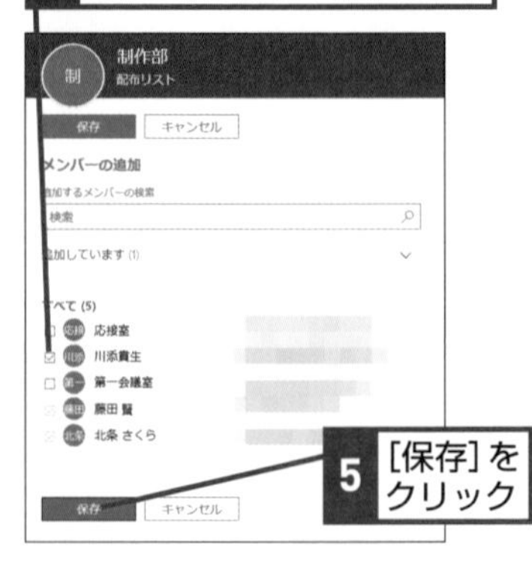

5 [保存]をクリック

Microsoft 365を管理する 第10章

2 メンバーの追加画面を表示する

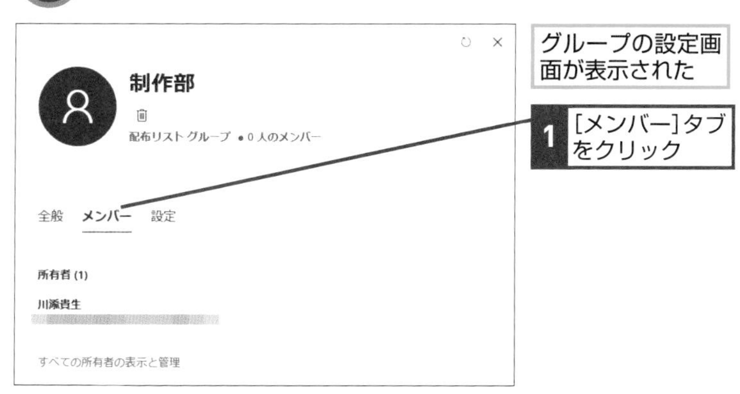

3 グループにメンバーを追加する

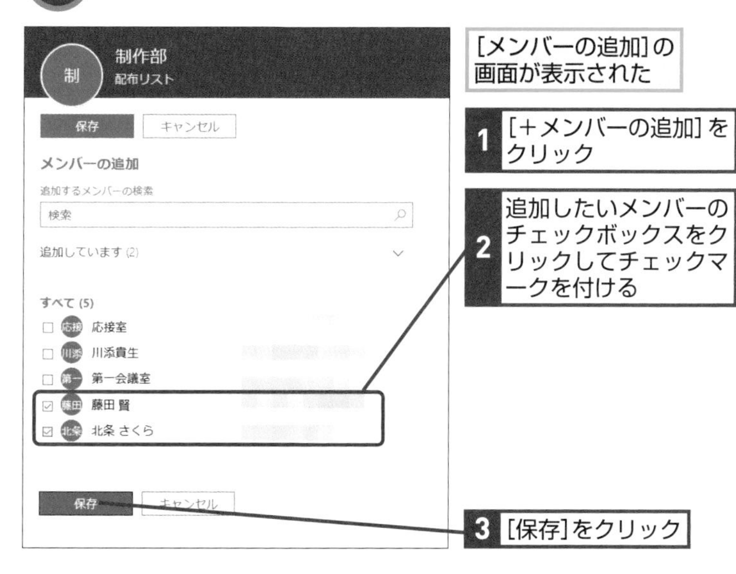

4 メンバーの追加が完了した

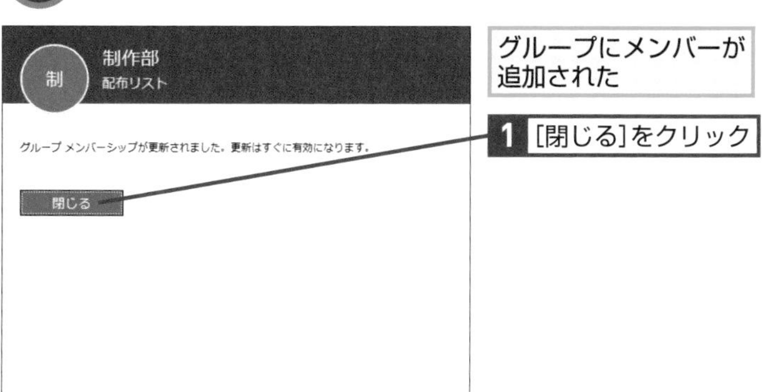

HINT!

作成したグループに外部からのメールの受信を許可するには

グループの設定画面で、外部から送信されたメールの受信を許可することができます。

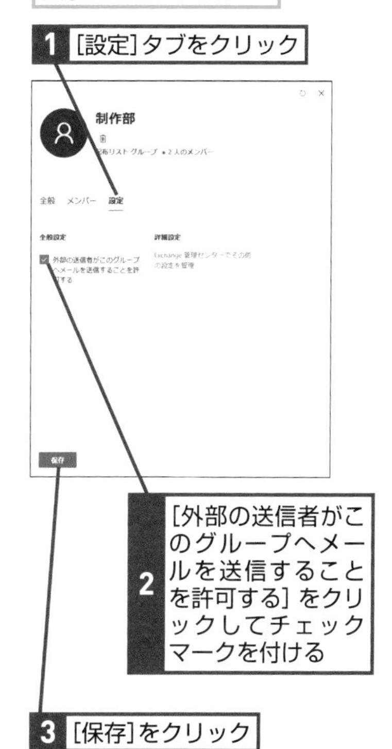

Point

社外からのメールの共有にも活用できる

グループを使えば、あて先に全員のメールアドレスを入力することなくメンバー全員にメールが届くのが最大のメリットです。さらに外部からのメールの受信を許可していれば、外部からの問い合わせメールをメンバー全員で受信でき、問い合わせメールを見逃すといったミスを防げます。また部署単位やチーム単位で作成しておけば、メールでの連絡が効率化するでしょう。

レッスン

71 メールボックスの使用状況を確認するには

メールボックス

Microsoft 365では、それぞれのユーザーのメールボックスの利用状況を管理者が確認できます。メールボックスの容量が圧迫していないかを確認してみましょう。

1 [Exchange管理センター] の画面を表示する

レッスン㉔を参考に、[Microsoft 365管理センター]にアクセスしておく

1 [すべてを表示] をクリック

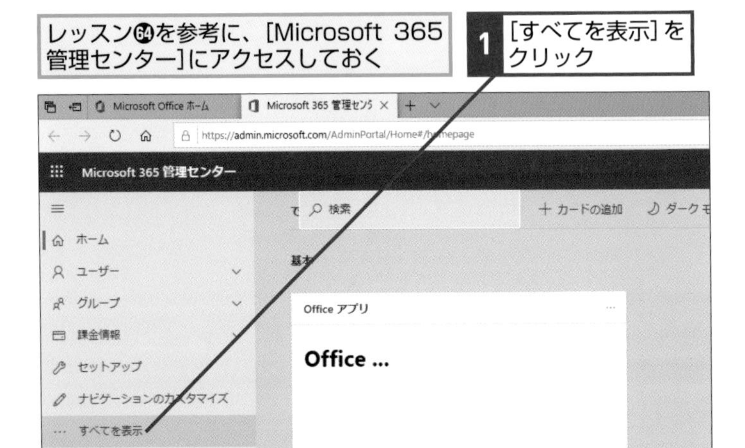

2 [Exchange]をクリック

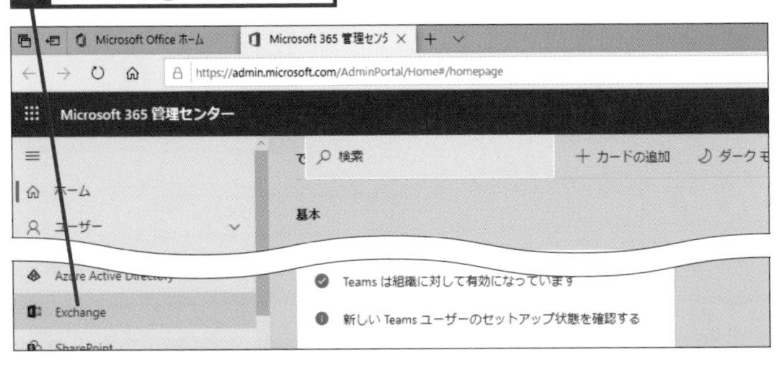

2 メールボックスの設定画面を表示する

[Exchange管理センター] が表示された

1 [メールボックス] をクリック

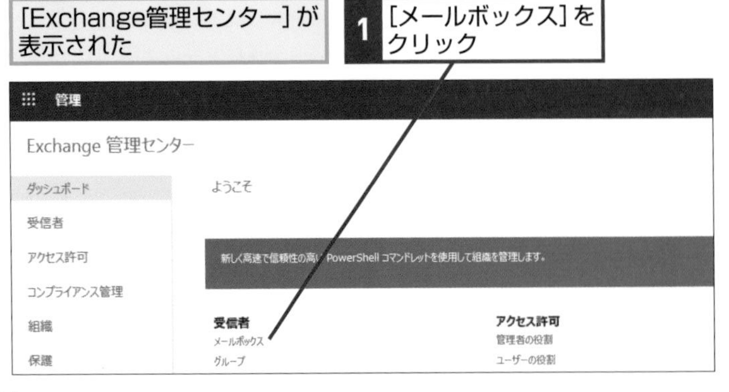

HINT!

メールボックスを検索する

ユーザー数が増えると、一覧から目的のユーザーを探すのは大変です。しかしメールボックスの検索機能を利用すれば、一覧から目視で探すことなく、目的のユーザーをダイレクトに表示できます。

1 [検索]をクリック

2 ユーザー名やメールアドレスの一部を入力

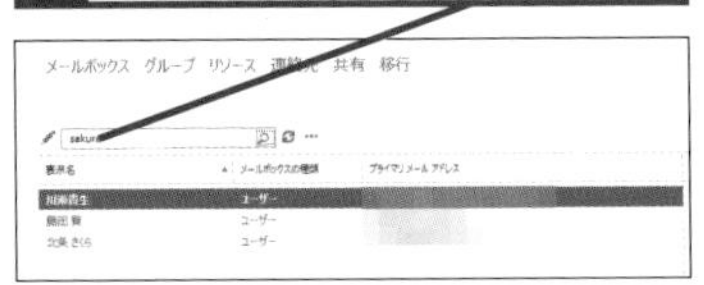

3 Enter キーを押す

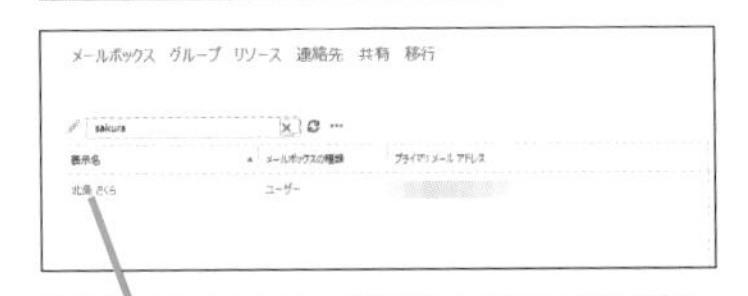

検索内容に該当するユーザーが表示された

Microsoft 365 を管理する 第10章

③ ［ユーザー メールボックスの編集］画面を表示する

メールボックスの設定画面が表示された

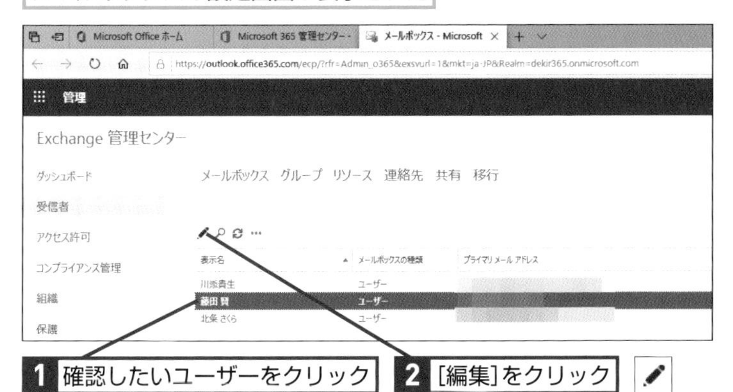

1 確認したいユーザーをクリック

2 ［編集］をクリック

④ メールボックスの使用状況を表示する

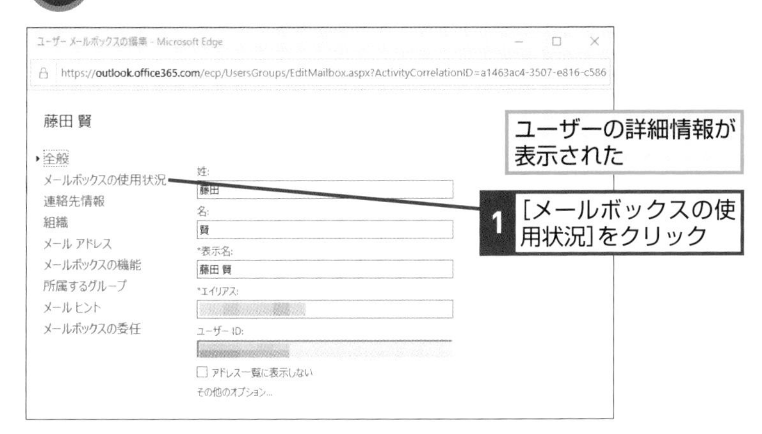

ユーザーの詳細情報が表示された

1 ［メールボックスの使用状況］をクリック

⑤ メールボックスの使用状況を確認する

メールボックスの使用状況が表示された

1 画面右下の［キャンセル］をクリック

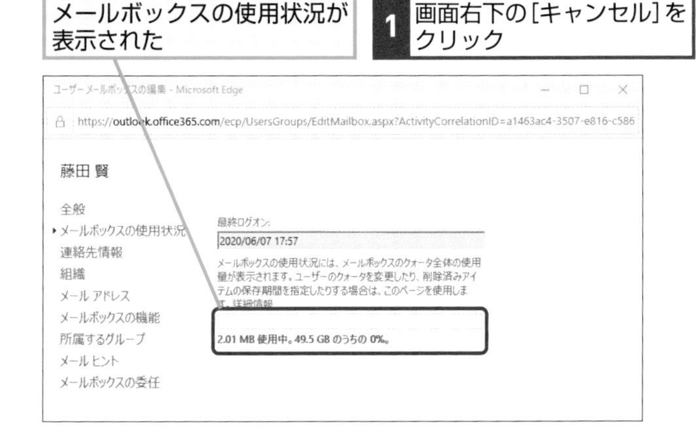

HINT!

「メール ヒント」はどんなときに使うの？

メール ヒントは、社内のユーザーにメールを送信するためにあて先を入力した際にメッセージを表示する機能です。メールボックスの詳細設定画面で設定できます。例えば出張などで長期間会社にいない場合などに不在であることを通知する、といった使い方ができます。

間違った場合は？

ユーザーを間違って選択してしまった場合は、［キャンセル］ボタンをクリックして画面を閉じ、もう一度手順3からやり直します。

Point

大容量メールボックスでも定期的なチェックは必要

Microsoft 365では、1ユーザー当たり50GBのメールボックスが提供されているため、一般的なメールサーバーの管理のように、ユーザーのメールボックスの容量を定期的にチェックする必要はあまりありません。ただ容量不足に陥るとメールの送受信が制限されるので、コミュニケーションに大きな弊害が生じます。管理者は数カ月に1回は、各ユーザーの利用状況をチェックするようにしましょう。

レッスン

72 ユーザーに管理者権限を割り当てるには

管理者権限の委譲

組織規模が大きくなると、Microsoft 365をすべて1人で管理するのは難しくなります。ほかのユーザーに管理者権限を委譲することも検討しましょう。

1 ユーザーの一覧を表示する

レッスン㉞を参考に、[Microsoft 365管理センター]にアクセスしておく

1 [ユーザー]をクリック

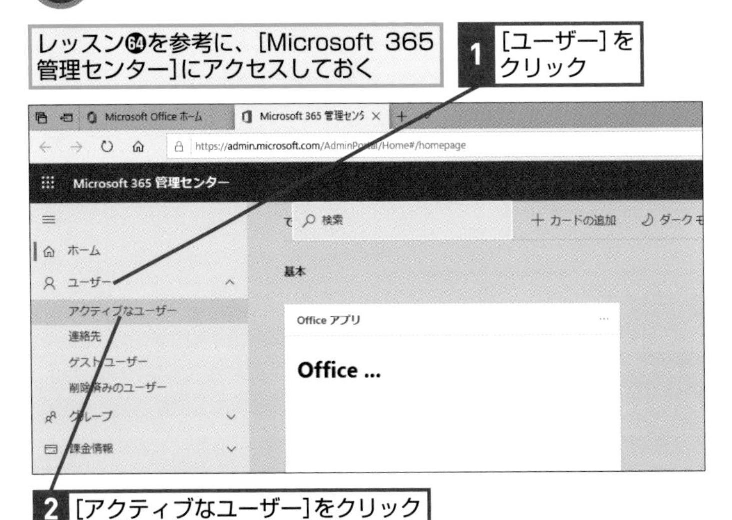

2 [アクティブなユーザー]をクリック

2 管理者にするユーザーの設定画面を表示する

[アクティブなユーザー]の画面が表示された

1 管理者の権限を割り当てるユーザーをクリック

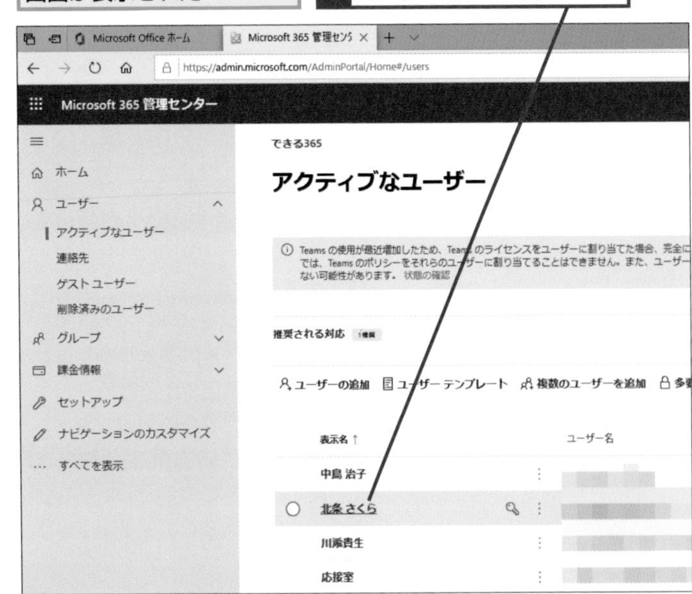

キーワード

管理者権限 p.216

HINT!

割り当てられる管理者権限の種類

管理者権限には、Microsoft 365のすべてを制御できる「全体管理者」をはじめ、「Exchange管理者」や「SharePoint管理者」「Teams管理者」など特定の機能だけを管理できる権限、あるいは設定内容の参照のみが可能な「グローバル閲覧者」など、さまざまな権限があります。

3 役割を管理する

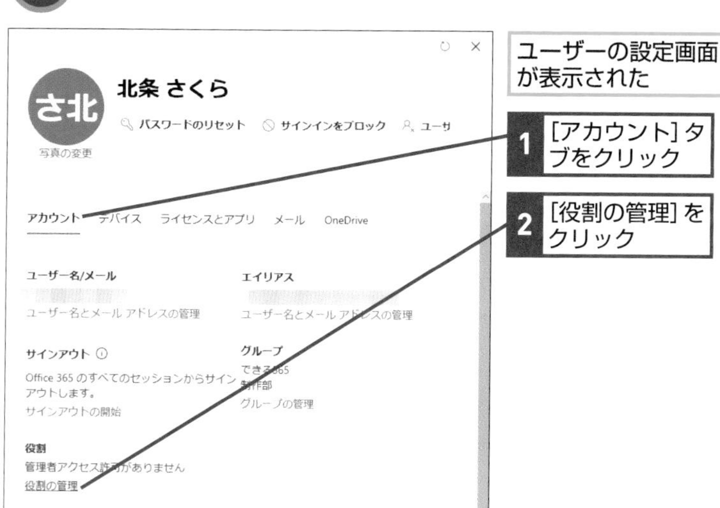

ユーザーの設定画面が表示された

1 [アカウント]タブをクリック

2 [役割の管理]をクリック

4 管理センターへのアクセスを許可する

[役割の管理]の画面が表示された

1 割り当てたい権限のチェックボックスをクリックしてチェックマークを付ける

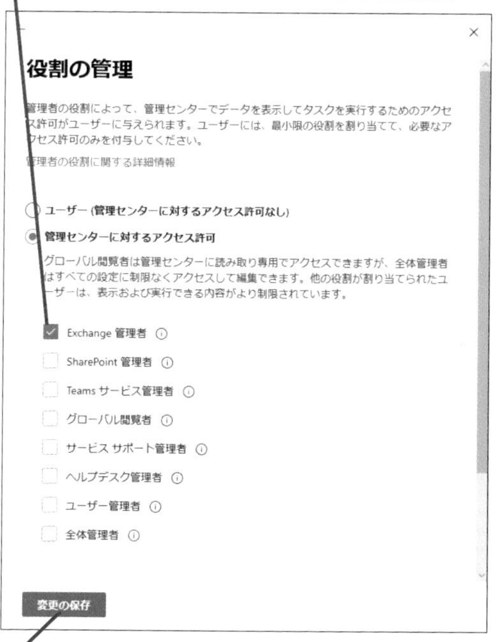

2 [変更の保存]をクリック

管理者権限が割り当てられた

HINT!

より細かな権限を割り当てるには

手順4の画面で［すべてをカテゴリ別に表示］をクリックすると、「ID」や「デバイス」、「共同作業」などのカテゴリーに分かれた権限が表示され、割り当てる権限をより詳細にコントロールすることが可能です。

Point

割り当てる権限は最小限に抑えるべき

組織の規模が大きくなると、Microsoft 365のすべてを1人で管理するのは難しくなるでしょう。そこで検討したいのが、ほかの従業員が管理できるように権限を割り当てることです。ただ強力な権限を割り当てると、思わぬトラブルになりかねません。業務上必要となる最小限の権限だけを割り当てるようにしましょう。

この章のまとめ

高度なITスキルがなくても運用できるMicrosoft 365

従来、業務で利用するさまざまなサーバーを運用するには、ハードウェアの管理やソフトウェアの設定、アカウントの作成などさまざまな作業に対応する必要がありました。さらに運用には高い専門知識やITスキルが求められるほか、ハードウェアの保守費用などさまざまなコストが発生し続けるといった課題もあります。
しかしクラウドサービスを活用すれば、こうした課題を解決できる可能性があります。ハードウェア故障時の対応やOSのアップデートなど、まず運用保守作業の多くはサービス提供事業者で行われるため、管理者の負担は大幅に軽減されます。
管理者に求められるのは、自社の業務内容に最適化するための設定やユーザーアカウントの管理などに絞られます。
これにより、社内向けの新たなサービスの開発や喫緊で検討すべき課題の解決策の検討など、本来の管理者業務に集中することができるでしょう。

特別なスキル不要のMicrosoft 365の管理

サーバーのハードウェア・ソフトウェアの管理が不要なので、Microsoft 365の管理に高いITスキルは必要ない

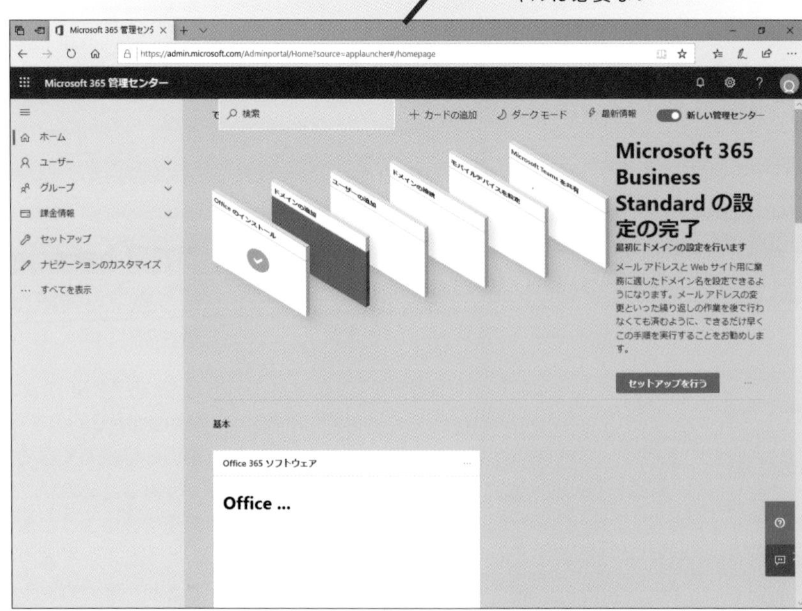

プラン別機能比較表

ここでは、Microsoft 365を利用するために必要なプラン別の機能比較（抜粋）を掲載します（2020年7月時点）。最新の情報は、日本マイクロソフトのWebサイトを確認してください。

▼Microsoft 365の製品の情報
https://www.microsoft.com/ja-jp/microsoft-365

▼Microsoft 365 プランに関する情報
https://www.microsoft.com/ja-jp/microsoft-365/business

エンタープライズ向けMicrosoft 365プランの比較（抜粋）

プラン	Microsoft 365 E3	Microsoft 365 E5	Microsoft 365 F3
Office アプリ（デスクトップアプリ）	○	○	
Office アプリ（モバイルアプリ）	○	○	○
Web 版 Office	○	○	○
メール、予定表	○	○	○
Microsoft Teams による Web 会議	○	○	○
音声通話		○	
電話システム		○	
SharePoint による情報共有	○	○	○
企業内ソーシャルネットワーク	○	○	○
ビデオコンテンツの管理と共有（Microsoft Stream）	○	○	○
クラウドストレージと共有	○	○	○
MyAnalytics を使った分析	○	○	
Power BI Pro を使った分析		○	
デバイスとアプリの管理	○	○	○
Azure Active Directory プラン 1	○	○	○
Azure Active Directory プラン 2		○	
Microsoft Advanced Threat Analytics Windows Defender ウイルス対策と Device Guard	○	○	○
Microsoft Defender Advanced Threat Protection Microsoft 365 Advanced Threat Protection Azure Advanced Threat Protection		○	
Microsoft 365 データ損失防止	○	○	
Windows 情報保護と BitLocker	○	○	○
Azure Information Protection P1	○	○	○
Azure Information Protection P2		○	
Cloud App Security		○	
Microsoft セキュア スコア Microsoft セキュリティ／コンプライアンスセンター	○	○	○
高度なコンプライアンス		○	
最大ユーザー数	無制限	無制限	無制限

中小企業向けMicrosoft 365プランの比較（抜粋）

プラン	Microsoft 365 Business Basic	Microsoft 365 Business Standard	Microsoft 365 Business Premium
Office アプリ（デスクトップアプリ）		○	○
Office アプリ（モバイルアプリ）	○	○	○
Web 版 Office	○	○	○
Exchange Online によるメールと予定表	○	○	○
Microsoft Teams によるコミュニケーション	○	○	○
SharePoint Online での情報共有	○	○	○
OneDrive for Business でのファイル管理と共有	○	○	○
Exchange Online Protection によるメールの保護	○	○	○
Office 365 Advanced Threat Protection			○
デバイスの紛失や盗難時に遠隔操作で会社のデータを消去			○
Information Rights Management			○
Windows Defender Exploit Guard			○
Windows Defender			○
Exchange Online Archiving			○
Windows PC とモバイルデバイスの管理			○
最大ユーザー数	300	300	300

付録

用語集

Active Directory
マイクロソフトが開発した、ユーザーやコンピューターを管理するための仕組みで、Windowsサーバーの機能の1つとして提供されている。ユーザーがパソコンやサーバーを利用する際の認証などを行う。
→サーバー

CSV
CSVは「Comma Separated Values」の略。データをカンマで区切った形式で、ファイル自体はテキストファイルとなる。Microsoft 365では、複数のユーザーを一括して登録する際などに使われる。

Excel
マイクロソフトが開発している表計算ソフト。セルと呼ばれるマス目を使って複雑な計算を行うことが可能。

Exchange Server
マイクロソフトが開発している、メールの送受信や予定の共有などを行うためのサーバー製品。サーバー用OSであるWindowsサーバー上で利用する。Microsoft 365は、このExchange Serverを「Exchange Online」としてクラウド上で利用できるようにしている。
→サーバー

HTML
「HyperText Markup Language」の略。文書のどの部分が見出しでどこが段落なのか、あるいは画像をどこに入れるのかなどを「タグ」と呼ばれる特別な文字列を使って指定する標準的な文書の仕様の1つ。

Microsoft 365 Apps for Business ／ Enterprise
Officeアプリケーションをサブスクリプションで利用できるサービス。WordやExcel、PowerPoint、Outlookのほか、OneDriveの1TBのストレージ容量が提供される。Microsoft 365 Apps for Businessでは、WindowsパソコンでのみAccessとPublisherが利用可能。Microsoft 365 Apps for EnterpriseはMicrosoft Teamsの利用が可能なほか、セキュリティやコンプライアンスの機能が含まれる。

Microsoft Planner
Microsoft 365で提供されている、チームでタスクを管理するためのサービス。会議やセミナーなどを記録した動画を共有することができる。

Microsoft Teams
Microsoft 365で提供されている、チャットによるコミュニケーションやファイルを共有するためのサービス。
→チャット

Office Online
Webブラウザー上で利用できる、WordやExcel、PowerPoint、OneNoteの各アプリ。通常のOfficeアプリと同等の操作性を実現している。
→Excel、OneNote、PowerPoint、Word

OneDrive/OneDrive for Business
マイクロソフトが提供するインターネット上にファイルを保存できるクラウドサービス。OneDriveは個人向けサービスで、OneDrive for BusinessはMicrosoft 365の機能の1つとして提供されている。
→サービス

OneNote
メモを作成するためのアプリ。テキストや画像、動画、音声などさまざまな種類の情報をメモとして記録できる。スマートフォンやタブレット端末でも利用できる。

Outlook
メールの送受信や予定表およびタスクなどの管理ができるアプリ。Microsoft 365と接続すれば、ほかのユーザーとの予定表の共有なども可能。

PDF
PDF（Portable Document Format）とは､デジタルデータのファイルフォーマットの1つ。ハードウェアやOSなど、利用している環境が違っても、もともとの状態で文書を再現できるのが特徴。

PowerPoint
マイクロソフトが開発しているプレゼンテーションソフト。プレゼンテーション用の書類を作成できるほか、発表時のための機能も数多く備える。

SharePoint Server
チーム内での情報共有やドキュメント管理を行うためのソフトウェア。Windowsサーバー上で利用する。「SharePoint Online」は、このSharePoint Serverをクラウド上で利用できるようにしたもの。

URL
URLは「Uniform Resource Locator」の略。インターネット上のリソース（資源）の特定に使われる文字列で、インターネット上において住所のような役割を果たす。

Webブラウザー
Webサイトの閲覧用アプリ。Windows 10には、Microsoft EdgeのほかにInternet Explorerが搭載されている。

Word
マイクロソフトが開発しているワープロソフト。主に文書の作成に利用できる。

アーカイブ
Microsoft 365における［アーカイブ］とは、Exchange Onlineに搭載されている機能の1つで、送受信したメールを別途保存する仕組みを指す。

インターネット
世界中の企業や教育機関、団体、あるいは個人などが接続する大規模ネットワーク。

ウイルス
プログラムやデータの破壊、あるいは画面の書き換えなど、コンピューターを不正に操作するプログラムなどを指す。同様に不正なプログラムを指す用語として、「ワーム」や「マルウェア」がある。

オンライン会議
Microsoft Teamsで提供されている、インターネットを介して多人数で会議を行うための機能。PowerPointのファイルを各参加者の画面に表示してプレゼンテーションも行える。Web会議などとも呼ばれる。
→PowerPoint

オンラインストレージサービス
インターネット上で提供されている、ファイルを保存するためのサービス。
→サービス

管理者権限
Microsoft 365においては、ユーザーの作成や削除、Microsoft 365全体に関する設定ができる権限を指す。管理者は別のユーザーに管理者権限を付与できる。

クライアントパソコン
本来はサーバーが提供するサービスを利用するパソコンのことを指す。現状では個々の従業員が業務で利用するパソコン全般を指すことが多い。
→サーバー、サービス

クラウド・コンピューティング
新しいコンピューターの利用形態で、インターネットを含むネットワーク上で提供されているコンピューターリソースを、ネットワークを介して利用するもの。

グループウェア
ネットワークを利用して情報共有を行うためのソフトウェア全般を指す。

更新プログラム
OSやアプリに対して、機能の追加や改善、不具合やセキュリティの脆弱性の解消などを行うプログラムのこと。WindowsやOfficeアプリの場合、Windows UpdateやマイクロソフトのWebサイトなどを通じて提供される。

コンプライアンス
企業におけるコンプライアンスとは「法令遵守」を指し、法律やあらかじめ定められている規則などに従い、事業活動を展開することを意味する。

サーバー
ほかのコンピューターに対して、機能やプログラムを提供するコンピューターのこと。多くのユーザーがサービスを利用するためにアクセスしても適切に処理が行えるように高性能なハードウェアが使われることが多い。
→サービス

サービス
サーバー上で提供されている機能やプログラムのこと。多くの場合、利用者はクライアントパソコンを使ってネットワーク経由でサーバーにアクセスして利用する。
→クライアントパソコン、サーバー

サインイン
コンピューターやネットワーク上のサービスを利用する際に必要な操作を行うこと。具体的な操作としては、IDとパスワードの入力などが挙げられる。サービスの利用を終了することは「サインアウト」という。
→サービス

サブスクリプション
元は「定期購読」などの意味。Microsoft 365ではOfficeアプリを月極めなどで利用できるライセンスを指す。
→ライセンス

受信トレイ
Outlookにおいて、受信したメールが保存されている標準のフォルダー。

チャット
短いテキストを送受信し、コミュニケーションを行うこと。

デスクトップアプリ
パソコンにインストールして利用するアプリケーションのこと。WindowsやMacにインストールして利用するオフィスアプリなどがデスクトップアプリである。

テンプレート
文書などを作成する際に、データを書き換えて使えるひな型のこと。文書を繰り返し作成する際、あらかじめ必要な項目などをテンプレートとして記録しておくことで、2回目以降の作業負担を軽減できる。

ドメイン
ネットワーク上でコンピュータを識別するための名称の一部で、「example.co.jp」といった形で表現される。インターネット上のドメインはICANN（The Internet Corporation for Assigned Names and Numbers）によって重複しないように厳密に管理されている。

ドメインレジストラー
ユーザーの代わりにドメインを管理しているICANN（The Internet Corporation for Assigned Names And Numbers）にドメインの利用を申請する機関のこと。
→ドメイン

バックアップ
ハードウェア障害などでデータが読み込めないというトラブルに備え、事前にデータのコピーを取得しておくこと。

品質保証
多くのクラウドサービスでは、システムの稼動率をパーセンテージで表した割合を品質保証として提示している。SLA（Service Level Agreement）とも呼ぶ。

ファイル共有
ネットワークを利用し、ファイルを複数のユーザーで利用すること。代表的なものとしては、Windowsの「共有フォルダー」によるファイル共有がある。このほか、サーバーやファイル共有専用のハードウェア（NAS：Network Attached Storage）を利用することもある。
→サーバー

ファイルサーバー
ファイルを保存および複数のユーザーで共有することを目的としたサーバー。
→サーバー

フィッシング詐欺
IDとパスワード、クレジットカード番号などの個人情報を盗むことなどを目的とした、インターネット上で行われる詐欺行為のこと。

プレゼンス
相手の状態を表す情報。Microsoft 365では「在席中」や「オフライン」「会議中」の情報が相手に表示される。

プロパティ
Microsoft 365におけるプロパティとは、ある項目に対する設定内容を指す。例えばSharePoint Onlineでは、個々のページにプロパティがあり、ページのタイトルやWebアドレスなどをユーザーが指定できる。

ポータルサイト
「ポータル」は玄関の意味で、ポータルサイトは最初にアクセスするWebサイトを指すことが多い。従業員向けのWebサイトは「社内ポータルサイト」などと呼ばれる。

迷惑メール
一般的に、ユーザーを特定せず無差別に送信される、宣伝などを目的としたメールのこと。スパムメールとも呼ぶ。

ユーザー認証
コンピューターやネットワーク上で提供されているサービスなどで、正当なユーザーかどうかを確認するために行われる処理のこと。ユーザーの確認方法として、パスワードが広く使われている。
→サービス

ライセンス
コンピューターにおけるライセンスとは、主としてソフトウェアを実行するための権利のことで、ソフトウェアの開発者からユーザーに対して提供される。通常、ライセンスを購入することで初めてソフトウェアを実行できる。

リソース
コンピューターが備える資源のこと。具体的には、CPUの計算能力やメモリーの記憶領域などが挙げられる。

リボン
Office 2007以降のOfficeアプリやエクスプローラーなどで採用されているユーザーインターフェース。タブで機能とボタンが分類され、タブを切り替えながら操作する。

連絡先
Microsoft 365で提供されているアドレス帳の機能。メールアドレスや電話番号、住所、勤務先の情報などを管理することができる。Outlookとの同期が可能。

索　引

できるサポートのご案内

できるシリーズの書籍の記載内容に関する質問を下記の方法で受け付けております。

電話　FAX　インターネット　封書によるお問い合わせ

質問の際は以下の情報をお知らせください

①**書籍名・ページ**
②書籍の裏表紙にある**書籍サポート番号**
③お名前　④電話番号
⑤質問内容（なるべく詳細に）
⑥ご使用のパソコンメーカー、機種名、使用OS
⑦ご住所　⑧FAX番号　⑨メールアドレス

※電話の場合、上記の①～⑤をお聞きします。
FAXやインターネット、封書での問い合わせについては、各サポートの欄をご覧ください。

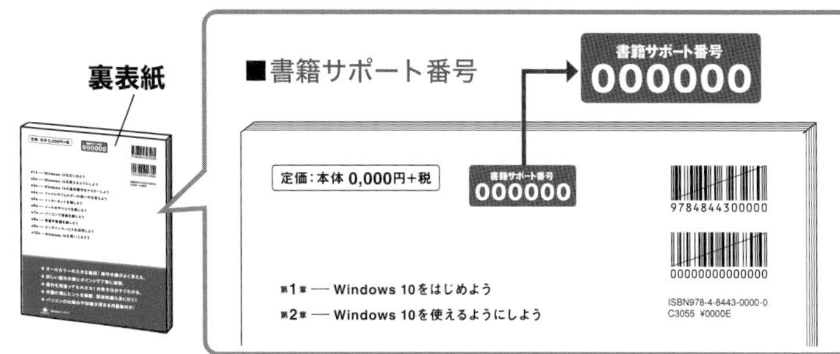

※裏表紙にサポート番号が記載されていない書籍は、サポート対象外です。なにとぞご了承ください。

回答ができないケースについて（下記のような質問にはお答えしかねますので、あらかじめご了承ください。）

- 書籍の記載内容の範囲を超える質問
  書籍に記載していない操作や機能、ご自分で作成されたデータの扱いなどについてはお答えできない場合があります。
- できるサポート対象外書籍に対する質問
- ハードウェアやソフトウェアの不具合に対する質問
  書籍に記載している動作環境と異なる場合、適切なサポートができない場合があります。
- インターネットやメールの接続設定に関する質問
  プロバイダーや通信事業者、サービスを提供している団体に問い合わせください。

サービスの範囲と内容の変更について

- 該当書籍の奥付に記載されている初版発行日から3年が経過した場合、もしくは該当書籍で紹介している製品やサービスについて提供会社によるサポートが終了した場合は、ご質問にお答えしかねる場合があります。
- なお、都合により「できるサポート」のサービス内容の変更や「できるサポート」のサービスを終了させていただく場合があります。あらかじめご了承ください。

電話サポート 0570-000-078（月～金 10:00～18:00、土・日・祝休み）

- **対象書籍をお手元に用意**いただき、**書籍名**と**書籍サポート番号**、**ページ数**、**レッスン番号**をオペレーターにお知らせください。確認のため、お客さまのお名前と電話番号も確認させていただく場合があります
- サポートセンターの対応品質向上のため、通話を録音させていただくことをご了承ください
- 多くの方からの質問を受け付けられるよう、1回の質問受付時間はおよそ15分までとさせていただきます
- 質問内容によっては、その場ですぐに回答できない場合があることをご了承ください
  ※本サービスは無料ですが、**通話料はお客さま負担**となります。あらかじめご了承ください
  ※午前中や休日明けは、お問い合わせが混み合う場合があります

FAXサポート 0570-000-079（24時間受付・回答は2営業日以内）

- 必ず上記①～⑧までの情報をご記入ください。メールアドレスをお持ちの場合は、メールアドレスも記入してください（A4の用紙サイズを推奨いたします。記入漏れがある場合、お答えしかねる場合がありますので、ご注意ください）
- 質問の内容によっては、折り返しオペレーターからご連絡をする場合もございます。あらかじめご了承ください
- FAX用質問用紙を用意しております。下記のWebページからダウンロードしてお使いください
  https://book.impress.co.jp/support/dekiru/

インターネットサポート https://book.impress.co.jp/support/dekiru/（24時間受付・回答は2営業日以内）

- 上記のWebページにある「できるサポートお問い合わせフォーム」に項目をご記入ください
- お問い合わせの返信メールが届かない場合、迷惑メールフォルダーに仕分けされていないかをご確認ください

封書によるお問い合わせ

（郵便事情によって、回答に数日かかる場合があります）

〒101-0051
東京都千代田区神田神保町一丁目105番地
株式会社インプレス できるサポート質問受付係

- 必ず上記①～⑦までの情報をご記入ください。FAXやメールアドレスをお持ちの場合は、ご記入をお願いいたします（記入漏れがある場合、お答えしかねる場合がありますので、ご注意ください）
- 質問の内容によっては、折り返しオペレーターからご連絡をする場合もございます。あらかじめご了承ください

本書を読み終えた方へ
できるシリーズのご案内

※1：当社調べ　※2：大手書店チェーン調べ

Office 関連書籍

できるWord 2019
Office 2019/Office 365両対応

田中 亘＆
できるシリーズ編集部
定価：本体1,180円＋税

文字を中心とした文書はもちろん、表や写真を使った文書の作り方も丁寧に解説。はがき印刷にも対応しています。翻訳機能など最新機能も解説！

できるExcel 2019
Office 2019/Office 365両対応

小舘由典＆
できるシリーズ編集部
定価：本体1,180円＋税

Excelの基本を丁寧に解説。よく使う数式や関数はもちろん、グラフやテーブルなども解説。知っておきたい一通りの使い方が効率よく分かる。

できるPowerPoint 2019
Office 2019/Office 365両対応

井上香緒里＆
できるシリーズ編集部
定価：本体1,180円＋税

見やすい資料の作り方と伝わるプレゼンの手法が身に付く、PowerPoint入門書の決定版！　PowerPoint 2019の最新機能も詳説。

できるOutlook 2019
Office 2019/Office365両対応

ビジネスに役立つ
情報共有の基本が
身に付く本

山田祥平＆
できるシリーズ編集部
定価：本体1,480円＋税

メールのやりとり予定表の作成、タスク管理など、Outlookの使いこなしを余すことなく解説。明日の仕事に役立つテクニックがすぐ身に付く。

できるAccess 2019
Office 2019/Office 365両対応

広野忠敏＆
できるシリーズ編集部
定価：本体1,980円＋税

データベースの構築・管理に役立つ「テーブル」「クエリ」「フォーム」「レポート」が自由自在！　軽減税率に対応したデータベースが作れる。

テレワーク・オンライン授業 関連書籍

できるテレワーク入門
在宅勤務の基本が身に付く本

法林岳之・清水理史＆
できるシリーズ編集部
定価：本体1,580円＋税

チャットやビデオ会議、クラウドストレージの活用や共同編集などの基礎知識が満載！　テレワークをすぐにスタートできる。

できるGoogle for Education
クラウド学習ツール実践ガイド

株式会社ストリートスマート＆
できるシリーズ編集部
定価：本体2,000円＋税

課題提出・採点・集計が簡単！ 協同学習と校務省力化、対話的な学びの実現方法がわかる！ 多忙な先生を助ける機能を分かりやすく紹介。

読者アンケートにご協力ください！

https://book.impress.co.jp/books/1120101032

このたびは「できるシリーズ」をご購入いただき、ありがとうございます。
本書はWebサイトにおいて皆さまのご意見・ご感想を承っております。
気になったことやお気に召さなかった点、役に立った点など、
皆さまからのご意見・ご感想をお聞かせいただき、
今後の商品企画・制作に生かしていきたいと考えています。
お手数ですが以下の方法で読者アンケートにご回答ください。
ご協力いただいた方には抽選で毎月プレゼントをお送りします！

※プレゼントの内容については、「CLUB Impress」のWebサイト
（https://book.impress.co.jp/）をご確認ください。

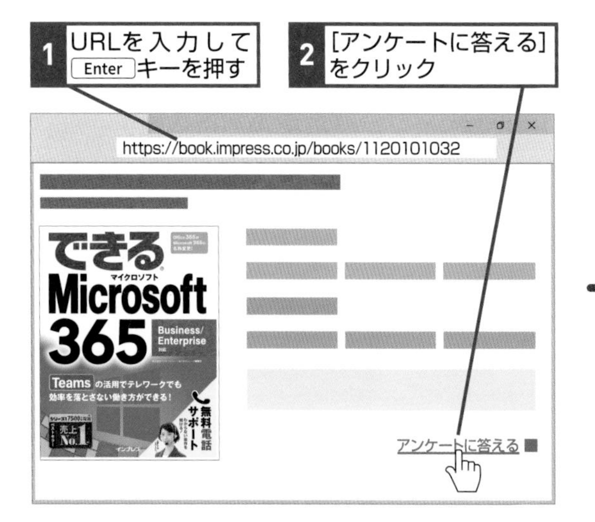

◆会員登録がお済みの方
会員IDと会員パスワードを入力して、［ログインする］をクリックする

［こちら］をクリックして会員規約に同意してからメールアドレスや希望のパスワードを入力し、登録確認メールのURLをクリックする

本書のご感想をぜひお寄せください　https://book.impress.co.jp/books/1120101032

「アンケートに答える」をクリックしてアンケートにご協力ください。アンケート回答者の中から、抽選で**商品券（1万円分）**や**図書カード（1,000円分）**などを毎月プレゼント。当選は賞品の発送をもって代えさせていただきます。はじめての方は、「CLUB Impress」へご登録（無料）いただく必要があります。

読者登録サービス　CLUB Impress　登録カンタン 費用も無料！
アンケートやレビューでプレゼントが当たる！

本書の内容に関するお問い合わせは、無料電話サポートサービス「できるサポート」をご利用ください。詳しくは220ページをご覧ください。

■著者

株式会社インサイトイメージ

2009年3月設立。ネットワークからアプリケーションまで、エンタープライズ領域におけるテクノロジーやソリューションについての解説を各種媒体向けに執筆。また出版物の企画立案や制作業務の支援、Web媒体でのコンテンツ制作のほか、企業向けにマーケティングおよびリサーチ業務のサポートも行っている。

STAFF

本文オリジナルデザイン	川戸明子
シリーズロゴデザイン	山岡デザイン事務所 <yamaoka@mail.yama.co.jp>
カバーデザイン	伊藤忠インタラクティブ株式会社
本文イメージイラスト	原田 香
編集制作	株式会社トップスタジオ
デザイン制作室	今津幸弘 <imazu@impress.co.jp>
	鈴木 薫 <suzu-kao@impress.co.jp>
編集	西田康一 <nisida-k@impress.co.jp>
編集長	大塚雷太 <raita@impress.co.jp>
オリジナルコンセプト	山下憲治

本書は、できるサポート対応書籍です。本書の内容に関するご質問は、220ページに記載しております「できるサポートのご案内」をよくお読みのうえ、お問い合わせください。
なお、本書発行後に仕様が変更されたハードウェア、ソフトウェア、サービスの内容などに関するご質問にはお答えできない場合があります。該当書籍の奥付に記載されている初版発行日から3年が経過した場合、もしくは該当書籍で紹介している製品やサービスについて提供会社によるサポートが終了した場合は、ご質問にお答えしかねる場合があります。また、以下のご質問にはお答えできませんのでご了承ください。
・書籍に掲載している手順以外のご質問
・ハードウェア、ソフトウェア、サービス自体の不具合に関するご質問
・本書で紹介していないツールの使い方や操作に関するご質問
本書の利用によって生じる直接的または間接的被害について、著者ならびに弊社では一切の責任を負いかねます。あらかじめご了承ください。

■落丁・乱丁本などの問い合わせ先
TEL 03-6837-5016 FAX 03-6837-5023
service@impress.co.jp
受付時間 10:00～12:00 ／ 13:00～17:30
（土日・祝祭日を除く）
●古書店で購入されたものについてはお取り替えできません。

■書店／販売店の窓口
株式会社インプレス 受注センター
TEL 048-449-8040 FAX 048-449-8041

株式会社インプレス 出版営業部
TEL 03-6837-4635

できる Microsoft 365 Business/Enterprise対応

2020年7月21日 初版発行

著 者 株式会社インサイトイメージ＆できるシリーズ編集部

発行人 小川 亨

編集人 清水栄二

発行所 株式会社インプレス
〒101-0051 東京都千代田区神田神保町一丁目105番地
ホームページ https://book.impress.co.jp/

印刷所 株式会社廣済堂

ISBN978-4-295-00922-1 C3055

Printed in Japan